"十三五"国家重点出版物出版规划项目

现代机械工程系列精品教材

新工科·普通高等教育机电类系列教材

液压传动系统

第 5 版

主编 王 洁 苏东海 官忠范

参编 梁 全 勾 轶 刘 峰

机械工业出版社

本书内容包括：绪论，液压基本回路，节流调速回路分析，容积调速回路分析，蓄能器回路分析，典型液压系统分析，液压系统设计计算，液压系统的污染、泄漏、噪声和爬行，液压传动系统仿真。每章均配有例题和习题，有利于巩固理论知识。

本书兼顾了液压回路的通用性和特殊性、传统体系和发展趋势，强调理论知识与实际应用相结合，增加了液压行业新技术的介绍，注重培养工程设计和应用能力，突出了工程实用性。书中液压元件图形符号采用现行国家标准。

本书可作为普通高等院校机械类、机电类和近机类相关专业的教材，也可作为相关专业的教学参考书，或供从事液压行业的工程技术人员学习和参考。

本书配有电子课件，向授课教师免费提供，需要者可登录机工教育服务网（www.cmpedu.com）下载。

图书在版编目（CIP）数据

液压传动系统/王洁，苏东海，官忠范主编. —5 版. —北京：机械工业出版社，2023.12（2025.1 重印）

"十三五"国家重点出版物出版规划项目　现代机械工程系列精品教材
新工科·普通高等教育机电类系列教材
ISBN 978-7-111-74090-2

Ⅰ.①液…　Ⅱ.①王…　②苏…　③官…　Ⅲ.①液压传动系统-高等学校-教材　Ⅳ.①TH137

中国国家版本馆 CIP 数据核字（2023）第 197160 号

机械工业出版社（北京市百万庄大街 22 号　邮政编码 100037）
策划编辑：段晓雅　　　　　　　　　　责任编辑：段晓雅
责任校对：贾海霞　牟丽英　韩雪清　　封面设计：张　静
责任印制：单爱军
保定市中画美凯印刷有限公司印刷
2025 年 1 月第 5 版第 2 次印刷
184mm×260mm · 16.75 印张 · 412 千字
标准书号：ISBN 978-7-111-74090-2
定价：56.80 元

电话服务　　　　　　　　　　　　网络服务
客服电话：010-88361066　　　　　机 工 官 网：www.cmpbook.com
　　　　　010-88379833　　　　　机 工 官 博：weibo.com/cmp1952
　　　　　010-68326294　　　　　金 书 网：www.golden-book.com
封底无防伪标均为盗版　　　　　　机工教育服务网：www.cmpedu.com

前言

本书是在王洁等主编的《液压传动系统》（第4版）的基础上进行修订的。修订本书的原因：一是加快推进党的二十大精神进教材、进课堂、进头脑；二是丰富教学配套资源。

修订本书的指导思想：力求体现教材应有的稳定性、先进性、理论性和系统性；着重基本概念、基本原理和基本方法的介绍；注重教材知识点的广度、深度与本课程的基本要求一致；适当反映本学科的新技术；贯彻理论与实际相结合的原则；保持和发扬本书在内容和体系安排上的特色。本次修订的主要内容如下：

1）增加课外阅读部分，主要介绍液压技术的新发展、大国重器、大国工匠等内容，充分体现了党的二十大报告中提到的"推进文化自信自强，铸就社会主义文化新辉煌""实施科教兴国战略，强化现代化建设人才支撑""新时代新征程中国共产党的使命任务"等，激发学生科技报国的家国情怀和使命担当。

2）丰富教学配套资源。本书配有立体化教学资源，除电子课件外，还提供了课后习题答案、工程案例和微课视频。微课视频在书中以二维码的形式体现，学生随扫随学，以强化学习效果。

本书是为高等院校机械类专业编写的液压教材，由沈阳工业大学王洁、苏东海和官忠范担任主编，其中第二章、第四章和第七章（第一～七节）由王洁编写，第八章由苏东海编写，绪论由官忠范编写，第五章和第九章由梁全编写，第三章和第六章由勾轶编写，第七章第八节由刘峰编写。

由于编者水平有限，书中难免有不足之处，敬请广大读者给予指正。

编　者

目录

VI

第一章

绪论

第一节　液压传动的工作原理及特征

一部机器通常由原动机、传动装置和工作机构三部分所组成。原动机的作用是把各种形态的能量转变为机械能，它是机器的动力源；工作机构是利用机械能来改变材料或工件的性质、状态、形状或位置，以进行生产或达到其他预定目的的工作装置；传动装置设于原动机和工作机构之间，起传递动力和进行控制的作用。传动的类型有多种，按照传动所采用的机件或工作介质的不同可分为机械传动、电力传动和流体传动。

（1）机械传动　通过齿轮、齿条、带、链条等机件传递动力和进行控制的一种传动方式，它是发展最早而应用最为普遍的传动形式。

（2）电力传动　利用电力设备并调节电参数来传递动力和进行控制的一种传动方式。

（3）流体传动　以流体（液体、气体）为工作介质来进行能量转换、传递和控制的传动形式。流体传动又根据工作介质是液体或气体分为液体传动和气体传动。根据能量利用的性质不同，液体传动又分为液压传动和液力传动。主要利用液体压力能传递能量的传动方式称为液压传动，主要利用液体动能传递能量的传动方式称为液力传动。

本书主要介绍液压传动系统的组成、动力传递原理、设计计算方法和系统性能分析。

实际应用的液压传动装置大多数比较复杂。现以图 1-1 所示的手动液压千斤顶为例，来说明液压传动的工作原理和基本特征。

当向上抬起杠杆 1 时，小液压缸 2 中的活塞向上运动，由于小液压缸 2 下腔容积增大而形成局部真空，排油单向阀 3 关闭，油箱 5 中的油液在大气压作用下经吸油管顶开吸油单向阀 4 进入小液压缸 2 的下腔。此时完成吸油工作。当向下压杠杆 1 时，小液压缸 2 中的活塞向下运动，小液压缸 2 的下腔容积减小，油液受挤压使压力升高，吸油单向阀 4 关闭，油液经排油单向阀 3 输送到大液压缸 7 中，推动活塞上移，顶起重物做功，完成排油工作。如此不断地上下扳动杠杆 1，使重物逐渐举升。重物上升时，截止阀 6 关闭。当需要将重物放下时，打开截止阀 6，大液压缸 7 中的油液流回油箱，活塞在重力的作用下下移，回到初始位置。这是一个简单的液压传动系统，实现了力和运动的传递。

在图 1-1 所示的系统中，若忽略管路中的流动阻力，就可以认为其力的传递符合流体静力学原理，即：作用在小液压缸 2、大液压缸 7 活塞上的压力均等于 p。则有

$$p = \frac{F_1}{A_1} = \frac{F_2}{A_2} \tag{1-1}$$

式中　A_1、A_2——小液压缸 2、大液压缸 7 的活塞面积；

F_1、F_2——作用在小液压缸 2、大液压缸 7 活塞上的力。

当结构尺寸要素 A_1 和 A_2 一定时，液压缸中的压力 p 取决于举升负载重物所需要的作用力 F_2，而手动泵上的作用力 F_1 则取决于压力 p。所以，被举升的负载越重，则液体介质的压力越高，所需作用力 F_1 也就越大。反之，如果空载工作，并且不计摩擦力，则压力 p 以及手动泵工作所需的力 F_1 都为零。液压传动的这一基本特征，可以简略地表述为"压力取决于负载"。

在图 1-1 所示的液压系统中，若不考虑液体的可压缩性、泄漏等因素，就可以认为其运动速度的传递符合液流连续性方程，即符合密闭工作腔容积变化相等的原则。

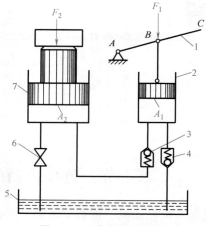

图 1-1　手动液压千斤顶

1—杠杆　2—小液压缸　3—排油单向阀
4—吸油单向阀　5—油箱
6—截止阀　7—大液压缸

图 1-1 中小液压缸 2 活塞向下移动所压缩的容积，应等于大液压缸 7 活塞向上移动所扩大的容积，则有

$$A_1 h_1 = A_2 h_2$$

式中　h_1、h_2——小液压缸 2、大液压缸 7 活塞的位移。

上式两边同除以活塞的运动时间 t，得

$$A_1 v_1 = A_2 v_2 = q \tag{1-2}$$

式中　v_1、v_2——小液压缸 2、大液压缸 7 活塞的平均运动速度；

q——液压泵输出的平均流量。

当结构尺寸要素 A_1 和 A_2 一定时，液压缸 7 的移动速度 v_2 只取决于输入流量 q 的大小。输入液压缸的流量 q 越大，则运动速度 v_2 越快。液压传动的这一基本特征，可以简略地表述为"速度取决于流量"。

显而易见，单位时间内，小液压缸 2 和大液压缸 7 的活塞所做的功，即功率分别为

$$P_1 = v_1 F_1 = \frac{q}{A_1} p A_1 = pq$$

和

$$P_2 = v_2 F_2 = \frac{q}{A_2} p A_2 = pq$$

由此看出，$P_1 = P_2$，它表明液压传动符合能量守恒定律；压力与流量的乘积就是功率。

综上所述，可归纳出液压传动的基本特征：以液体为传动介质，靠处于密闭容器内的液体静压力来传递动力，其静压力的大小取决于外负载；负载速度的传递是按液体容积变化相等的原则进行的，其速度大小取决于流量。

第二节　液压传动系统的组成

液压传动系统通常由以下几部分组成：

（1）动力元件 将原动机输出的机械能转换成液体压力能的元件，最常见的形式是液压泵。

（2）执行元件 将液体的压力能转换成机械能的元件，最常见的形式是液压马达和液压缸。

（3）控制元件 控制液压系统中液体压力、流量和流动方向的元件，如溢流阀、节流阀和换向阀。

（4）辅助元件 保证系统正常工作、起检测和控制作用的元件，如油箱、压力表、过滤器等。

（5）工作介质 传递能量的液体，即液压油。

图1-2所示为用图形符号表示的液压系统组成图。图中符号意义详见GB/T 786.1—2021《流体传动系统及元件 图形符号和回路图 第1部分：图形符号》。

液压传动系统按照工作介质循环方式的不同，可以分为开式系统和闭式系统。

图1-2所示就是一个开式系统，其特点是液压泵自油箱吸油，经换向阀送入液压缸，液压缸回油返回油箱，工作油在油箱中冷却及沉淀过滤之后再进入工作循环。

闭式系统如图1-3所示，液压泵4的吸油管直接与液压马达的回油管相连通，形成一个闭合回路。为了补偿系统中由于液压泵、马达和管路等处的泄漏损失，设置了起补油作用的液压泵1。液压马达是通过改变液压泵4的液流方向和流量来换向和调速的，因此，在闭式系统中常采用双向变量泵。

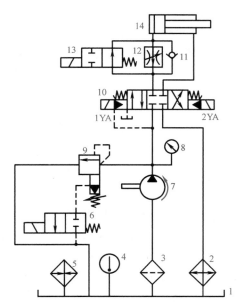

图1-2 用图形符号表示的液压系统组成图

1—油箱 2—冷却器 3—过滤器 4—温度计 5—加热器
6、10、13—换向阀 7—液压泵 8—压力表 9—溢流阀
11—单向阀 12—调速阀 14—液压缸

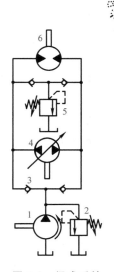

图1-3 闭式系统

1、4—液压泵 2、5—溢流阀
3—单向阀 6—液压马达

液压传动系统，按控制方式的不同可分为阀控系统和泵控系统。

用液压控制阀来控制系统压力、流量和执行元件的运动方向及速度或转速的系统可称为阀控系统，图1-2所示系统就属于阀控系统。

用变量泵来控制系统执行元件的运动方向及其速度或转速的系统可称为泵控系统，

4

图 1-3 所示系统就属于这种系统。

在实际应用的液压传动系统中，阀控系统是很普遍的，如由定量泵、双作用液压缸等元件所组成的液压传动系统，其液压缸的运动方向和速度只能用控制阀来控制和调节；而泵控系统往往要和阀控方式相结合，实际上是阀控与泵控组合而成的复合系统。

液压传动系统按系统中所使用的泵的数目的多少可分为单泵及多泵系统；按液压泵向多个液压缸或马达供油连接方式的不同可分为串联及并联系统；按工程上液压设备工况特点及应用场合的不同，液压传动系统更是名目繁多。上述各类系统的特点及应用场合，将分别在后面有关章节结合其应用实例加以讨论。

第三节　液压传动的优缺点

上述的几种传动方式，它们各有其特点、用途和适用范围。

机械传动的优点是传动准确可靠、操作简单、传动效率高、制造容易和维护简单等。其缺点是一般不能进行无级调速，远距离操作困难，结构也比较复杂等。

电力传动的优点是能量传递方便、信号传递迅速、标准化程度高、易于实现自动化等。其缺点是运动平稳性差，易受外界负载的影响；惯性大、换向慢，电力设备和元件要耗用大量的有色金属，成本高；受温度、湿度、振动、腐蚀等环境影响较大。

气压传动的优点是结构简单、成本低、易于实现无级变速；气体黏性小，阻力损失小，流速可以很高；能防火、防爆，可以在高温下工作。其缺点是空气容易压缩，负载对传动特性的影响较大，不宜在低温下工作（凝结成水，结冰）；工作压力一般小于 0.8MPa，只适用于小功率传动。

液压传动与上述几种传动方式相比，有以下优点：

1）体积小、重量轻，可适用于不同功率范围的传动。由于液压传动的动力元件可以采用很高的压力（一般可达 32MPa，个别场合更高）来进行能量转换，因此具有体积小的特点。单位功率的重量远小于一般的电动机。在中、大功率以及实现直线往复运动时，这一优点尤为突出。

2）操纵控制方便，易于实现无级调速，调速范围大。可以采取各种不同的方式（手动、机动、电动、气动、液动等）操纵液压控制阀，来改变液流的压力、流量和流动方向，从而调节液压缸或液压马达的输出力、速度、位移。调速范围可达 2000∶1。

3）易于实现自动化。可以简便地与电控部分组成机电液一体化，实现各种自动控制，这种电液控制既具有液压传动输出功率适应范围大的优点，又可以充分利用电子技术控制方便、灵活等特点，因而具有很强的适应性和广阔的应用领域。

4）工作安全性好，易于实现过载保护。从液压动力元件的两个基本特征可知，工作机构的载荷、速度将直接反映为液流的压力、流量。因此，通过对液流参数的监控，就能实现对机器的安全保护。

5）传动平稳。油液具有吸收冲击的能力，所以运动均匀平稳。

6）系统安装灵活。液压传动装置的各元件之间仅靠管路连接，没有严格的定位要求。因此结构布置可以根据机器的具体情况灵活决定，与机械传动的严格安装要求相比，简单方便得多。

7）液压传动的响应快，动态特性好。由于液压元件的运动部分质量小，因此液压传动的动态响应快。

8）系统设计、制造和维护方便。液压元件已实现了标准化、系列化和通用化，有利于缩短液压系统的设计周期、降低制造和维护成本。

液压传动的缺点：

1）传动效率较低。在液压传动中，需经过由机械能到液压能，再由液压能到机械能两次能量转换，同时由于受液体流动阻力和泄漏的影响，传动效率不高，影响了功率的利用，不适用远距离传动。

2）工作性能易受温度变化的影响。因为当温度变动时，液体的黏度会发生变化，直接影响液流的状态，导致泄漏、压力损失等，从而影响执行元件运动的稳定性。液压系统不宜在过高或过低温度下工作。

3）难以保证严格的传动比。由于油液的可压缩性、泄漏等因素影响，难以保证严格的传动比。

4）液压系统造价较高。为防止和减少泄漏，液压元件的制造和维护要求均较高，价格也较贵。

5）故障难以诊断。造成液压元件和液压系统故障的因素较多，不易诊断。

第四节　液压技术的发展与应用

液压技术的发展是与流体力学的理论研究相关联的。1650 年帕斯卡提出了静止液体中的压力传播规律——帕斯卡原理，1686 年牛顿揭示了黏性液体的内摩擦定律，18 世纪流体力学的两个重要原理——连续性方程和伯努利能量方程相继建立，上述理论为液压技术的发展奠定了基础。自从 1795 年英国制成世界上第一台水压机起，液压传动开始进入工程领域，然而在工业上的真正推广使用和有较大幅度的发展却是 20 世纪中叶的事，至于它和微电子技术密切结合，形成机电液一体化元件及系统，应用现代传感技术及信号处理方法，对元件或系统进行品质监控或故障诊断，更是近几十年来出现的新事物。

20 世纪 50 年代，液压技术迅速由军事工业转入民用工业，在机床、工程机械、压力机械、船舶机械、冶金机械、农业机械及汽车等行业得到了广泛的应用和发展。20 世纪 60 年代以后，原子能技术、空间技术、电子技术等的迅速发展，再次将液压技术向前推进，使其发展成为包括传动、控制、检测在内的一门对现代机械装备的技术进步有重要影响的基础技术，进而在国民经济的各部门得到了更广泛的应用。液压传动及其控制在某些领域内已占有压倒性的优势，例如：国外现生产的 95% 的工程机械、90% 的数控加工中心、95% 以上的自动生产线都采用了液压传动。因而可以说，液压传动及控制技术是实现现代化传动与控制的关键性技术，是衡量一个国家工业水平的重要标志之一。其发展趋势见表 1-1。

表 1-1　液压传动的发展趋势

发展趋势	具体方面
减少能耗，充分利用能量	采用集成化回路和铸造流道，减少管道损失，减少元件和系统的内部压力损失
	尽量减少采用节流系统来调节流量和压力，以减少节流损失
	采用静压技术和新型密封材料，减少摩擦损失

（续）

发展趋势	具体方面
污染控制	开发无泄漏元件和系统,减少环境污染
	开发封闭式密封系统
	开发油水分离净化装置,消除油液中所含的气体和水分
机电液一体化	扩大电液伺服比例技术的应用
	开发电子直接控制液压泵,通过改变电子控制器的程序,操纵标准化调节机构,实现泵的各种调节方式
	提高液压元件的性能,满足机电液一体化要求。开发内藏式传感器、带有计算机和自我管理机能(故障诊断、故障排除)的智能元件
提高可靠性和性能稳定性	采用新材料、新工艺、新结构,减少由于黏附擦伤、气蚀而引起的元件损伤
	合理进行元器件选择匹配,最大限度地消除引起故障发生的潜在因素
增加适应性	高度重视能耗控制技术,降低工作噪声
	改善代用介质的性能及其适应性研究
提高元器件的功能密度	单功能元件的组合向多功能元件发展
	集成器件子系统化
	开发智能型一体化器件
发展轻小型和微型液压技术	提高轻小型器件的功率密度
	开发微型液压技术
纯水液压传动	开发纯水液压元件与系统,可广泛应用于食品机械以满足其卫生要求,以及水下机器人、水切割等

液压传动在各行业中的应用见表 1-2。

表 1-2　液压传动在各行业中的应用

行　业	应用举例
机床工业	组合机床、磨床、拉床、车床、机械加工自动线
汽车工业	汽车中的制动、转向、变速,自卸式汽车
船舶工业	船舶用的甲板起重机械(绞车)、船头门、舱壁阀、船尾推进器、舰艇消摆装置
电力工业	电站调速系统
兵器工业	火炮操纵装置、导弹发射车、火箭推进器、坦克火炮系统
航空工业	飞机起落架、飞机舵机、飞机前轮转向装置、飞行器仿真
航天工业	飞行姿态控制和驱动
冶金机械	轧辊调整装置、轧钢设备
工程机械	推土机、装载机、挖掘机、平路机、起重运输机
矿山机械	液压支架、凿岩机、破碎机、开掘机
水利机械	防洪闸门及堤坝装置、河床升降装置、桥梁操纵机构
锻压机械	液压机、模锻机、剪板机、空气锤、冲压机
农业机械	耕种机具、精播机、平移式喷灌机、联合收割机、拖拉机
轻工机械	打包机、注塑机、造纸机,皮革切片及压下厚度控制
渔业机械	起网机、吊装机、干冰制造机
牧业机械	牧草收获机、饲料造粒机、高密度打捆机

液压技术的新发展

近年来，液压技术与计算机信息技术、微电子技术、自动控制技术等新技术的融合，促进了液压系统和元件发展水平的提升。具体表现为：数字液压技术、液压系统一体化和集成化及先进的控制策略等。

1. 数字液压技术

数字液压技术即液压元件的工作或运动特性与电脉冲一一对应，是标量化或称数字化的。如电脉冲的频率对应液压缸的运动速度或液压马达的角速度，电脉冲的数量对应液压缸的运动行程或液压马达的角度。数字执行元件的精度几乎不受负载、油压甚至是泄漏等外在因素的影响，该执行元件与很多数字控制的液压系统与元件有本质区别。

以液压泵为例，传统液压泵是由三相异步电动机带动液压泵的输入轴转动，进而实现液压泵的流量输出；直驱伺服液压泵是用伺服电机直接驱动液压泵的输入轴转动，进而控制泵的转速和输出流量。

伺服电动机最大的特点是其控制性，有控制信号输入时，伺服电动机就开始转动，没有控制信号输入时，则停止转动，改变控制电压的大小和相位就可以改变伺服电动机的转速和转向。与普通电动机相比，伺服电动机具有如下特点：一是调速范围宽，伺服电动机的转速随着控制电压的改变，能在宽广的范围内连续调节；二是转子的惯性小，能实现迅速起动、停转；三是控制功率小，过载能力强，可靠性好。

伺服液压泵可以通过控制伺服电动机的输入电压，来控制泵的输出流量大小，从而满足液压系统的要求，减少节流损失、溢流损失等功率损失，实现节能的目的。

2. 液压系统一体化和集成化

液压系统一体化和集成化可实现液压系统的柔性化和智能化，进而充分发挥液压系统传动力大、惯性小、响应快等优点。随着新能源技术及装备智能化的发展，终端应用要求液压传动技术与电控技术有效结合，改变传统的控制形式，提升系统响应性能。推进智能、集成系统的研发，以满足未来我国市场对液压产品的需求，可以说，液压系统一体化和集成化是液压行业未来的发展方向。

3. 先进的控制策略

1）PID控制。PID控制方法是经典控制理论的代表，它是基于系统误差的现实因素、过去因素、未来因素进行线性组合来确定控制量的，具有结构简单、易于实现等特点，在电液伺服系统中广泛应用。但传统的PID控制器采用线性组合方法，难于协调快速性和稳定性之间的矛盾，近年来吸收智能控制的基本思想并利用计算机的优势，形成了模糊PID、自适应PID、非线性PID等变种控制器。

2）状态反馈控制。电液控制系统的状态反馈控制方法，除了对位置信号进行反馈外，执行器的速度和加速度（压力）也会被反馈回控制器中，由于液压系统的阻尼一般较低，通过加速度反馈可大大提高系统的阻尼，从而显著地改善系统的响应特性。

3）自适应控制。针对电液比例控制系统的非线性和不确定性，自适应控制的应用非常广泛，因为自适应控制算法能自动辨识时变系统参数，相应地改变控制作用，使液压系统的性能达到特优。当前应用成熟的主要有两类：自校正控制（STC）和模型参考自适应控制（MRAC）。吸收其他控制方法的优点，研究算法简便、鲁棒性强的自适应律是近年来发展的方向，如自适应前馈控制、鲁棒自适应控制、非线性自适应控制等。

4）模糊逻辑控制（FLC）。FLC的引入主要是考虑可不需要建立数学模型，而依靠模糊推理或其他先验知识来调定控制器。模糊控制适用于被控参量无精确的表示方法和被控对象各种参数之间无精确的相互关系的情况。在这种情况下，FLC比精确控制优越，而电液比例控制系统正属于此类情况，如影响系统动态特性的液压固有频率和阻尼比等难以精确算出。

习题

1-1　液压传动系统的工作压力取决于什么？执行元件的速度取决于什么？

1-2　液压系统的两个主要参数是什么？

1-3　液压传动由哪几部分组成？各部分的功能是什么？

1-4　流动的液体具有压力能、动能和势能，这三种能量是同时存在的。哪一种能量形式在液压传动中是最主要的？为什么？

1-5　简述液压传动的优缺点。

1-6　在图1-1所示的液压传动原理图中，已知：小液压缸2和大液压缸7活塞的直径分别为10mm和35mm；杠杆比$\overline{AB}/\overline{AC}=1/20$，作用在大液压缸7活塞上的重物所受重力$F_2=19.6$kN，小液压缸2活塞的移动速度$v_1=0.5$m/s。不计管路的压力损失、活塞与缸体间的摩擦阻力及其泄漏。试确定：在杠杆作用点C需施加多大的力并作用多长时间才能把重物提升0.2m，小液压缸2活塞输出功率为多大？

1-7　试说明图1-2所示系统中标号为1、3、6、8、10和11各元、辅件的主要功用。

1-8　在图1-4所示的系统中，液压泵的额定压力为2.5MPa，流量为10L/min，溢流阀的调定压力为1.8MPa，两液压缸活塞面积$A_1=A_2=30$cm^2，负载$F_1=3$kN，负载$F_2=4.5$kN，不计各种损失和溢流阀调压偏差，试分析计算：

（1）液压泵起动后哪个液压缸先动作，为什么？速度分别为多少？

（2）各液压缸的输出功率和液压泵的最大输出功率为多少？

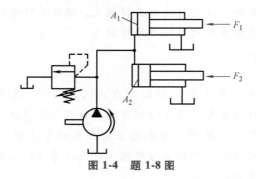

图1-4　题1-8图

第二章

液压基本回路

现代机械的液压传动系统虽然越来越复杂，但总不外乎由一些基本回路所组成。液压基本回路是由相关液压元件组成的，能实现某一特定功能的基本油路。基本回路按其在系统中的功用可分为：压力控制回路——控制整个系统或局部油路的工作压力；速度控制回路——控制和调节执行元件的速度；方向控制回路——控制执行元件运动方向的变换和锁停；同步和顺序回路——控制几个执行元件同时动作或先后次序的协调等。

本章所讨论的是最常见的液压基本回路。熟悉和掌握它们的组成、工作原理、性能特点及其应用，对设计和分析液压传动系统是有帮助的。

第一节　压力控制回路

压力控制回路是利用压力控制阀来控制整个液压系统或局部油路的工作压力，以满足执行机构对力或力矩的要求，或者使工作机构平衡或按顺序动作。它包括调压、减压、增压、卸荷、保压和泄压、平衡、制动和缓冲等回路。

一、调压回路

调压回路是用来控制系统的工作压力，使它不超过某一预先调定的数值，或者使工作机构在运动过程的各个阶段中具有不同的压力。图 2-1 所示为压力控制回路中最基本的调压回路。在液压系统中一般用溢流阀来调定工作压力，由定量泵和流量阀组成节流调速回路时，溢流阀经常开启溢流。若系统中无流量阀，溢流阀作安全阀用，则只有当执行元件处于行程终点、泵输出油路闭锁或系统超载时，溢流阀才开启，起安全保护作用。溢流阀调定压力必须大于执行元件的最大工作压力和管路上各种压力损失的总和，作溢流阀时可大 5%~10%，作安全阀时则可大 10%~20%。根据溢流阀的压力流量特性，在不同溢流量时，压力调定值稍有波动。

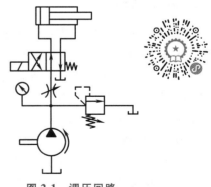

图 2-1　调压回路

图 2-2 所示为远程调压回路。将远程调压阀（或小流量溢流阀）3 接在先导式溢流阀 2 的控制口上，液压泵的压力即可由远程调压阀 3 作远程调节。远程调压阀可以安装在操作方便的地方。远程调压阀 3 的调定压力应低于先导式溢流阀 2 的调定压力。

图 2-3 所示为多级调压回路。主溢流阀 2 的控制口通过三位四通换向阀 3 分别接至远程

调压阀 4 和 5，使系统有三种压力调定值：三位四通换向阀左位工作时，压力由远程调压阀 4 来调定；三位四通换向阀右位工作时，压力由远程调压阀 5 来调定；而三位四通换向阀中位工作时，由主溢流阀 2 来调定系统的最高压力或安全压力值。各远程调压阀的压力可在主溢流阀的调定压力下分别调节。

图 2-4 所示为比例调压回路。系统可以通过电液比例溢流阀实现无级调压。根据执行元件行程各个阶段的不同要求，调节输入比例溢流阀的电流，即可改变系统的工作压力。回路组成简单，压力变换平稳冲击小，更易于远距离和连续控制。

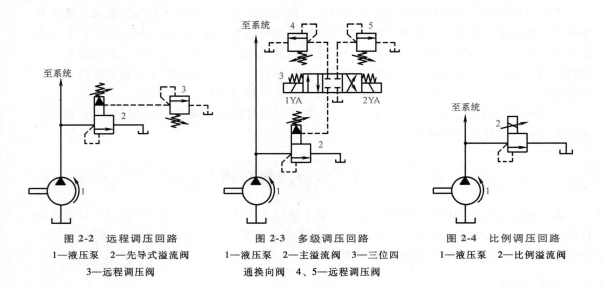

图 2-2　远程调压回路　　　　图 2-3　多级调压回路　　　　图 2-4　比例调压回路
1—液压泵　2—先导式溢流阀　　1—液压泵　2—主溢流阀　3—三位四　　1—液压泵　2—比例溢流阀
3—远程调压阀　　　　　　　通换向阀　4、5—远程调压阀

二、减压回路

减压回路用来使系统某一支路具有低于系统压力的可调稳定工作压力，如机床的工件夹紧、导轨润滑及液压系统的控制油路常采用减压回路。

最常见的减压回路是在所需低压的支路上串接定值减压阀，如图 2-5a 所示。液压泵同时向主系统和液压缸 5 供油。液压缸 5 的活塞杆伸出时需要低于系统压力的某一稳定的低压，而活塞返回时无须减压，为此在回路中接入单向减压阀 4。减压阀可在最低压力 0.5MPa 至溢流阀 2 调定压力之间调节。

图 2-5b 所示为二级减压回路。在先导式减压阀 6 的遥控口上接入远程调压阀 8，当换向阀 7 的电磁铁带电时，液压缸 5 的压力由远程调压阀 8 的调定压力决定。远程调压阀 8 的调定压力必须低于先导式减压阀 6。液压泵的最大工作压力由溢流阀 2 调定。回路中的单向阀 9 用于当主油路压力低于先导式减压阀 6 的调定值时，防止液压缸 5 的压力受其干扰，起短时保压作用。减压回路也可以采用比例减压阀实现无级减压。

由于减压阀工作时阀口的压降和泄漏油路的泄漏，总有一定的功率损耗，大流量的减压回路或系统有多处需要低压输出时，应另外采用单独的泵来供油。

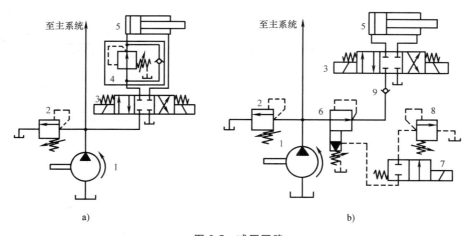

图 2-5　减压回路

a）减压回路　b）二级减压回路

1—液压泵　2—溢流阀　3、7—换向阀　4—单向减压阀　5—液压缸

6—先导式减压阀　8—远程调压阀　9—单向阀

三、增压回路

增压回路是用来使系统中某一支路的压力高于系统压力的回路。利用增压回路，液压系统就可以采用压力较低的液压泵，甚至可以利用压缩空气动力源来获得较高的系统压力。增压回路中提高油液压力的主要元件是增压缸，其增压比为增压缸大、小活塞面积之比，即 $p_2/p_1 = A_1/A_2$（图 2-6a）。

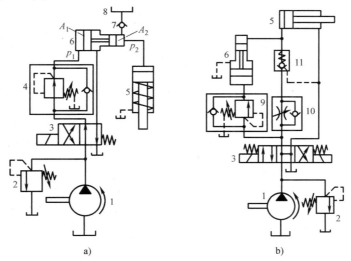

图 2-6　单作用增压回路

1—液压泵　2—溢流阀　3—换向阀　4—单向减压阀　5—液压缸　6—增压缸

7—单向阀　8—上置油箱　9—单向顺序阀　10—单向节流阀　11—液控单向阀

图 2-6 所示为单作用增压回路，该回路只适宜于液压缸需要很大的单向作用力和小行程

的场合。图 2-6a 中增压缸 6 高压腔的泄漏油在回程时由上置油箱 8 来补充,回路中接入单向减压阀 4 是为了使增压器的输出压力 p_2 可调。图 2-6b 所示的增压回路可使液压缸 5 的工作行程加长,活塞向右运动时只有当遇到负载时,单向顺序阀 9 由于系统压力升高而开启,压力油进入增压缸 6 才起增压作用。活塞向左返回时,液压缸无杆腔的回油由于单向节流阀 10 的背压作用进入增压缸 6 的上腔,使增压缸复位,为下一行程做准备,多余的回油经液控单向阀 11 和单向节流阀 10 回油箱。液控单向阀 11 的作用是增压时隔开高、低压油路。

图 2-7 所示为连续增压回路。同图 2-6b 所示回路一样,当液压缸活塞向左遇到负载后,压力油经顺序阀 6 进入双作用增压缸 8,只要换向阀 7 不断切换,增压缸 8 连续输出高压油,使液压缸在向左运动的整个行程中获得较大的推力。液压缸向右返回时,增压回路不起作用。

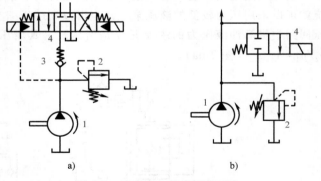

图 2-7　连续增压回路

1—液压泵　2—溢流阀　3、7—换向阀
4—液控单向阀　5—液压缸　6—顺序阀
8—增压缸　9～12—单向阀

四、卸荷回路

在液压系统工作中,执行元件短时间停止工作时,不频繁起动驱动泵的原动机,而使泵在很小的输出功率下运转的回路称为卸荷回路。卸荷回路分为压力卸荷和流量卸荷回路。使泵在零压或接近零压下工作的卸荷回路称为压力卸荷回路;使泵在零流量或接近零流量下工作的卸荷称为流量卸荷回路,流量卸荷主要针对变量泵。

图 2-8 所示为采用换向阀的卸荷回路。用三位四通换向阀中位 M 型(或 H、K 型)滑阀机能(图 2-8a),或在液压泵出口旁路接二位二通阀(图 2-8b),使液压泵输出的油液流回油箱,液压泵卸荷。它适用于低压

图 2-8　采用换向阀的卸荷回路

a)用换向阀中位机能的卸荷回路

b)用旁路换向阀的卸荷回路

1—液压泵　2—溢流阀　3—单向阀　4—换向阀

小流量($p \leqslant 2.5 \text{MPa}$,$q \leqslant 40 \text{L/min}$)的液压系统。高压大流量系统用换向阀卸荷时液压冲击较大,应在换向阀上采取缓冲措施。

图 2-9 所示为采用溢流阀的卸荷回路。当先导式溢流阀 2 控制管路通过换向阀 4 接回油箱时,液压泵输出的油液以很低的压力经溢流阀回油箱,实现液压泵的卸荷。阻尼器 3 可防止卸荷和升压时的液压冲击。

图 2-10 所示为双泵卸荷回路。卸荷阀 3 设定大流量时双泵供油的压力,溢流阀 5 设定高压小流量时高压小流量泵 2 供油的最高工作压力,系统压力低于卸荷阀 3 的压力时,两个泵同时向系统供油,当系统压力超过卸荷阀 3 的压力时,低压大流量泵 1 输出的油液通过卸荷

阀3流回油箱，只有高压小流量泵2向系统供油，减少了功率消耗。为避免压力干扰，卸荷阀3的设定压力至少应比溢流阀5的设定压力低0.5MPa，系统方能正常工作。双泵供油回路多用于工作过程中流量变化较大的液压系统。

图2-11所示为压力补偿变量泵的卸荷回路。采用压力补偿变量泵可以取代双联泵，实现低压大流量和高压小流量供油的工作性能。压力补偿变量泵的卸荷方式比较特殊，它不是靠卸压，而是输出很小流量，来减少功率消耗的。当液压缸4的活塞运动到行程端点或换向阀3处于中位，液压泵1的压力升高达到补偿装置动作所需的压力时，液压泵的流量便减至只需补足系统中泄漏的流量，功率消耗大为降低，实现液压泵的卸荷（实为驱动泵的原动机功率卸荷）。为防止变量泵压力补偿装置调零的误差和动作滞缓而使液压泵的压力异常升高，系统往往装有安全阀2作为安全措施。安全阀2的调整压力取系统压力的120%，它在系统中经常处于关闭状态。

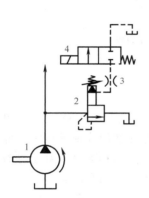

图2-9　采用溢流阀的卸荷回路

1—液压泵　2—先导式溢流阀

3—阻尼器　4—换向阀

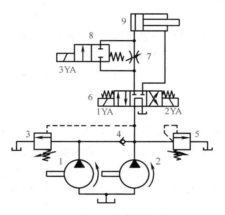

图2-10　双泵卸荷回路

1—低压大流量泵　2—高压小流量泵

3—卸荷阀　4—单向阀　5—溢流阀

6、8—换向阀　7—节流阀　9—液压缸

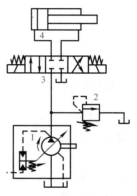

图2-11　压力补偿变

量泵的卸荷回路

1—液压泵　2—安全阀

3—换向阀　4—液压缸

图2-12所示为利用缸体上旁通油口卸荷的回路。在液压缸6的活塞向左运动返回终点时，缸体上带单向阀5的旁通油口开起，液压泵1输出的油液从液压缸的有杆腔经过此油口流回油箱，液压泵卸荷。此种方法用于压力较小的小型液压缸上，为防止活塞通过油口时损坏密封圈，液压缸不用密封圈，采用间隙密封。

图2-13所示为蓄能器保压液压泵卸荷回路。有些机械的液压装置在工作过程中当液压泵卸荷时系统保压，在这种卸荷回路中通常用蓄能器来保持系统压力，图2-13a所示为用卸荷溢流阀使液压泵卸荷的回路，保压范围由卸荷溢流阀2的工作性能决定；图2-13b所示为用压力继电器控制溢流阀使液压泵卸荷的回路，压力继电器9控制换向阀7的通和断，使液压泵1卸荷和工作，保压范围可由压力继电器来任

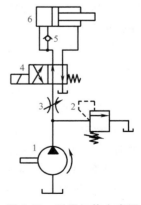

图2-12　利用缸体上旁通

油口卸荷的回路

1—液压泵　2—溢流阀　3—节流阀

4—换向阀　5—单向阀　6—液压缸

意设定。压力继电器可用电接点压力表来代替（图2-14），这样调整压力更为直观。

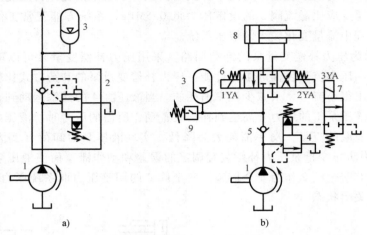

图 2-13　蓄能器保压液压泵卸荷回路

1—液压泵　2—卸荷溢流阀　3—蓄能器　4—溢流阀　5—单向阀
6、7—换向阀　8—液压缸　9—压力继电器

五、保压和泄压回路

有些机械，如压力成形液压机，工作过程要求液压缸在行程终点时，保持压力一段时间，以提高制品的质量。高压系统保压时，由于液压缸和管路的弹性变形和油液压缩，储存一部分弹性能，回程时如释放过快，将引起液压系统剧烈的冲击、振动和噪声，甚至导致管路和阀门的破裂，故保压后必须缓慢泄压。保压和泄压是要同时考虑的两个问题。

1. 保压回路

（1）用液控单向阀的保压回路　如图2-14所示，在液压缸无杆腔油路上接入一个液控单向阀5，利用单向阀锥形阀座的密封性能来实现保压。一般在20MPa工作压力下保压10min，压降不超过2MPa。阀座的磨损和油液的污染会使保压性能下降。

（2）向系统自动补油保压　在图2-14所示的回路中，a点接一个电接点压力表6，由电接点压力表6设定压力波动范围。电液换向阀4的电磁铁2Y通电，活塞下降加压，当压力上升到电接点压力表6的上限触点调定压力时，上触点接通，2Y断电，液压泵卸荷，系统保压；当压力下降到下限压力时，下限触点接通，2Y通电，液压泵又向液压缸供油，使压力回升。这种回路能自动地向封闭的高压腔中补充高压油，保压时间长，压力波动不超过2MPa。

（3）用辅助液压泵的保压回路　图2-15所示为用辅助液压泵的保压回路，在回路中增设一台辅助液压泵7，当液压缸6加压完毕要求保压时，由压力继电器11发信号，使2YA断电，3YA通电，液压泵1卸荷，辅助液压泵7向封

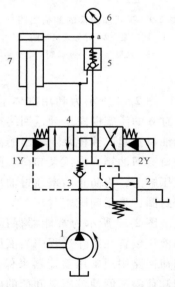

图 2-14　用液控单向阀的保压回路

1—液压泵　2—溢流阀　3—单向阀
4—电液换向阀　5—液控单向阀
6—电接点压力表　7—液压缸

闭的高压腔 a 点供油，维持系统压力稳定。由于辅助液压泵只需补充系统的泄漏，可选用小流量高压泵，功率损耗小。压力稳定性取决于辅助液压泵 7 出口处的溢流阀 8 的稳压性能。

（4）用蓄能器的保压回路　如图 2-16 所示，用蓄能器 8 代替辅助液压泵在保压过程中向 a 点供油。当电磁铁 1YA 得电，换向阀 4 右位工作时，液压缸 5 向下运动，当运动到终点后，液压泵 1 向蓄能器充入高压油。当压力升至压力继电器 9 调定值时，压力继电器发出信号使 1YA 断电，液压泵卸荷，由蓄能器保持液压缸的压力。

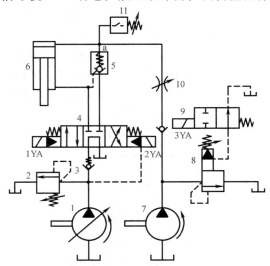

图 2-15　用辅助液压泵的保压回路

1—液压泵　2、8—溢流阀　3—单向阀　4、9—换向阀
5—液控单向阀　6—液压缸　7—辅助液压泵
10—节流阀　11—压力继电器

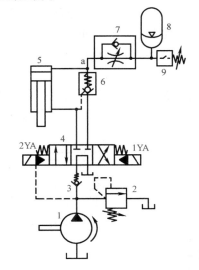

图 2-16　用蓄能器的保压回路

1—液压泵　2—溢流阀　3—单向阀　4—换向阀
5—液压缸　6—液控单向阀　7—单向节流阀
8—蓄能器　9—压力继电器

（5）用液压泵的保压回路　利用液压泵保压是最简单的保压方法，系统在保压过程中，液压泵始终以保压所需压力工作。此时若采用定量泵，压力油几乎全部经溢流阀流回油箱，系统功率损失大，发热量大，故定量泵只在小功率系统且保压时间较短的场合使用。若采用变量泵，如限压式变量泵，虽然保压过程中压力较高，但泵的输出流量几乎为零，系统功率损失小，且泵的输出流量能随泄漏量的变化自动调整，系统效率较高，应用较广泛。

2. 泄压回路

（1）用电液换向阀的泄压缓冲回路　图 2-17 所示为带阻尼器的 H 型（或 Y 型）机能的电液换向阀的液压回路，当液压缸保压完毕要求反向回程时，由于阻尼器的作用，延缓换向阀的换向时间，换向阀从中位向右位换向时，由于阻尼器的存在，换向阀缓慢换向，相当于液控单向阀 5 的出油口到油箱之间有一个节流作用，使液压缸无杆腔缓慢泄压后再回程，适用于压力不太高，油液压缩量较小的系统。

（2）用时间继电器控制换向阀切换时间的泄压回路　图 2-15 所示的用辅助液压泵保压的回路中，保压时换向阀 4 处于中位，液压泵 1 卸荷，换向阀 9 的电磁铁 3YA 通电，辅助液压泵 7 向液压缸供油保压。保压完毕，先使 3YA 断电，辅助液压泵 7 通过溢流阀卸荷，液压缸上腔压力油通过节流阀 10 和卸荷的溢流阀 8 回油箱而泄压。节流阀 10 在泄压时起缓

16

冲作用，泄压时间由时间继电器控制，经过一定时间延迟，使1YA通电，换向阀4才动作，活塞回程。用延迟换向阀切换时间的泄压方法，在泄压过程中不管高压腔压力是否泄至零值，都得延长一个固定时间后才能换向。

（3）用顺序阀控制的泄压回路　如图2-18所示，液压缸保压完毕后，2YA通电，电液换向阀4换向，液压泵1输出的油液进入液压缸下腔，但此时上腔没有泄压，压力油经换向阀8将顺序阀7打开，进入下腔的油液经顺序阀7和节流阀6回油箱，调节节流阀6，使液压缸下腔压力在2MPa左右还不足以使活塞回程，但能顶开液控单向阀5的卸荷阀芯，使上腔泄压。当液压缸上腔压力降低到低于顺序阀7的调定压力（一般调至2~4MPa）时，顺序阀7关闭，切断液压泵1至油箱的低压循环，液压泵1的输出油液压力上升，顶开液控单向阀5，活塞回程。设置换向阀8是为了保压过程中切断顺序阀7的控制油路，保证回路的保压性能。这种泄压方法是在换向阀切换时不马上接通回程油路，只有上腔压力降低到允许的最低压力，才能自动回程。如果液压缸没有保压，它能及时回程，节约了工作循环时间，提高生产率。

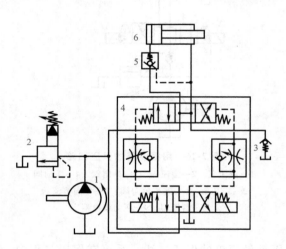

图2-17　用电液换向阀的泄压缓冲回路

1—液压泵　2—溢流阀　3—单向阀
4—电液换向阀　5—液控单向阀
6—液压缸

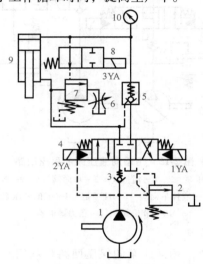

图2-18　用顺序阀控制的泄压回路

1—液压泵　2—溢流阀　3—单向阀　4、8—换向阀
5—液控单向阀　6—节流阀　7—顺序阀
9—液压缸　10—压力表

六、平衡回路

防止立式液压缸和竖直运动的工作部件因自重而自行下落的回路称为平衡回路。图2-19a所示为用内控式平衡阀的平衡回路。调整内控式平衡阀4的开启压力至稍大于立式液压缸活塞和工作部件自重形成的液压缸下腔的背压，即可防止工作部件自行下落，平衡阀相当于平衡锤的作用。这种回路在活塞向下运动时，回油腔有一定的背压，运动平稳，但下落的势能被平衡阀抵消而不能利用，功率损耗较大。改用图2-19b所示的用外控式平衡阀5的平衡回路，在活塞向下运动时，外控式平衡阀被进油路上的控制压力油打开，回油腔背压消失，运动部件的势能得以利用，系统效率较高。为控制活塞因自重而快速下降，在回油路上串入单向节流阀7。假如没有单向节流阀7，活塞由于自重而加速下降，液压缸上腔供油

不足，进油路上压力消失，外控平衡阀因控制油路失压而关闭，阀关闭后控制油路又建立压力，阀再次打开。阀的时闭时开，致使活塞向下运动过程中产生振动和冲击，运动不平稳。

　　平衡阀是滑阀结构，有一定的泄漏，不能长时间支承活塞和工作部件不动。当活塞需要长期停留不动时，就要采用锥阀结构的液控单向阀组成的锁紧回路。

七、制动和缓冲回路

　　液压执行元件驱动质量和速度较大的工作部件时，当其在运动状态下突然停止或换向时，由于运动部件具有较大的动能，液压回路中会产生很大的冲击和振动，影响运动部件的定位精度，严重时会损坏机件，妨碍机器正常工作。为了减小液压冲击，除了在液压元件本身结构上采取某些措施，如在液压缸端部设置缓冲装置，在电液换向阀上设置阻尼器，还可以在系统设计中采取缓冲回路。

　　图2-20所示为用溢流阀的缓冲制动回路。带有缓冲装置的液压缸能在行程两终端平稳无冲击地停止，然而当活塞在行程任意位置停止或反向运动时，液压缸回油侧的油路上会产生液压冲击，质量大、定位精度高的运动部件液压冲击尤为严重。为此在两侧油路上设置反应灵敏的小型直动式溢流阀，以缓和液压冲击。图2-20所示的两个缓冲回路均可实现双向缓冲。图2-20a所示为用两个溢流阀和两个单向阀组成的缓冲制动回路；图2-20b所示为用一个溢流阀和四个单向阀组成的缓冲制动回路。当执行元件向一个方向运动，换向阀突然切换或处于中位时，回油侧油路的压力由于运动部件的动能而突然升高，如压力超出直动式溢流阀调定压力，溢流

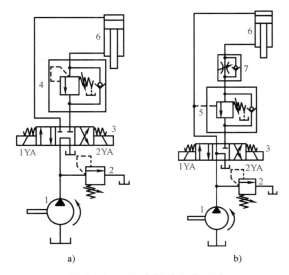

图 2-19　用平衡阀的平衡回路
a）用内控式平衡阀的平衡回路　b）用外控式平衡阀的平衡回路
1—液压泵　2—溢流阀　3—换向阀　4—内控式平衡阀
5—外控式平衡阀　6—液压缸　7—单向节流阀

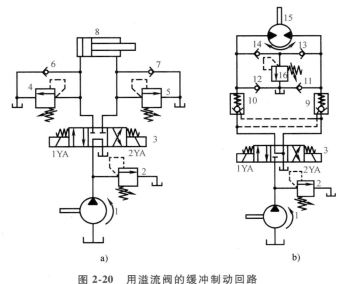

图 2-20　用溢流阀的缓冲制动回路
a）用两个溢流阀和两个单向阀组成的缓冲制动回路
b）用一个溢流阀和四个单向阀组成的缓冲制动回路
1—液压泵　2、4、5、16—溢流阀　3—换向阀　8—液压缸
6、7、11~14—单向阀　9、10—液控单向阀
15—液压马达

阀打开溢流，以缓冲管路中因压力异常升高而造成的液压冲击，同时通过单向阀向另一侧补油。由于溢流阀只需溢出很小一部分油液，即可缓和液压冲击，故只需采用小型溢流阀，为了使系统能正常工作，溢流阀调节压力要比正常工作时的最高压力高10%。

第二节　速度控制回路

本节主要讨论液压系统的速度调节和变换的问题。有关速度调节回路的组成、工作特性分析和应用将在专门章节讲述。本节讲述速度变换的基本回路，也就是使执行元件从一种速度变换到另一种速度的回路，它们有增速、减速和速度转换回路。

一、增速回路

增速回路是指在不增加液压泵流量的前提下，提高执行元件速度的回路。一般采用自重充液、蓄能器、差动缸和增速缸来实现。

图2-21所示为自重充液增速回路，常用于质量大的立式运动部件的大型液压机液压系统。换向阀右位接通回路时，由于运动部件的自重，活塞快速下降，用单向节流阀控制下降速度。若活塞下降速度超过供油速度，液压缸上腔产生负压，通过液控单向阀（充液阀）从上置油箱向液压缸上腔补油；当运动部件接触工件，负载增加时，液压缸上腔压力升高，液控单向阀关闭，此时只靠液压泵供油，活塞运动速度降低。回程时，换向阀左位接通回路，压力油进入液压缸下腔，同时打开液控单向阀，液压缸上腔一部分回油进入上置油箱。自重充液增速回路不需要增设辅助动力源，回路结构简单，但活塞快速下降时液压缸上腔吸油不充分，导致加压时升压缓慢，为此上置油箱常被加压油箱或蓄能器代替，实现强制充液。

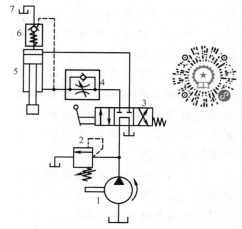

图2-21　自重充液增速回路

1—液压泵　2—溢流阀　3—换向阀
4—单向节流阀　5—液压缸
6—液控单向阀　7—上置油箱

卧式液压缸就不能利用运动部件自重做快速运动，如果能减小执行元件活塞的有效作用面积，也可以实现增速，差动缸和增速缸就是利用这种原理增速的。

图2-22所示为差动连接增速回路。电磁铁1YA通电时，活塞向右运动；1YA、3YA同时通电时，压力油进入液压缸左、右两腔，这种连接方式称为差动连接，由于无杆腔作用面积大于有杆腔作用面积，故活塞仍然向右运动，此时有效作用面积减小，为活塞杆的面积，活塞推力减小，而运动速度增大。2YA通电时，活塞向左返回。差动连接可以提高液压缸向右空载行程的运动速度，缩短工作循环时间，是实现液压缸快速运动的一种简单经济的有效办法。

图2-23所示为用增速缸的增速回路。增速缸活塞7开始向右运动时，液压源只供给增速缸小腔B所需的油液，活塞快速运动，大腔A由液控单向阀5从油箱吸取油液；当执行元件接触工件、负载增加时，回路压力升高，顺序阀4开启，高压油关闭液控单向阀5，并进入增速缸大腔A，活塞转换成慢速运动，推力增加。回程时，压力油打开液控单向阀5，大腔A的回油排回油箱，活塞快速向左退回。

19

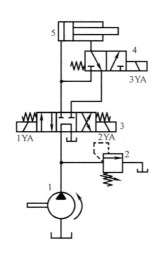

图 2-22 差动连接增速回路

1—液压泵 2—溢流阀

3、4—换向阀 5—液压缸

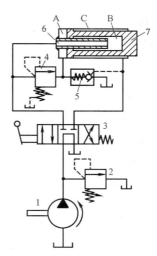

图 2-23 用增速缸的增速回路

1—液压泵 2—溢流阀 3—换向阀

4—顺序阀 5—液控单向阀

6—增速缸柱塞 7—增速缸活塞

图 2-24 所示为带辅助液压缸的增速回路。大、中型液压机为了减少液压泵的容量，设置成对的活塞缸 6。活塞快速向右时，液压源只向活塞缸 6 供油，而柱塞缸 5 由液控单向阀 7 从上置油箱 8 补油，直至压板触及工件后，油压上升，压力油经顺序阀 4 进入柱塞缸 5，此时柱塞缸和活塞缸同时加压，慢速向右。回程时，压力油进入活塞缸 6 右腔，柱塞缸 5 的回油通过液控单向阀 7 排回上置油箱 8。

图 2-25 所示为蓄能器增速回路。当换向阀处于中位时，液压泵 1 的全部流量进入蓄能

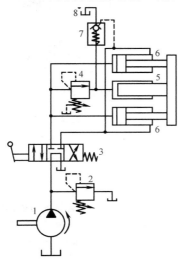

图 2-24 带辅助液压缸的增速回路

1—液压泵 2—溢流阀 3—换向阀

4—顺序阀 5—柱塞缸 6—活塞缸

7—液控单向阀 8—上置油箱

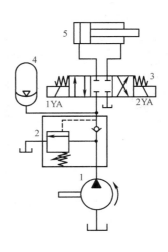

图 2-25 蓄能器增速回路

1—液压泵 2—卸荷阀 3—换向阀

4—蓄能器 5—液压缸

器4，蓄能器压力升高，使卸荷阀2开启，泵卸荷。当液压缸5的活塞快速运动时，由泵和蓄能器同时向液压缸供油。这种回路可以选择流量较小的液压泵，根据系统的工作要求，合理选择液压泵的流量和蓄能器的工作容量，可获得较高的回路效率。

二、减速回路

减速回路是使执行元件由快速转变为慢速的回路。常用的方法是靠节流阀或调速阀来减速，用行程阀、电气行程开关控制换向阀的通断或液压缸本身结构将快速转换为慢速。

图2-26所示为行程控制的减速回路。图2-26a所示液压缸回油路上并联接入行程阀6、单向阀4和节流阀5，活塞向右运动时，活塞杆上的挡铁碰到行程阀6之前，活塞快速运动；挡铁碰上并压下行程阀6，液压缸的回油只能通过节流阀5回油箱，活塞做慢速运动。向左返回时，不管挡铁是否压下行程阀，液压油均可通过单向阀进入液压缸有杆腔，活塞快速退回。图2-26b所示回路中，只不过是将行程开关ST的电气信号转给换向阀8，其他原理同图2-26a所示回路。

图2-27所示为复合缸的减速回路。利用液压缸内部的结构来代替活塞杆上行程挡铁的外部控制，当复合缸的活塞向右运动时，其上孔B未插入与它配合的凸台A之前，回油通过凸台A的油孔回油箱，活塞快速运动；当孔B插入凸台A之后，回油只能通过单向节流阀4回油箱，实现慢速运动。调节凸台A伸入缸内的长度，可改变速度转换的行程。这种回路常用于中小型机床刀架的速度转换。

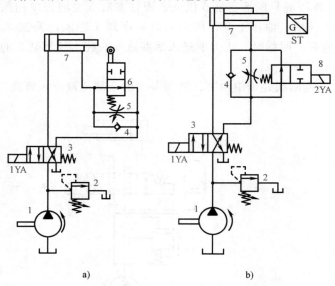

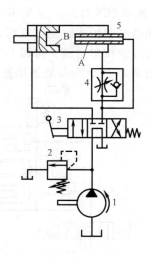

图2-26　行程控制的减速回路
1—液压泵　2—溢流阀　3、8—换向阀　4—单向阀
5—节流阀　6—行程阀　7—液压缸

图2-27　复合缸的减速回路
1—液压泵　2—溢流阀　3—换向阀
4—单向节流阀　5—复合缸

三、速度转换回路

某些机床要求工作行程中除了能快速靠近工件还有两种进给速度，如车外圆后倒角或钻

孔后锪平端面，通常第一进给速度大于第二进给速度。为实现两种进给速度的转换，常用两个调速阀串联或并联在油路上，用换向阀进行转换。

图 2-28 和图 2-29 所示分别为调速阀串联和并联的速度转换回路，其电磁铁动作顺序分别列于表 2-1 和表 2-2 中。调速阀串联时，第二进给速度只能小于第一进给速度；调速阀并联时，两种进给速度可以分别调整，互不影响，但在速度转换瞬间，由于才切换的调速阀刚有流量通过，减压阀尚处于最大开口位置，来不及反应关小，致使通过调速阀流量过大，造成工作部件的突然前冲。因此，并联的回路很少用在同一行程有两次进给速度的转换上，主要用在带有预选程序的转塔式多刀半自动机床中两种进给速度的预选上。

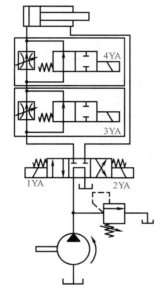

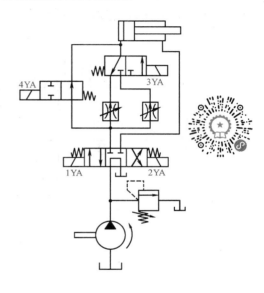

图 2-28　调速阀串联的速度转换回路　　　图 2-29　调速阀并联的速度转换回路

表 2-1　图 2-28 电磁铁动作顺序表

	1YA	2YA	3YA	4YA
快进	+	−	−	−
一工进	+	−	+	−
二工进	+	−	+	+
快退	−	+	−	−
停止				

表 2-2　图 2-29 电磁铁动作顺序表

	1YA	2YA	3YA	4YA
快进	+	−	−	−
一工进	+	−	−	+
二工进	+	−	+	+
快退	−	+	−	−
停止				

第三节　方向控制回路

方向控制回路的作用是控制执行元件的运动方向，它是利用控制进入执行元件的液流的通、断或改变方向来实现的。高品质的换向回路要求换向迅速、换向位置准确和运动平稳无冲击。

一、换向回路

采用二位四通、二位五通、三位四通或三位五通换向阀都可以使执行元件换向。二位换向阀只能使执行元件在正反两个方向运动，三位换向阀有中位，不同的中位机能可使系统获得不同的性能，如 M 型中位机能使执行元件停止、液压泵卸荷。五通换向阀有两个回油口，执行元件正反向运动时，两回油路上设置不同的背压，可获得不同的速度。换向阀的控制方式可根据操作需要来选择，如手动、电磁或电液动等。如果液压缸是利用弹簧或重力来回程的单作用缸，用二位三通阀就可使其换向，其回路如图 2-30a 所示。二位三通阀还可以使双作用缸换向，其回路如图 2-30b 所示。

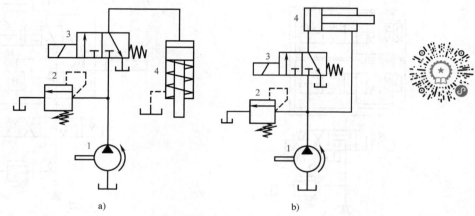

图 2-30　用二位三通换向阀的换向回路

a）使单作用缸换向　b）使双作用缸换向

1—液压泵　2—溢流阀　3—换向阀　4—液压缸

在闭式系统中可用双向变量泵控制液流的方向和流量来实现液压缸的换向和调速。图 2-31 所示为用双向变量泵的换向回路。图 2-31a 所示回路中由于执行元件是单杆双作用液压缸 4，活塞向右运动时，其进油流量大于排油流量，双向变量泵 1 的吸油侧流量不足，通过液控单向阀 5 从油箱补油；当双向变量泵 1 液流换向，活塞向左运动时，排油流量大于进油流量，双向变量泵 1 吸油侧多余的油液，通过由进油侧压力打开的液控单向阀 3 排油。溢流阀 2 和 6 分别限制活塞向右和向左运动时的最高压力，液控单向阀 5 可用单向阀来代替。如图 2-31b 所示，用辅助泵 8 来补充液压缸 12 正反向运动时吸油侧流量的不足，溢流阀 9 和 10 用来维持闭式回路中液压泵吸油侧的压力，

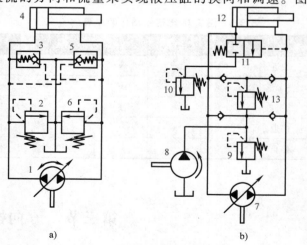

图 2-31　用双向变量泵的换向回路

1、7—双向变量泵　2、6、9、10、13—溢流阀　3、5—液控单向阀　4、12—液压缸　8—辅助泵　11—液动换向阀

防止液压泵吸空。液压缸 12 的活塞向左运动时,吸油侧多余的油液通过液动换向阀 11 和溢流阀 10 排油。回路中用一个溢流阀 13 来限制正反向运动时的最高压力。

二、连续换向回路

驱动磨床工作台的液压缸直线往复运动要求连续换向,并且在换向时能迅速无冲击地制动,换向位置准确,换向后要快速平稳地起动。这些动作普通换向阀已不能完成,需要特殊设计,在磨床液压传动中用称为液压操纵箱的一套阀组来实现。它由机动控制的先导阀、液动换向阀和单向节流阀等几个液压阀组成,用来控制工作台的制动、换向、反向起动和直线往复运动调速等多种运动。按制动方式连续换向回路分为时间控制和行程控制两类。

图 2-32 所示为时间控制制动的连续换向回路。回路中的主油路只受换向阀 1 控制,图示位置活塞向左运动。换向时,向左运动的活塞杆上的挡块带动拨杆使先导阀 5 由左向右移动,控制压力油换向,通过先导阀 5 和单向阀 2 进入换向阀 1 左端,换向阀右端的油经节流阀 7 和先导阀 5 流回油箱,换向阀阀芯向右移动。阀芯移动过程中,当移动到中间位置时,压力油与液压缸两腔和油箱互通,活塞运动失去推动力而迅速减

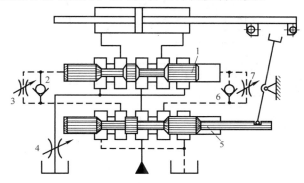

图 2-32　时间控制制动的连续换向回路
1—换向阀　2、6—单向阀　3、4、7—节流阀　5—先导阀

慢;然后,阀芯上的锥面关死进入液压缸右腔的通道,活塞停止运动,并打开压力油进入液压缸左腔的通道,主油路换向,活塞向右运动。调节回油路上节流阀 4,即可调节液压缸直线往复运动的速度。换向阀两端节流阀 3、7 开口大小调定后,换向阀阀芯从端点位置到阀芯关闭液压缸的油路所需的时间(即活塞制动的时间)就确定不变,这种制动方式称为时间控制制动。时间控制制动的连续换向回路通过换向阀中位机能、制动锥和调节控制换向阀阀芯移动的节流阀开口可以有效地控制换向冲击,但从挡块推动拨杆起到换向阀换向活塞反向起步这段时间内还得冲出一段距离,冲出量受运动部件的速度、惯性和其他一些因素的影响,换向精度不高,只适用于平面磨床的液压系统。

在换向精度要求较高的内、外圆磨床中,显然不能采用时间控制制动的连续换向回路。如果在活塞换向之前采取措施,使活塞运动速度预先减至某一数值后,才开始换向,这样,不论活塞原来速度怎样大小,工作台的冲出量就差不多相同了。执行预先减速的任务当数先导阀最好。

图 2-33 所示为行程控制制动的连续换向回路。它与时间控制制动的连续换向回路的主要差别在于主油路除了受换向阀 1 控制,其回油还要通过先导阀 2,受先导阀 2 控制。先导阀中间部分做了两个制动锥,当行程挡块带动拨杆使先导阀 2 由一端向另一端移动时,其制动锥逐渐关小主回油通道,活塞预先减速,当回油通道关得很小(轴向开口量为 0.2 ~ 0.5mm)时,控制油路才开始变换,推动换向阀 1 换向,活塞停止运动,并随即反向起步。由此可知,不论运动部件原来的速度是多少,换向时先导阀总是要先移动一段固定行程,将工作部件预先减至差不多相同的低速后,再由换向阀来使它换向,这样就可以提高换向精

度。这种制动方式称为行程控制制动。

图 2-34 所示为压力控制的连续换向回路。液动换向阀 7 控制摆动液压马达 8 换向,摆动液压马达到达摆动终端时,压力油打开顺序阀,同时打开另一侧的液控单向阀,使液动换向阀换向。这样执行元件可以连续换向。这种换向回路只适用于在执行元件的终端处换向,由于它通过顺序阀直接控制液动换向阀,比压力继电器控制电磁换向阀换向更为精确和可靠,超载时顺序阀还起安全保护作用。

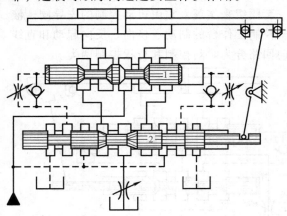

图 2-33 行程控制制动的连续换向回路

1—换向阀 2—先导阀

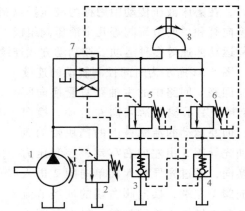

图 2-34 压力控制的连续换向回路

1—液压泵 2—溢流阀 3、4—液控单向阀 5、6—顺序阀 7—液动换向阀 8—摆动液压马达

三、锁紧回路

锁紧回路可使液压缸活塞在任意位置停止,并可防止其停止后窜动。O 型或 M 型中位机能的三位四通换向阀可以使活塞在行程范围内任何位置停止,但由于滑阀的泄漏,能保持停止位置不动的性能(锁紧精度)不高,故常用泄漏小的座阀结构的液控单向阀作为锁紧元件。图 2-35a 所示为用液控单向阀使卧式液压缸双向锁紧的回路,在液压缸两侧油路上串接液控单向阀(液压锁),换向阀 3 中位工作时活塞可以在行程的任何位置锁紧,左右都不能窜动。对于立式液压缸,可以用一个液控单向阀 5 实现单向锁紧,如图 2-35b 所示。液控单向阀只能限制活塞向下窜动,单向节流阀 6 防止活塞下降时超速而产生振动和冲击。

液控单向阀锁紧回路中应采用 Y 型或 H 型中位机能的换向阀,因为换向阀中位工作时希望液控单向阀的控制油路立即失

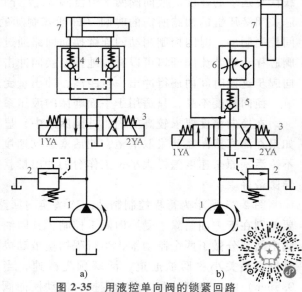

图 2-35 用液控单向阀的锁紧回路

a) 双向锁紧回路 b) 单向锁紧回路

1—液压泵 2—溢流阀 3—换向阀 4、5—液控单向阀 6—单向节流阀 7—液压缸

压，单向阀才能关闭，定位锁紧精度高。同样的理由，单向节流阀不宜插在液控单向阀和换向阀之间。

第四节　顺序动作回路

顺序动作回路是实现多个执行元件按预定的次序动作的液压回路。按顺序动作控制方法可分为压力控制和行程控制两大类。

一、压力控制顺序动作回路

图 2-36 所示为用顺序阀控制的顺序动作回路。当换向阀 3 左位接入回路，液压缸 7 活塞向右运动，完成动作①后，回路中压力升高到单向顺序阀 4 的调定压力，单向顺序阀 4 开启，压力油进入液压缸 6 的无杆腔，再完成动作②。退回时，换向阀右位接入回路，先后完成动作③和④。

图 2-37 所示为用压力继电器控制的顺序动作回路。回路中用压力继电器发讯控制电磁换向阀的电磁铁通电来实现顺序动作。按起动按钮，电磁铁 1YA 通电，液压缸 5 活塞前进到右端后，回路压力升高，压力继电器 7 动作，使电磁铁 3YA 通电，液压缸 6 活塞前进；返回时按返回按钮，1YA、3YA 断电，4YA 通电，液压缸 6 活塞先退到左端，回路中压力升高，压力继电器 8 动作，使 2YA 通电，液压缸 5 活塞退回。至此完成图示的①—②—③—④的顺序动作。

压力控制的顺序动作回路中，顺序阀或压力继电器的调定压力必须大于前一动作液压缸的最高工作压力，一般高出 0.8～1MPa，否则前一动作还未终止，下一动作的液压缸往往在管路中的压力冲击或波动下产生先动现象，有时会造成设备故障和人身事故。在多液压缸顺序动作回路中，有时在给定系统最高工作压力范围内无法安排开各液压缸压力顺序的调定压力，所以对顺序要求严格或超过三个液压缸的顺序动作回路，宜采用行程控制方式来实现。此外，顺序阀和压力继电器是安装在管路上的，一旦回路设计和安装完毕，改变动作顺序就比较麻烦了。

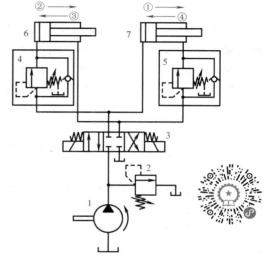

图 2-36　用顺序阀控制的顺序动作回路

1—液压泵　2—溢流阀　3—换向阀

4、5—单向顺序阀　6、7—液压缸

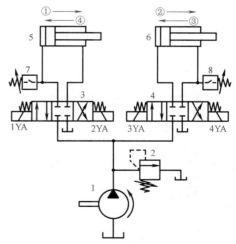

图 2-37　用压力继电器控制的顺序动作回路

1—液压泵　2—溢流阀　3、4—换向阀

5、6—液压缸　7、8—压力继电器

二、行程控制顺序动作回路

图 2-38 所示为用行程阀控制的顺序动作回路。电磁换向阀通电后，液压缸 5 的活塞先向右运动，当活塞杆上挡块压下行程阀 4 后，液压缸 6 的活塞才向右运动；换向阀 3 电磁铁断电，液压缸 5 的活塞先退回，其挡块离开行程阀 4 后，液压缸 6 的活塞退回。完成①—②—③—④顺序动作。

图 2-39 所示为用行程开关控制的顺序动作回路。按起动按钮，电磁铁 1YA 通电，液压缸 5 的活塞先向右运动，当活塞杆上的挡块触动行程开关 2ST 时，使电磁铁 3YA 通电，液压缸 6 的活塞向右运动直至触动 3ST，使 1YA 断电、2YA 通电，液压缸 5 的活塞向左退回，而后触动 1ST，使 3YA 断电、4YA 通电，液压缸 6 的活塞退回，完成①—②—③—④全部顺序动作，活塞均退到左端，为下一循环做好准备。用行程开关控制的顺序动作回路，调整挡块的位置可调整液压缸的行程，通过改变电气线路可改变动作顺序，而且利用电气互锁性能使顺序动作可靠，故在液压系统中广泛应用。

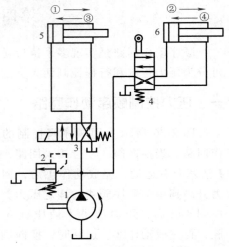

图 2-38 用行程阀控制的顺序动作回路
1—液压泵 2—溢流阀 3—换向阀
4—行程阀 5、6—液压缸

图 2-40 所示为用顺序缸控制的顺序动作回路。顺序缸 6 除了两端开进、出油口，还在中间开了 a 和 b 两油口，活塞在缸内运动中对 a、b 两油口起开和闭的作用。顺序缸 6 和液压缸 7 并联接到换向阀 3 的 A、B 两油口，液压缸 7 的两侧油路中串入单向阀 4 和 5，只允许液压缸 7 排出的油通过，而进入液压缸 7 的压力油必须通过顺序缸 6 的 a、b 两个油口。因此液压缸 7 的活塞向右运动必在顺序缸 6 的活塞向右运动打开油口 a 之后，而液压缸 7 的

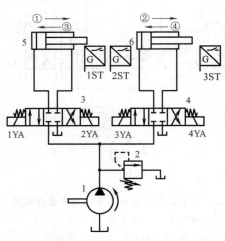

图 2-39 用行程开关控制的顺序动作回路
1—液压泵 2—溢流阀
3、4—换向阀 5、6—液压缸

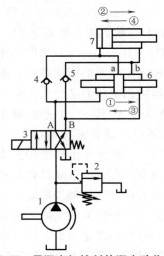

图 2-40 用顺序缸控制的顺序动作回路
1—液压泵 2—溢流阀 3—换向阀
4、5—单向阀 6—顺序缸 7—液压缸

活塞向左退回又必在顺序缸 6 的活塞向左退回打开油口 b 之后。本回路结构简单，但动作顺序和行程位置一经设定就不能变动。此外，由于在顺序缸 6 中间开油口，活塞不宜采用密封圈密封。该回路只适用于低压系统，如自动捆扎机液压系统。

第五节　同步控制回路

　　同步回路是实现多个执行元件以相同的位移或相等的速度运动的液压回路，分别称为位置同步和速度同步。随着液压技术在工程领域中的应用日益扩大，大型设备负载能力增加或因布局的关系，需要多个执行元件同时驱动一个工作部件，同步运动就显得更为突出。衡量同步运动的优劣的指标是同步精度，用其位移的绝对误差 Δ 或相对误差 δ 来表示，以两个同步的液压缸为例，若两个液压缸运动到端点时行程分别为 S_A 和 S_B，则其绝对误差

$$\Delta = |S_A - S_B|$$

　　相对误差

$$\delta = \frac{2|S_A - S_B|}{S_A + S_B} \times 100\%$$

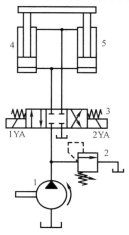

　　负载不均衡、摩擦阻力不等、液压缸泄漏量不同、空气的混入和制造误差等因素都会影响同步精度。用刚性的构件、齿轮齿条副或连杆机构可使两液压缸活塞杆建立刚性的运动联系，实现位移的同步，如图 2-41 所示。同步精度取决于机构的刚度。如果两液压缸负载差别较大，则会因偏载造成活塞和活塞杆卡死现象，因此，还需用液压方法来保证其同步。

图 2-41　机械同步回路
1—液压泵　2—溢流阀
3—换向阀　4、5—液压缸

一、流量同步回路

　　流量同步是通过流量控制阀控制进入或流出两液压缸的流量，使液压缸活塞运动速度相等，实现速度同步。

　　图 2-42 所示为液压缸单侧回油节流同步回路。在各液压缸的回油路上装单向节流阀，调节节流阀的流量达到近似的速度同步。节流阀同步回路液压系统简单、成本低，可以调速和实现多液压缸的同步，但同步精度受油温和负载的影响较大，仅为 5%，且系统效率低，不宜用于偏载或负载变化频繁的场合。为改善其同步精度可采用温度补偿的调速阀来代替节流阀。图 2-43 所示为采用调速阀和流向整流板使液压缸双向均能进行节流控制的同步回路。如果一个液压缸的油路中采用比例调速阀，两液压缸运动过程中通过检测元件随时检测位移误差，调节比例调速阀的流量和另一液压缸调速阀的流量相等，同步精度还可提高。

　　用分流集流阀来实现速度同步，其液压系统简单经济，纠偏能力强，同步精度为 1%～3%。图 2-44 所示为用分流集流阀控制的同步回路。活塞上升时分流集流阀起分流作用，活塞下降时起集流作用，即使两液压缸承受不同负载，仍能以相等的流量分流或集流，实现速度同步。回路中液控单向阀的作用是防止活塞停止时，因两液压缸负载不同而通过分流集流阀内节流孔窜油。图 2-45 所示为用比例分流集流阀控制的三缸同步回路。第一级分流集流

阀为比例分流集流阀，分流比为 2∶1，第二级为等量分流集流阀。因为分流精度取决于分流集流阀的压降，所以分流集流阀的流量范围较窄。当流量低于阀的公称流量过多时，阀的压降与流量成二次方倍地下降，分流精度就显著降低，这是在选择分流集流阀时必须注意的问题。分流集流阀上的压降一般为 0.8~1.2MPa，因此它不宜用于低压系统。

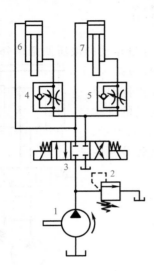

图 2-42　液压缸单侧回油节流同步回路
1—液压泵　2—溢流阀　3—换向阀
4、5—单向节流阀　6、7—液压缸

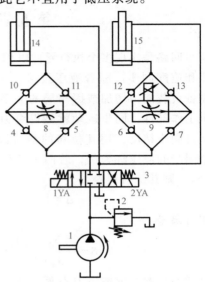

图 2-43　液压缸双向节流同步回路
1—液压泵　2—溢流阀　3—换向阀
4~7、10~13—单向阀　8、9—调
速阀　14、15—液压缸

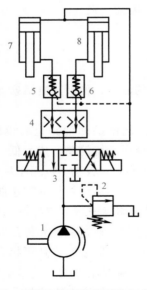

图 2-44　用分流集流阀控制的同步回路
1—液压泵　2—溢流阀　3—换向阀
4—分流集流阀　5、6—液控单向阀
7、8—液压缸

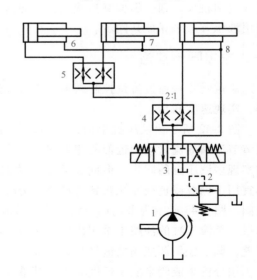

图 2-45　用比例分流集流阀控制的三缸同步回路
1—液压泵　2—溢流阀　3—换向阀
4、5—分流集流阀　6、7、8—液压缸

二、容积同步回路

容积同步是指将两相等容积的油液分配到尺寸相同的两液压缸，实现两液压缸位移同步。这种回路可允许较大的偏载，偏载造成的压差不影响流量的改变，只影响油液微量的压缩和泄漏，同步精度较高，系统效率也较高。

图 2-46 所示为用带补油装置的串联缸同步回路。若把两个液压缸串联起来，并且两串联油腔的活塞有效面积相等，便可实现两液压缸的同步。但是两串联油腔的泄漏会使两活塞产生位置误差，长期运行误差会不断积累起来，应采取措施使一个液压缸达到行程端点后，向串联油腔 a 点补油或由此排油，消除误差。其工作原理是在两液压缸活塞同时下降时，如果液压缸 6 的活塞先到达端点，触动行程开关 1ST，使换向阀 4 的电磁铁 3YA 通电，压力油经换向阀 4 和液控单向阀 5 进入液压缸 7 上腔，使液压缸 7 的活塞继续下降到端点；如果液压缸 7 的活塞先到达端点，触动行程开关 2ST，使 4YA 通电，压力油接通液控单向阀 5 的控制油路，液压缸 6 下腔的油液经液控单向阀 5 和换向阀 4 回油箱，使液压缸 6 的活塞也下降到端点，从而消除积累误差。

图 2-47 所示为用同步缸的同步回路。同步缸 4 是两个尺寸相同的缸体和两个活塞共用一个活塞杆的液压缸，液压缸 5、6 的尺寸相同。同步缸 4 的活塞向左或向右运动时输出或接收相等体积的油液，在回路中起着配流的作用，使有效面积相等的两个液压缸 5、6 实现双向同步运动。这种同步回路的同步精度取决于液压缸和同步缸的加工精度和密封性，一般可达 1%~2%，适用于小容量场合。

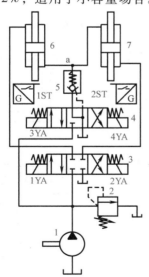

图 2-46　用带补油装置的串联缸同步回路

1—液压泵　2—溢流阀　3、4—换向阀
5—液控单向阀　6、7—液压缸

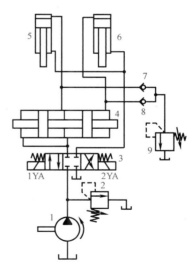

图 2-47　用同步缸的同步回路

1—液压泵　2、9—溢流阀　3—换向阀　4—同步缸
5、6—液压缸　7、8—单向阀

和同步缸一样，用两个同轴等排量液压马达作配流环节，输出相同流量的油液来实现两液压缸的同步。图 2-48 所示为用同步液压马达的同步回路。由四个单向阀和一个溢流阀组成的交叉溢流补油回路，可以在液压缸行程端点消除同步误差。容积同步回路的同步精度比流量同步回路的高，它排除了流量控制阀压差对流量影响的因素，其同步精度主要取决于元

件的制造精度、泄漏和两液压缸偏载等因素。如同步液压马达回路中，选用容积效率稳定的柱塞液压马达，便可获得相当高的同步精度。伴随同步精度的提高，也带来了系统复杂程度和造价的提高，在选择同步方式时应予以综合考虑。

三、伺服同步回路

采用伺服阀的同步回路，可随时调节进入液压缸的流量，实现精确的位置同步，同步精度可达 0.2mm，但系统复杂程度和造价更高。图 2-49 所示为三个用电液伺服阀同步的例子。图 2-49a 所示为用电液伺服阀进油的同步回路，图 2-49b 所示为用电液伺服阀等量分流集流的同步回路。在电液伺服阀同步回路中，设有活塞位置的检测元件和将检测信号进行比较、放大、反馈，并对电液伺服阀进行自动控制的电气装置。当两活塞位置出现不同步时，检测装置发出信号，经放大后反馈到电液伺服阀，使之随时调节流量达到两活塞同步运行。这两个回路中，电液伺服阀需通过系统的全流量，伺服阀的容量大，价格高。图 2-49c 所示为用电液伺服阀放油的同步回路。回路中用分流集流阀进行粗略的同步控制，再通过张紧在滑轮组上的钢带推动差动变压器检测同步误差，经伺服放大器控制电液伺服阀，把超前的液压缸的进油路上的油液从电液伺服阀排放回油箱，

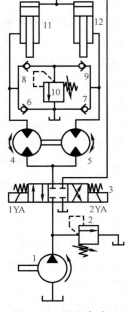

图 2-48 用同步液压
马达的同步回路
1—液压泵 2、10—溢流阀
3—换向阀 4、5—液压马达
6~9—单向阀 11、12—液压缸

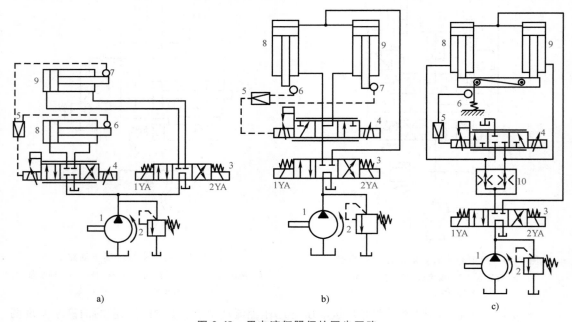

a)   b)   c)

图 2-49 用电液伺服阀的同步回路
a) 用电液伺服阀进油的同步回路 b) 用电液伺服阀等量分流集流的同步回路 c) 用电液伺服阀放油的同步回路
1—液压泵 2—溢流阀 3—换向阀 4—电液伺服阀 5—伺服放大器
6、7—位移传感器 8、9—液压缸 10—分流集流阀

从而保证精确同步。由于电液伺服阀只要放掉很小流量即可纠正分流误差，故可采用小容量的电液伺服阀。回路可靠性高，在电液伺服系统出故障时，仍能粗略地同步工作。回路中电液伺服阀可用比例换向阀代替，甚至可用直流电磁换向阀代替，但精度比采用电液伺服阀的低。

第六节　液压马达控制回路

一、液压马达速度换接回路

在液压驱动的行走机械中，根据行驶条件往往需要两档转速：在平地行驶时为高速；路面质量不好或上坡时需要增加输出转矩，降低速度。为此，采用两个液压马达，或串联连接，或并联连接，以达到上述目的。

图 2-50a 所示为液压马达并联回路。两等排量液压马达 5 和 6 的主轴刚性地连接在一起（一般为同轴双排径向柱塞液压马达），手动换向阀 4 左位时，压力油只驱动液压马达 5，而液压马达 6 在零压差下浮动空转；手动换向阀 4 右位时，液压马达 5 和 6 并联工作，排量增加一倍，转矩相应增加一倍，而速度降低一半。不管手动换向阀 4 处于何位，回路的输出功率相同。

图 2-50b 所示为液压马达串并联回路。用电磁换向阀 7 使两液压马达

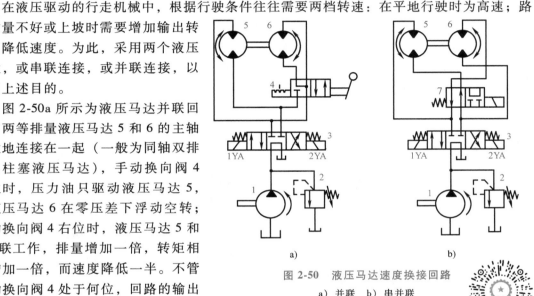

图 2-50　液压马达速度换接回路
a）并联　b）串并联
1—液压泵　2—溢流阀　3、7—电磁换向阀
4—手动换向阀　5、6—液压马达

串联或并联来实现双速。串联时为高速，并联时为低速。同样，在串联和并联两种情况下，回路的输出功率相同。比较这两个回路，后者两液压马达负载均摊，串联时工作压差减半，并联时输入流量减半，两液压马达工作寿命相等。而前者两液压马达始终在高压差下工作，且液压马达 5 的负载大，两液压马达寿命不相等。

二、液压马达制动缓冲回路

用液压马达驱动旋转机构，一般驱动功率较大，在制动时如果只是把液压泵卸荷或停止向液压马达供油，液压马达因自身和负载的惯性还要继续转动，需要设置制动回路。

工程机械中常用液压制动器对液压马达进行制动。图 2-51 所示为用常闭式液压制动器的制动回路。回路中在制动器前串联一单向节流阀控制制动器的开启时间。在换向阀电磁铁通电后开始向液压马达供油时，因节流阀的作用，制动器延迟开启，系统压力上升后，制动器松开，保证液压马达有足够大的起动转矩，液压马达迅速起动；当换向阀断电，停止向液

压马达供油时，系统卸荷，由于单向阀的作用，制动器在弹簧作用下立即复位制动。

开式回路中，常由串接在液压马达回油路上的节流阀或溢流阀来实现减速和制动。图2-52a所示为用节流阀的液压马达制动回路。当停止向液压马达供油时，电磁阀6通电，液压马达4回油经节流阀5接回油箱，制动初期，通过节流阀5的流量较大，产生较大的背压，液压马达逐渐减速；随着转速降低，液压马达的回油量减小，节流阀的背压也减小，制动效果减弱，制动时间过长。为克服这一缺点，在制动后一阶段，再配以常开式液压制动器，通入辅助压力油后使液压马达最后制动，完全停止转动。如将节流阀换成溢流阀，制动时在回油路上始终有恒定的背压，可使液压马达迅速制动。图2-52b所示为用溢流阀的液压马达制动回路。溢流阀9（高压）作制动阀，溢流阀8（低压）作背压阀。图示位置电磁阀3断电，液压马达制动，系统在背压阀压力（0.3~0.7MPa）下卸荷，并保证液压马达制动时有一定的补油压力，防止液压马达吸空；电磁阀3通电，系统向液压马达供油，液压马达的回油以不高的背压力经背压阀（溢流阀8）回油箱，液压马达运转平稳。溢流阀背压制动时压力不宜调得过高，一般等于系统的额定工作压力即可，过高的背压，不仅会因制动太急而产生压力冲击，甚至造成液压马达和管路的损坏。

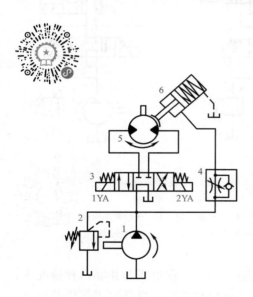

图 2-51　用常闭式液压制动器的制动回路

1—液压泵　2—溢流阀　3—换向阀
4—单向节流阀　5—液压马达
6—液压制动器

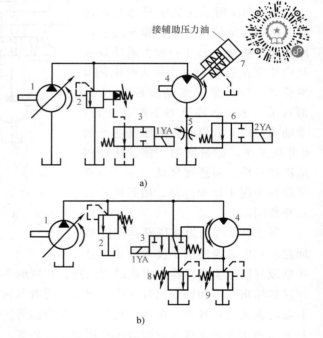

图 2-52　用节流阀或溢流阀的制动回路

a）用节流阀　b）用溢流阀
1—液压泵　2、8、9—溢流阀
3、6—电磁阀　4—液压马达
5—节流阀　7—液压制动器

闭式回路常用双溢流阀组（图2-53a阀5、7）和带双单向阀的溢流阀组（图2-53b阀6、13、14）实施液压马达的双向制动或对回路的安全保护。当主油路高压侧压力超过溢流阀调整压力时，溢流阀打开溢流，系统压力不再增加，起到安全保护作用。制动时，负载的惯性使液压马达继续旋转，液压马达转入液压泵工况，排油口产生高压，溢流阀打开，起缓冲和制动作用。辅助泵通过 a 点向回路低压侧补油，防止液压马达吸空、补充回路中的泄漏和强制对闭式回路进行冷却。

三、闭式回路的补油和冷却

闭式回路中为防止液压马达吸空、补充回路中的泄漏和强制对闭式回路进行冷却，须设置低压补油泵。补油泵的压力一般调至 0.8~1.5MPa，补油泵的流量根据系统的容积效率和对冷却的要求来选择，一般取主泵流量的 20%~30%，冷却要求较高者可取 40%。

图 2-53a 所示为用补油泵对闭式回路强制冷却的回路。为了使补油泵输出的油液能够进入主油路，补油泵的低压溢流阀 6 的压力应高出主油路回油溢流阀 10 的压力约 0.2MPa。液压马达工作时，液压马达进出口的压差将液动换向阀 9 推到接通低压侧的位置，液压马达工作后发热的回油经液动换向阀 9、溢流阀 10 和冷却器回油箱。这样，补进的是冷油，排出的是热油，对闭式回路进行强制循环冷却，使回路中的油温保持在允许的温度范围内。

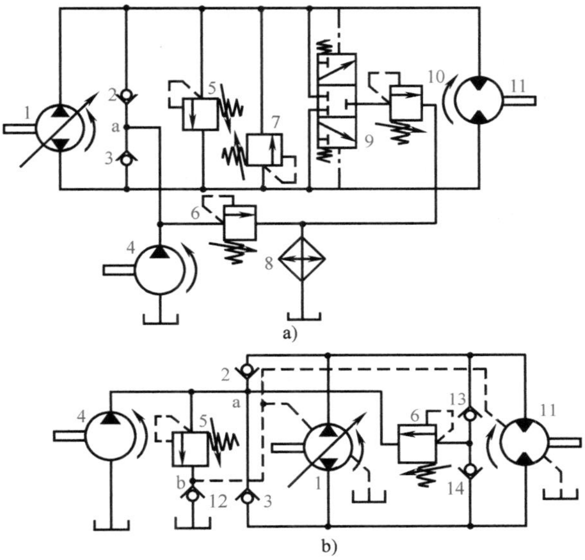

图 2-53b 所示为用冷却液压泵和

图 2-53 闭式回路的补油和冷却回路
a）用补油泵对闭式回路强制冷却的回路 b）用冷却液压泵和液压马达壳体的补油冷却回路
1、4—液压泵 2、3、12、13、14—单向阀 5、6、7、10—溢流阀
8—冷却器 9—液动换向阀 11—液压马达

液压马达壳体的补油冷却回路。补油泵通过 a 点向闭式回路补油，补充回路的泄漏，并通过溢流阀 5 后单向阀 12 前的 b 点向液压泵和液压马达壳体内输送低压油，由于橡胶旋转油封的限制，压力不超过 0.5MPa。输入壳体的低压油与液压泵和液压马达内的泄漏油混合在一起，冷却旋转零件摩擦副的发热，冲洗磨损下来的微小金属颗粒，最后从泄漏管路流回油箱，从而延长元件的使用寿命。这个回路中没有画出主油路强制冷却回路，如主油路仍需强制冷却，冷却方法参照图 2-53a。

第七节 其他控制回路

一、互不干扰回路

这种回路的功用是使系统中几个执行元件在完成各自工作循环时彼此互不影响。图 2-54 所示为通过双泵供油来实现多缸快慢速互不干扰的回路。液压缸 13 和 14 各自要完成"快进—工进—快退"的自动工作循环。当电磁铁 1YA、2YA 通电时，两液压缸均由大流量液压泵 2 供油，并作差动连接实现快进。如果液压缸 13 先完成快进动作，挡块和行程开关使电磁铁 3YA 通电，1YA 断电，大流量液压泵输出油液进入液压缸 13 的油路被切断，而改为小流量液压泵 1 供油，由调速阀 5 获得慢速工进，不受液压缸 14 快进的影响。当两液压缸均转为工进，都由小流量液压泵 1 供油后，若液压缸 13 先完成了工进，挡块和行程开关使电磁铁 1YA、3YA 都通电，液压缸 13 改由大流量液压泵 2 供油，使活塞快速返回，这时液压缸 14 仍由液压泵 1 供油继续完成工进，不受液压缸 13 影响。当所有电磁铁都断电时，两液压缸都停止运动。此回路采用快、慢速运动由大、小流量液压泵分别供油，并由相应的电磁阀进行控制的方案来保证两液压缸的快慢速运动互不干扰。

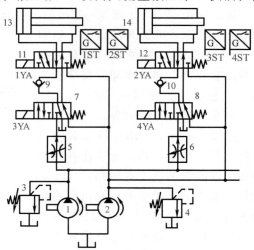

图 2-54 多缸快慢速互不干扰回路

1、2—液压泵 3、4—溢流阀 5、6—调速阀

7、8、11、12—换向阀 9、10—单向阀

13、14—液压缸

二、多路换向阀控制回路

多路换向阀是由若干换向阀、溢流阀、单向阀和补油阀等组合成的集成阀，具有结构紧凑、压力损失小、多位性能等优点，主要用于起重运输机械、工程机械及其他行走机械多个执行元件的运动方向和速度的集中控制。其操纵方式多为手动操纵，当工作压力较高时，则采用液压阀先导操纵。按多路换向阀的连接方式分为串联、并联、串并联三种基本油路。

1. 串联油路

如图 2-55a 所示，多路换向阀内前一滑阀的回油为下一滑阀的进油，依次下去直到最后一个滑阀。串联油路的特点是工作时可以实现两个以上执行元件的复合动作，这时泵的工作压力等于同时工作的各执行元件负载的总和。但外负载较大时，串联的执行元件很难实现复合运动。

2. 并联油路

如图 2-55b 所示，从多路换向阀进油口来的压力油可直接通到各并联滑阀的进油腔，各并联滑阀的回油腔又都直接与总回油路相连。并联油路的多路换向阀既可控制执行元件单动，又可实现复合动作。复合运动时，若各执行元件的负载相差很大，则负载小的先动，复合动作成为顺序动作。

3. 串并联油路

如图 2-55c 所示，按串并联油路连接的多路换向阀每一滑阀的进油腔都与前一滑阀的中位回油通道相通，每一滑阀的回油腔则直接与总回油口相连，即各滑阀的进油腔串联，回油腔并联。当一个执行元件工作时，后面的执行元件的进油道被切断。因此多路换向阀中只能有一个滑阀工作，即各滑阀之间具有互锁功能，各执行元件只能实现单动，又称为顺序单动油路。

当多路换向阀的滑阀数量较多时，常采用上述三种油路的组合，称为复合油路。无论多路换向阀是何种连接方式，在各个执行元件都处于停止位置时，液压泵可通过各滑阀的中位自行卸荷，而当任一执行元件要求工作时，液压泵又立即恢复供应压力油。

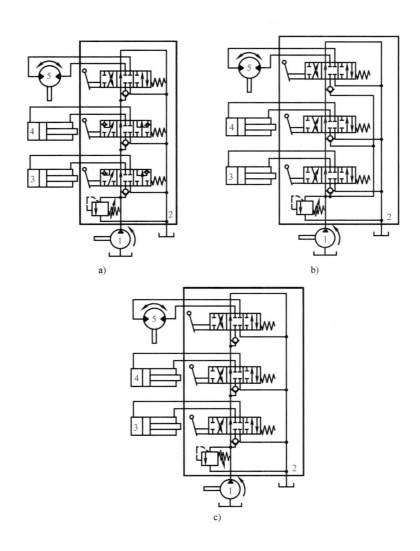

图 2-55　多路换向阀控制回路
a）串联式　b）并联式　c）顺序式
1—液压泵　2—多路阀　3、4—液压缸　5—液压马达

三、二通插装阀回路

二通插装阀是一种新型的液压控制元件，通过它可实现液压基本回路的方向、压力和流量控制功能，也可以综合几种控制元件组成复合控制回路。它的优点是通流量大、密封性好、结构简单紧凑，因此组成液压系统的体积和质量大为减小，在高压大流量液压系统中应用尤为广泛。

二通插装阀由插装组件、阀体和先导控制三部分组成。插装组件又称为主阀组件，它包括阀芯、阀套、弹簧和密封件，主要功能是控制主油路油流的通断、压力的高低和流量的大小。插装组件的基本符号可参照图 2-56、图 2-58 和图 2-60，其上标志的 A、B 为主油路的两个油口，X 为控制口。虽然阀芯有不同的结构形式，油口 A 和控制口 X 有不同的面积比，但插装组件和它插入阀体的插装孔尺寸都是标准的。本部分中所有的图上半部均是用二通插装阀符号画的基本回路，下半部为与其对应的普通液压回路。

1. 插装阀方向控制回路

图 2-56 所示为二通插装阀方向控制回路。二通插装阀按其工作原理来说是一个液控单向阀。在图 2-56a 中控制口 X 与油口 B 连接，组成 A 通向 B 的外流式单向阀，反向流动时 B 和 A 不通。图 2-56b 中控制口 X 与油口 A 连接，构成 B 通向 A 的内流式单向阀，内流式单向阀油口 A 与控制口 X 的面积比为 1:2 时，从油口 B 来的压力油才能打开阀芯导通油路。图 2-56c 所示为液控单向阀回路，控制口 X 有压力油时，推动先导阀，使阀芯控制腔与回油相通，阀芯抬起，可使油口 B 反向与油口 A 导通，控制口 X 失压时，A 只能向 B 单向导通。

图 2-56d 所示为二位二通换向回路。一个插装组件只能控制两个油口的通断，当先导电磁换向阀电磁铁通电时，插装阀控制油通油箱，A 与 B 双向相通；当其电磁铁断电时，压力油作用于阀芯的控制腔，相当于 B→A 的单向阀。对于 P、A、T 三通油路，就要用两个插装组件来控制，一个控制 P 到 A 的进油，另一个控制 A 到 T 的回油。图 2-56e 所示为四位三通换向回路。当 1YA 通电、2YA 断电时，插装阀 2 控制腔有压力油，插装阀 1 控制口通油箱，A 和 T 相通，P 口关死；1YA 断电、2YA 通电时，P 和 A 相通，T 口闭死；同理，1YA 和 2YA 均断电时，P、A、T 均不通，1YA 和 2YA 均通电时，P、A、T 均相通，构成相当于二位三通电液换向阀的回路。

图 2-57 所示为插装阀十二位四通换向回路。每一插装组件的控制油路均用一个二位四通电磁换向阀单独控制，电磁铁通电则对应插装阀开启，电磁铁断电则对应插装阀关闭，可以组成十二种机能的换向回路。如 1YA、2YA、3YA、4YA 均断电，实现 O 型中位机能；1YA、2YA、3YA、4YA 均通电，实现 H 型中位机能。

2. 插装阀压力控制回路

图 2-58 所示为二通插装阀用作压力阀，依次为溢流阀、顺序阀和减压阀。作压力阀用的二通插装组件的阀芯上需增加一个阻尼孔或在控制油路前接一个外阻尼孔，阀芯的锥座的半锥角已不是作方向阀时的 45°，而是 20°，面积比取 1:1~1:1.1 以适应压力阀控制原理需要。图 2-58a 中 A 口压力油经外接阻尼孔进入控制腔 X，与先导压力阀相通，先导压力阀出口和 B 口一同接回油箱。由于 A 口压力经阻尼孔到先导压力阀，当压力升高到先导压力阀调定值，先导压力阀打开溢流回油箱，阻尼孔中有油流产生压降，在压差作用下阀芯打开，A 口压力油在先导压力阀调定的压力下溢流经 B 口回油箱，构成一先导式溢流阀。图 2-58b 中用 1:1 的阀芯和外接阻尼孔，先导压力阀出口接油箱，B 口接负载，就成为顺序阀。图 2-58c 所示为常开的滑阀式插装阀芯，B 口为进油口，A 口为出油口，A 口压力经外接阻尼孔与控制腔 X 和先导压力阀相通，A 口压力上升达到或超出先导压力阀调定压力时，先导压力阀开启溢流，在阻尼孔压差作用下，阀芯上抬，关小常开式阀芯的通道，以控制 A 口出口压力为一定值，这样构成一个先导式定值输出减压阀。

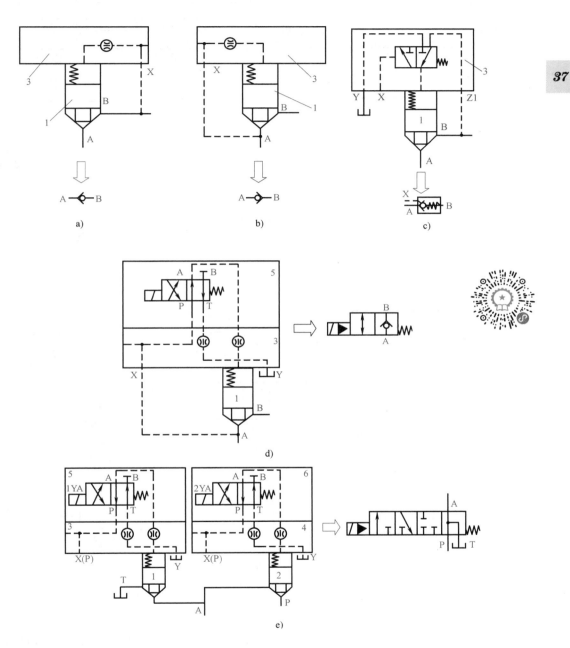

图 2-56　二通插装阀方向控制回路

a)、b) 单向阀回路　c) 液控单向阀回路　d) 二位二通换向回路　e) 四位三通换向回路

1、2—插装阀　3、4—盖板　5、6—先导控制阀

38

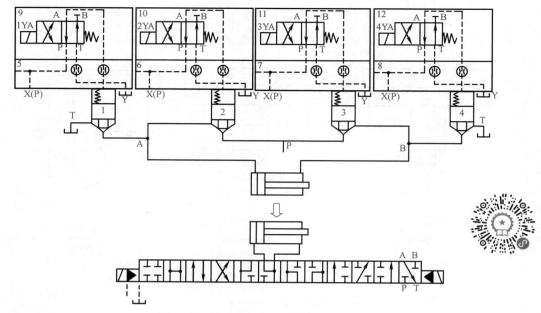

图 2-57　插装阀十二位四通换向回路

1~4—插装阀　5~8—盖板　9~12—先导控制阀

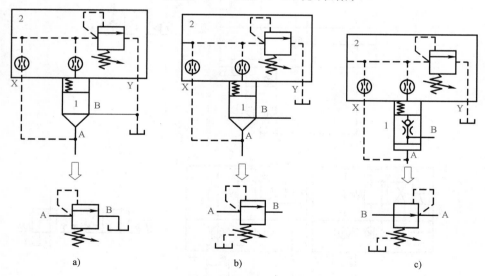

a)　　　　　　　　　　b)　　　　　　　　　　c)

图 2-58　二通插装阀用作压力阀

a）溢流阀　b）顺序阀　c）减压阀

1—插装阀　2—盖板

　　图 2-59 所示为二通插装阀压力控制回路。图中的两个压力控制回路都是在控制油路上进行变化以达到不同的压力控制的目的。图 2-59a 所示为调压卸荷回路。先导压力阀 2 调节回路压力，二位四通电磁阀 4 的电磁铁通电时，控制油路与油箱接通，回路卸荷。缓冲阀 3 可缓解回路升压和卸荷过程中的压力冲击。图 2-59b 所示为二级调压回路。带阻尼孔的插装阀 1 的控制腔接两个先导压力阀，先导压力阀 2 的调定压力比先导压力阀 5 的高，用二位四通电磁阀 4 来切换。二位四通电磁阀 4 的电磁铁断电时，回路为高压，二位四通电磁阀 4 的

电磁铁通电时，回路为低压。

3. 插装阀流量控制回路

图 2-60 所示为二通插装阀流量控制原理。图 2-60a 所示为插装式节流阀，插装组件的阀芯带有尾锥伸入阀座内，尾锥上开有三角形、梯形或其他形状的节流槽，在阀芯符号上用涂黑的形状表示，在控制腔盖板上安装有行程调节器，可调箭头表示阀芯行程可调，限制带节流槽阀芯的开度，在 A 和 B 的通路上构成一节流阀。图 2-60b 所示为插装式调速阀，在节流阀（插装组件）2 前串接一减压阀（插装组件）1，减压阀阀芯两端分别与节流阀进出油口相通，同普通调速阀的原理一样，用减压阀的压力补偿功能来保证节流阀两端压差为定值，不随负载的变化而变化，就可组成一个调速阀。

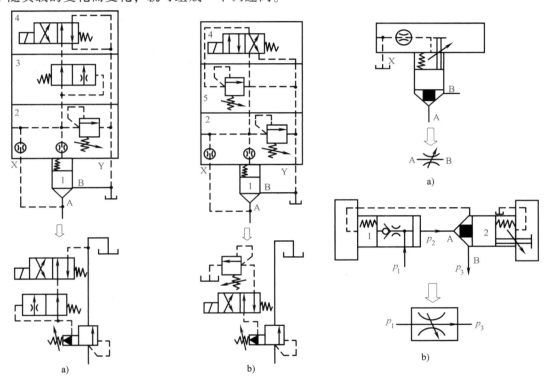

图 2-59 二通插装阀压力控制回路

a）调压卸荷回路 b）二级调压回路

1—插装阀 2、5—先导压力阀 3—缓冲阀

4—二位四通电磁阀

图 2-60 二通插装阀流量控制原理

a）节流阀 b）调速阀

1—减压阀 2—节流阀

4. 复合功能的二通插装阀回路

图 2-61 所示为具有复合功能的二通插装阀回路。回路要求液压缸双向运动时均为进油节流调速，向下运动时有杆腔有平衡自重的背压控制，中位时为 H 型机能。因为是三位四通换向回路，用四个插装组件，主回路进油插装阀 2 和 3 选用带三角节流槽尾锥的节流阀芯，有杆腔回油插装阀 4 选用带阻尼孔的压力阀芯。在先导控制回路上，用一个 Y 型中位机能的三位四通电磁换向阀 6 来控制各插装阀的通断，插装阀 4 控制腔上串接一个先导压力阀 5 来控制有杆腔回油背压。这样，插装阀回路能完成图中普通液压阀回路所有的复合功能。普通液压阀回路中三位四通电液换向阀、单向节流阀和平衡阀的通过流量均应与液压缸

流量相适应，而插装阀回路中只有作为四通换向阀主油路的插装阀组件是大规格的，以适应液压缸的流量要求，而先导控制回路上均用小通径液压阀；主油路增添一个功能，在先导控制回路上只要增添相应的小通径控制阀就能实现，而且在主油路上又能省去很多单向阀。液压回路功能越复杂，插装阀的优点越显著。

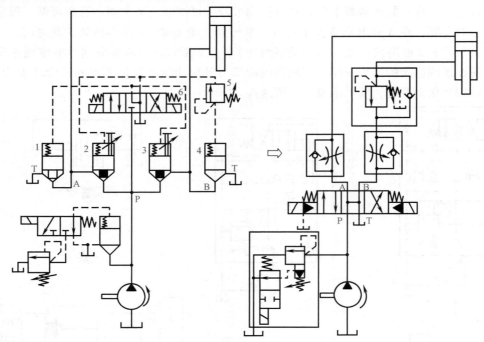

图 2-61　具有复合功能的二通插装阀回路

1~4—插装阀　5—先导压力阀　6—三位四通电磁换向阀

四、叠加阀回路

　　叠加阀是在板式阀集成化的基础上发展起来的新型液压元件。每个叠加阀既起到控制元件的功能，又起连接块和通道的作用。组成液压系统时通常由几个叠加阀安装在板式换向阀和底板之间组成一叠，控制一个执行元件。叠加阀回路的优点是结构紧凑、体积小、质量小，设计、加工、装配周期短，系统配置灵活、外观整齐美观、维护方便。但现有的叠加阀通径较小，回路形式较少，尚不能满足较复杂和大功率的液压系统。

　　叠加阀分类和工作原理与一般液压阀相同，分压力控制阀、流量控制阀和方向控制阀，方向控制阀中仅有单向阀类，换向阀不属于叠加阀。我国叠加阀连接尺寸符合 ISO 4401 国际标准，在品种上根据机床行业的需要还增加了一些复合机能的叠加阀，使一组叠加回路减少了用阀数量，降低了阀组高度。本节用一个叠加阀回路来说明叠加阀回路图的绘制和设计选择中的一些注意事项。

　　图 2-62a 所示为某一液压系统的叠加阀回路，图 2-62b 所示与其相对应的普通液压阀回路。液压系统为双泵集中供油系统，p 为低压油源压力，p_1 为高压油源压力。两个执行元件中，立式液压缸下降时要求有快进到慢速工作进给的转换，运动平稳和可在任意位置停留；卧式液压缸有减压和锁紧的要求；用两组叠加阀来完成要求的功能。要说明的是，具有复合

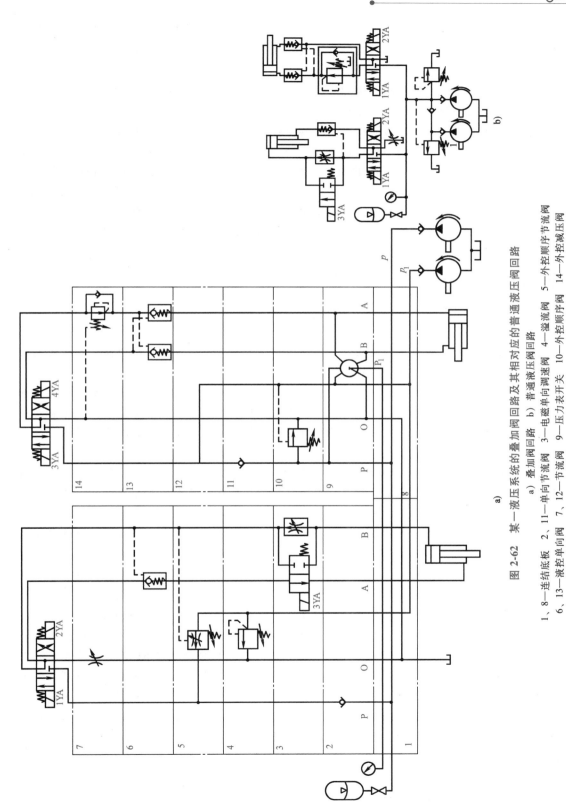

图 2-62　某一液压系统的叠加阀回路及其相应的普通液压阀回路

a) 叠加阀回路　b) 普通液压阀回路

1、8—连结底板　2、11—单向节流阀　3—电磁单向调速阀　4—溢流阀　5—外控顺序节流阀
6、13—液控单向阀　7、12—节流阀　9—压力表开关　10—外控顺序阀　14—外控减压阀

功能的外控顺序节流阀5，它可防止任意一个执行元件（图示系统中的立式液压缸），当工作进给转为快退时引起供油系统压力降低造成其他执行元件的进给力不足现象，避免压力干扰，保持高压油源压力 p_1 不变。

一组叠加阀回路中的换向阀、叠加阀和底板的通径及连接尺寸必须一致。集中供油系统中溢流阀的通径按系统液压泵的总流量来确定。为保证液压缸锁紧精度和运动平稳性，外控减压阀、液控单向阀和双单向节流阀并用时的位置，依次是液压缸、双单向节流阀、液控单向阀和外控减压阀，换向阀的中位机能须采用 Y 型。电磁单向调速阀应设在液压缸和外控顺序节流阀之间，以提高微量进给的精度。回油路上的调速阀或节流阀的位置应紧靠换向阀，使调速阀或节流阀以下的回油路不会产生背压，有利于其他阀的回油或泄油畅通无阻。压力表开关必须紧靠底板，集中供油系统至少应有一个压力表开关，在有减压阀的回路中都应设置压力表开关，便于测压和调试。详细选用原则和叠加阀型谱系列请参阅有关资料和生产厂家产品样本。

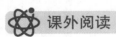 课外阅读

飞机上的液压系统

随着航空工业的迅速发展，液压技术得到了广泛的应用，在现代飞机的操作系统及发动机的供油量控制中普遍采用液压系统。

飞机的操作系统主要有油箱空气增压系统、主供压系统、应急供压系统、起落架收放系统、襟翼收放系统、前轮转弯系统、主轮制动系统、风挡刮水器刮水系统、电源恒速装置液压系统、进气整流锥和可调斜板液压系统以及发动机供油系统、发动机润滑油液压系统、尾喷口控制液压系统等。

当飞机处于滑跑、起飞、加速、升降等各种工况时，需采用机械液压控制系统来改变动力装置的推力以满足飞行中的不同需要。如飞机发动机输出功率大幅度变化时，供油量将成倍变化。在这种供油量变化的情况下，液压系统需满足起动、加速、加力、减速等过渡过程的控制要求，以保证动力装置不出现超转、超载、过热和熄火等现象，保证飞机既稳定又可靠地工作。

1. 飞机液压操作系统

大型客机在操纵系统和起落架装置中都使用了液压装置，如机翼的操纵要求能正确而迅速地响应，以便细微地控制机身的姿势；起落架则要求把重约 3t 的飞机收放自如等。

（1）液压系统的构成　一般飞机的液压系统由四个独立的系统构成，按发动机的序号依次称为 No. 1～No. 4 系统。以 No. 1 系统为例，其液压系统图如图 2-63 所示。通常情况下仅靠发动机驱动泵 2 来工作，但在收、放起落架等负载较大的工况时或者发动机驱动泵发生故障时，用压缩空气驱动泵 3 自动工作；为了防止泵的气蚀，始终向油箱中加压到约 300kPa。在发动机驱动泵 2 的上游有电动式切断阀 1，一旦发动机发生火灾，它能切断液压油对发动机的供给；在地面牵引时，用电动泵 4 提供制动用的压力油。各液压泵的泄油经过滤后由装在主翼燃油箱中的冷却器 5 冷却后返回液压油箱，系统压力超过 24MPa 时，液压油经溢流阀 8 进入回油管。

（2）飞机机翼液压油源系统　飞机在飞行时，上升、下降、转弯、起飞、降落的每个

过程都要求飞行员靠准确、稳定操纵飞机的副翼、方向舵、升降舵、襟翼及阻流板的偏转角度来完成。

图2-64是某飞机的机翼液压油源回路示意图，供油压力一般为21MPa。在液压油源中采用了带压力补偿的恒压变量泵1，这种变量泵可自动调节泵的排量，使输出压力保持恒定，当负载流量变动很大时，也能自动保持大致恒定的压力，而且可以减小泵的驱动功率。

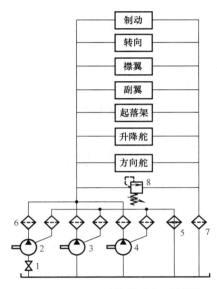

图 2-63　No.1 系统的液压系统图
1—电动式切断阀　2—发动机驱动泵
3—压缩空气驱动泵　4—电动泵
5—冷却器　6—过滤器　7—回油
过滤器　8—溢流阀

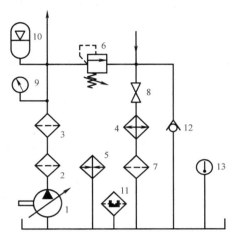

图 2-64　某飞机的机翼液压油源回路示意图
1—恒压变量泵　2、3—过滤器　4—冷却器　5—加热器
6—溢流阀　7—磁性过滤器　8—截止阀　9—压力表　10—蓄能器
11—磁分离器　12—单向阀　13—温度计

为了节省功率，一般把变量泵调定成能满足系统的平均流量，而用蓄能器满足瞬时大流量的需要；回路中设置冷却器4和加热器5可保证系统油温控制在一定范围内；溢流阀6作安全阀用；油箱中的磁性过滤器7通过电磁方式把液压油中的铁粉清除掉。

在控制精度很高的舵机电液伺服系统中，为了使飞机始终保持良好的工作性能，必须控制油液的污染，因油液污染会使伺服阀阀芯卡死，造成伺服装置性能下降或失效，一般规定用于舵机的液压油清洁度需控制在NAS6级以内。为此，管路过滤器3采用5μm的精细过滤器，为防止精细过滤器堵塞，在前面再串联一个20μm的过滤器2。

（3）起落架收放液压系统　起落架收放系统包括前起落架、主起落架、左右机轮护板以及收起落架等，均用液压系统控制，前起落架及主起落架（包括左右两路）的三套液压系统基本相同。图2-65所示为某飞机前起落架收放液压系统原理图。

当舱内起落架开关置于放下位置时，2YA通电，电液换向阀3切换至右位，高压油先进入开锁液压缸6的无杆腔，推动活塞向左侧运动打开上位锁，在打开上位锁的同时也开启了中间油路，中间油路分成两路，一路经应急活门12进入机轮护板液压缸5，推动活塞向左运动打开机轮护板，另一路经液控单向阀8进入起落架收放液压缸11的右腔，活塞向左运动，起落架放下，单向节流阀10用来减小起落架放下时的速度，缓和冲击力，同时还可以使起落架放下的速度比机轮护板打开的速度慢，防止起落架撞坏机轮护板。溢流阀9起安全阀的作用，防止损坏机件。起落架放下结束后，液控单向阀8将起落架收放液压缸11、右腔的油液闭锁，以备起落架收放液压缸11的钢珠损坏时，仍能将起落架保持在放下位置。

收起落架的过程是，当三位四通电液换向阀3切换至左位，高压油液经单向节流阀10接通起落架收放液压缸11的左腔，其工作过程与放下起落架的过程相类似。自动制动液压缸15的功用是在收起落架时，能自动使高速旋转着的机轮制动，以免飞机产生振动。

应急能源14在应急时接通起落架收放液压缸11的右腔，直接放下起落架，同时通过应急活门12进入机轮护板液压缸5，推动活塞向左运动打开机轮护板。

飞机液压系统的发展，不仅要求组成系统的各元件满足静态特性的指标，也要满足动态特性的指标，目的是保证飞机飞行的安全性及可靠性。

2. 大国重器——国产 C919 大型客机

国产 C919 大型客机于 2022 年 9 月完成全部适航审定工作后，获中国民用航空局颁发的型号合格证，于 2022 年年底交付首架飞机，其模型图如图 2-66 所示。C919 大型客机研制成功标志着我国具备自主研制世界一流大型客机的能力，是我国大飞机事业发展的重要里程碑。C919 是我国按照国际民航规章自行研制、具有自主知识产权的大型喷气式民用飞机，重点满足国内外大运量和中运量市场需求。C919 客机属中

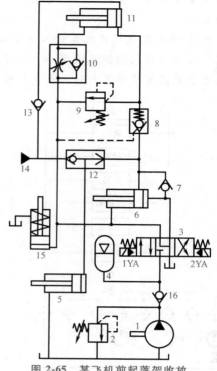

图 2-65　某飞机前起落架收放
液压系统原理图

1—液压泵　2—溢流阀　3—电液换向阀
4—蓄能器　5—机轮护板液压缸　6—开锁液压缸
7、13、16—单向阀　8—液控单向阀　9—溢
流阀　10—单向节流阀　11—起落架收放液压缸
12—应急活门　14—应急能源　15—自动制动液压缸

图 2-66　国产 C919 大型客机模型图

短途商用机，实际总长 38m，翼展 35.8m，高度 12m，其基本型布局为 168 座。标准航程为 4075km，最大航程为 5555km，经济寿命达 9 万飞行小时。

（1）设计技术

1）采用先进气动布局和新一代超临界机翼等先进气动力设计技术，达到比现役同类飞机更好的巡航气动效率，并与十年后市场中的竞争机具有相当的巡航气动效率。

2）采用先进的发动机以降低油耗、噪声和排放。

3）采用先进的结构设计技术和较大比例的先进金属材料与复合材料，减小飞机的结构质量。

4）采用先进的电传操纵和主动控制技术，提高飞机的综合性能，改善人为因素和舒适性。

5）采用先进的综合航电技术，减轻飞行员负担、提高导航性能、改善人机界面。

6）采用先进客舱综合设计技术，提高客舱舒适性。

7）采用先进的维修理论、技术和方法，降低维修成本。

（2）设计特点 在使用材料上，C919 大范围采用铝锂合金材料，以第三代铝锂合金、复合材料为代表的先进材料总用量占飞机结构质量的 26.2%，再通过飞机内部结构的细节设计，减小飞机质量，另外，C919 使用了占全机结构质量 20%～30% 的国产铝合金、钛合金及钢等材料，充分体现了 C919 大型客机带动国内基础工业的能力与未来趋势。同时，由于大量采用复合材料，较国外同类型飞机 80dB 的机舱噪声，C919 机舱内噪声可以降到 60dB 以下。

C919 采用四面式风挡。该项技术是国际上先进的工艺技术，干线客机中只有最新的波音 787 采用，它的风挡面积大，视野开阔，由于开口相对少，简化了机身加工工艺，减小了飞机头部气动阻力。

在减排方面，C919 是一款绿色排放、适应环保要求的先进飞机，通过环保的设计理念，可将飞机碳排放量较同类飞机降低 50%。

习题

2-1 在图 2-67 所示的调压回路中，要求液压缸活塞杆伸出和缩进时有不同的控制压力。试分析四个回路的特点及所用控制阀的流量规格和调整压力。

2-2 图 2-68 所示的液压回路中，溢流阀调定压力 6MPa，减压阀调整压力 2MPa，试分析液压缸活塞在运动中和碰到死挡铁后管路 A 和 B 中的压力值。若 B 管内流量为 12L/min，问通过减压阀的能量损耗为多少？

2-3 为获得 100MPa 的超高压，采用高压柱塞泵和增压器组成增压回路。高压泵的最高压力为 25MPa，求增压器的增压比和活塞直径比。

2-4 图 2-69 所示为采用液压马达的增压回路。液压马达 1 和 2 的轴刚性连接在一起，液压马达 1 排油口接液压缸无杆腔，液压马达 2 排油口通油箱。液压泵的压力和流量分别为 p_p 和 q_p，液压马达 1 和 2 的排量分别为 V_1 和 V_2。若不计管路中的压力损失及液压泵和液压马达的泄漏，试证明液压马达 1 排出口的输出压力为 $p_1 = p_p(1 + V_2/V_1)$，输出流量为 $q_1 = q_p/(1 + V_2/V_1)$（通过本题可以了解到起重机液压系统中，用同轴液压马达作两油路的配油环节，且当某一油路卸荷时，另一油路可以获得比液压泵压力高的连续增压的压力油）。

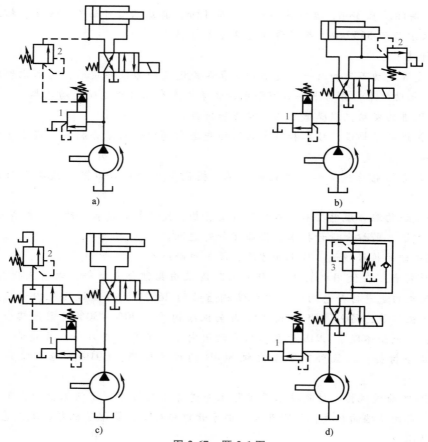

图 2-67　题 2-1 图

1—先导式溢流阀　2—直动式溢流阀　3—单向减压阀

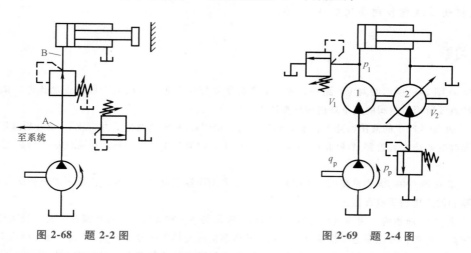

图 2-68　题 2-2 图　　　　　　　　图 2-69　题 2-4 图

2-5　试分析图 2-6 所示增压回路中各控制阀的作用；图 2-6b 所示回路中，假如没有单向节流阀 10，能否正常工作？它可以用什么阀来代替？

2-6　图 2-70 所示的平衡回路中，荷重所受的重力 $G = 31.4\text{kN}$，液压缸内径 $D = 100\text{mm}$，活塞杆直径 $d = 70\text{mm}$，杠杆比 $l_1 : l_2 = 1 : 2$，由液压缸拖动的荷重杠杆摆动范围为 $\pm 45°$。若不计管路压力损失，试确定平衡阀和溢流阀的调定压力。

2-7 比较图 2-19 中内控式平衡阀和外控式平衡阀平衡回路的优缺点；比较图 2-19 所示的平衡回路和图 2-35 所示的锁紧回路的相同和不同之处。

2-8 将图 2-26 所示的减速回路改为进油节流的减速回路，并且在回路中增加一个压力继电器，使活塞运动到行程端点或碰上死挡铁后，能自动发讯，使电磁铁断电，活塞退回。试画出液压回路图。

2-9 用两个调速阀组成调速回路，要求液压缸活塞能有"快进—工进（1）—工进（2）—工进（3）—快退—停止"的动作循环。试画出液压回路图，并说明工作原理（参考图 2-28 和图 2-29 将调速阀通过电磁换向阀来调度，或单个接通或两个并接或串接来组成回路）。

2-10 图 2-71 所示回路中，已知图示的有关参数，试回答如下问题：

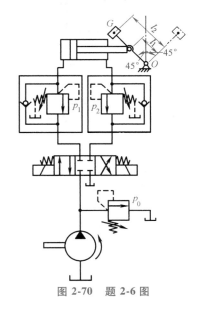

图 2-70 题 2-6 图

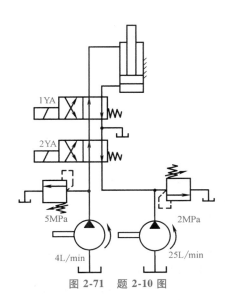

图 2-71 题 2-10 图

（1）编制液压缸活塞实现"快速上升—慢速上升—快速下降—慢速下降—原位停止"的工作循环时的电磁铁动作表。

（2）求实现上述各动作时进入液压缸的流量和最高工作压力。

（3）如果液压缸无杆腔与有杆腔工作面积比为 2∶1，求快速上升和慢速上升、快速上升和快速下降时的速度比。

2-11 列出图 2-72 所示回路的活塞实现"快进—慢速工进—快退—停止"的工作循环时的电磁铁动作表，说明回路的工作原理和三位五通换向阀的作用；若要求快进和快退的速度相等，求液压缸活塞与活塞杆的直径比。

2-12 在不增加元件、仅改变某些元件在回路中位置的条件下，能否改变图 2-36～图 2-40 中的动作顺序为图示的①—②—③—④的顺序？请重新画出液压回路图。

2-13 图 2-73 所示为用延时阀的两液压缸时间顺序动作回路。阀 5 为延时阀，试分析当电磁换向阀电磁铁 1YA 或 2YA 通电时，两液压缸的动作顺序，说明回路的工作原理，通过哪个元件可调节两液压缸动作的时间差？

2-14 在图 2-39 所示的顺序动作回路中，要求切断控制电路电源时，液压缸能在任何位置紧急停止，液压回路应作何变动？请画出液压回路图。

2-15 为什么图 2-48 所示的同步回路只能在液压缸行程端点消除同步误差？请分析消除同步误差时油路的走向和工作原理。

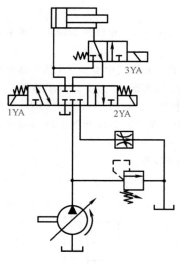

图 2-72　题 2-11 图

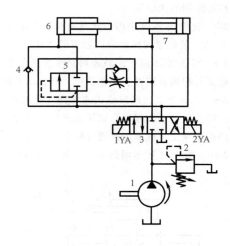

图 2-73　题 2-13 图

1—液压泵　2—溢流阀　3—换向阀
4—单向阀　5—延时阀　6、7—液压缸

2-16　用几个分流集流阀可使四个单作用柱塞缸双向同步？试画出液压回路图。如果附加要求柱塞上下运动时均能调节速度，且可以在行程中任意位置停止和锁紧，应在回路中增添何种控制阀，附加要求后的液压回路又将是什么样？

2-17　试说明图 2-74 所示液压马达回路中，当换向阀中位、左位和右位时液压泵和液压马达的工作状态。

2-18　试比较图 2-75a、b 与图 2-56d 所示的三个插装阀换向回路的工作原理和油流方向，并分析这三个回路插装阀组件的密封性。

2-19　试用二通插装阀组成实现图 2-76 所示的两种形式的三位换向阀回路。

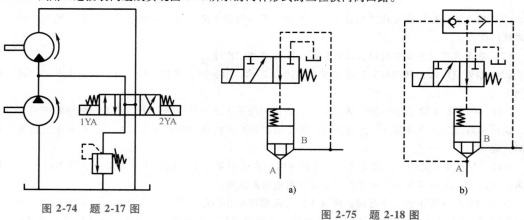

图 2-74　题 2-17 图

a)　　　　　　　　b)

图 2-75　题 2-18 图

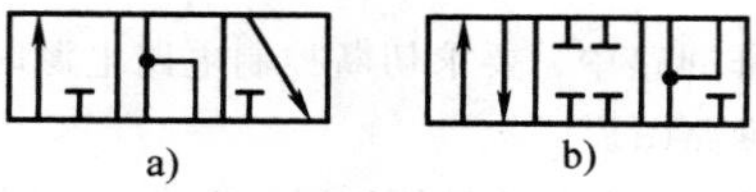

a)　　　　　　　b)

图 2-76　题 2-19 图

第三章

节流调速回路分析

本章主要讨论以下几种液压阀-液压缸或液压阀-液压马达回路的工作特性：由压力、流量控制阀与液压缸或液压马达组成的节流调速回路；由压力、比例方向控制阀与液压缸或液压马达组成的压力适应回路；由比例方向、功率适应控制阀与液压缸或液压马达组成的功率适应回路等。有关其他液压阀-液压缸或液压阀-液压马达回路，在前一章液压基本回路中已有介绍。

第一节　节流调速回路及其负载特性

节流调速回路由流量控制阀、溢流阀、定量泵和执行元件等组成。它通过改变流量控制阀的通流面积，来控制和调节进入或流出执行元件的流量，达到调速的目的。这种调速回路具有结构简单、工作可靠、成本低、使用维护方便、调速范围大等优点；然而，由于它的能量损失大、效率低、发热大，故一般多用于功率不大的场合。

由于流量控制阀在回路中安放位置的不同，有进油节流、回油节流、旁路节流和进、回油同时节流等多种形式。

本节所讨论问题的假设条件是不考虑回路的容积损失、压力损失、液压缸的机械效率和油液的可压缩性。

一、采用节流阀的节流调速回路

1. 进油节流调速回路

这种调速回路是将节流阀安放在定量泵和液压缸之间，如图 3-1 所示。

液压缸活塞稳定运动时，活塞受力平衡方程为

$$p_1 A_1 - p_2 A_2 = F \qquad (3-1)$$

式中　A_1、A_2——液压缸无杆腔、有杆腔的有效作用面积；

$\quad\quad p_1$、p_2——液压缸进、回油腔压力；

$\quad\quad F$——液压缸的输出力，即外负载。

当不计管路压力损失时，$p_2 = 0$，则

$$p_1 = \frac{F}{A_1} \qquad (3-2)$$

式（3-2）表明，液压缸工作腔的工作压力取决于外负载，因此，通常称此压力为负载压力。

油液通过节流阀流入液压缸，节流阀的进、出

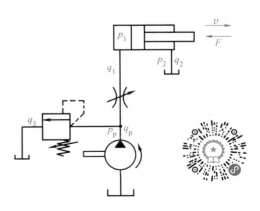

图 3-1　进油节流调速回路

口一定会产生压差 Δp_i，即液压泵的工作压力 p_p 必须大于 p_1，其表达式为

$$\Delta p_i = p_p - p_1 = p_p - \frac{F}{A_1} \tag{3-3}$$

或

$$p_p = \frac{F}{A_1} + \Delta p_i \tag{3-4}$$

式（3-4）表明，液压泵的工作压力 p_p 必须依据推动负载所需的负载压力加上节流阀上的压差来选择，它通常由溢流阀的调定压力所确定。

节流阀的压差在工作中或因负载的变化或因其开度的改变，要在一定范围内变动，其设计值一般取 $\Delta p_i = 0.2 \sim 0.3\mathrm{MPa}$。

这种节流调速回路，液压泵的流量一部分经过节流阀进入液压缸，多余的油液经溢流阀回油箱，即溢流阀要常开溢流，其流量平衡方程为

$$q_p = q_1 + q_3 \tag{3-5}$$

式中　q_p——定量泵输出流量；

　　　q_1——进入液压缸的流量即负载流量；

　　　q_3——溢流阀溢流量。

其中，通过节流阀进入液压缸的流量

$$q_1 = KA_T \Delta p_i^m \tag{3-6}$$

式中　K——取决于节流阀阀口和油液特性的液阻系数，在此视为常数；

　　　A_T——节流阀通流面积；

　　　m——取决于节流阀口形状的指数，其值在 $0.5 \sim 1$ 之间。

液压缸的工作速度

$$v = \frac{q_1}{A_1} = \frac{KA_T}{A_1}\left(p_p - \frac{F}{A_1}\right)^m \tag{3-7}$$

对确定的液压缸，A_1 为常数，而系数 K 和指数 m 可视为常数。这样，液压缸的工作速度 v 主要与节流阀通流面积 A_T、液压泵工作压力 p_p 和负载 F 有关。

当 A_T 调定后，v 随负载 F 的变化特性通常称为负载特性或机械特性。若以 v 为纵坐标，F 或 p_1 为横坐标，A_T 为参变量，可绘出图 3-2 所示的负载特性曲线，对应节流阀的一个确定开度即可绘出一条相应的负载特性曲线。由式（3-7）或图 3-2 看出，当 A_T 和 p_p 一定时，F 增加，v 就减少，当 F 增大到 $F_{max} = A_1 p_p$ 时，$v = 0$，活塞停止运动；反之，F 减小时，v 就要增加。

速度随负载变化而变化的程度，表现在负载特性曲线上就是斜率不同，常用速度刚性 T 来评定，其定义为

$$T = -\frac{\partial F}{\partial v} \tag{3-8}$$

它是负载特性曲线上某一点处切线斜率的负倒数，即

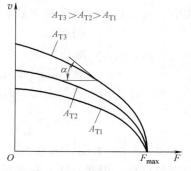

图 3-2　进油节流调速负载特性曲线

$$T = -\frac{1}{\partial v / \partial F} = -\frac{1}{\tan\alpha} \tag{3-9}$$

它表示负载变化时，回路阻抗速度变化的能力。特性曲线上某点处的斜率越小，速度刚性就越大，说明回路在该处速度受负载波动的影响就越小，即该处的速度稳定性越好。式中负号表示 F 与 v 的变化方向总是相反的。

按定义并由式（3-7）可求出进油节流调速回路的速度刚性

$$T_i = -\frac{\partial F}{\partial v} = \frac{A_1^2}{KA_T m}\left(p_p - \frac{F}{A_1}\right)^{1-m} \tag{3-10}$$

其另一表达式为

$$T_i = \frac{p_p A_1 - F}{mv} \tag{3-11}$$

由式（3-10）或式（3-11）可以看出：

1）当 A_T 为常数时，F 越小，T_i 越大。

2）当 F 为常数时，A_T 越小，T_i 越大。

3）增大 p_p 和 A_1 都可提高速度刚性 T_i。

4）指数 m 小，T_i 就大，故常选用薄壁刃口式节流阀，其指数 $m \approx 0.5$。

由以上分析可知，这种调速回路在低速下的速度刚性较好；在负载变化情况下，负载小时的速度刚性比负载大时高。

当保持 F 不变时，v 随 A_T 的变化特性通常称为调节特性或速度特性。由式（3-7）可知：当负载 F 不变且维持 p_p 不变时，则液压缸速度 v 与节流阀通流面积 A_T 呈线性关系，如图 3-3 所示。在负载 F 从零到最大的各种负载条件下，都可以通过改变 A_T 使液压缸运动速度 v 从零到最大范围内变化，实现无级调速。

调节特性可用速度放大系数 H 来描述，其定义为

$$H = \frac{\partial v}{\partial A_T} \tag{3-12}$$

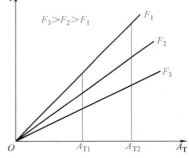

图 3-3　进油节流调速调节特性

它表示改变节流阀单位通流面积所引起的速度变化的大小。由式（3-7）可求出进油节流调速回路的速度放大系数

$$H_i = \frac{\partial v}{\partial A_T} = \frac{K}{A_1}\left(p_p - \frac{F}{A_1}\right)^m \tag{3-13}$$

液压缸能产生的最大推力即最大承载能力为

$$F_{max} = p_p A_1$$

2. 回油节流调速回路

这种调速回路，如图 3-4 所示。它是将节流阀放置在回油路上，用它来控制从液压缸回油腔流出的流量 q_2，因而也就控制了进入液压缸的流量 q_1，即控制了液压缸的速度 v，它们之间的关系是

$$v = \frac{q_2}{A_2} = \frac{q_1}{A_1}$$

液压缸稳定运动时活塞受力平衡方程仍由式（3-1）所描述，此时 $p_1 = p_p$，不过此时回油腔压力 p_2 即为节流阀压差 Δp_0，即

$$\Delta p_0 = p_2 = \frac{A_1}{A_2}\left(p_p - \frac{F}{A_1}\right) \tag{3-14}$$

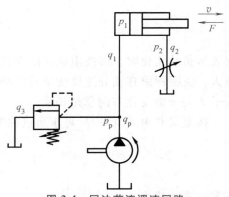

图 3-4　回油节流调速回路

此式表明，当供油压力 p_p 一定时，负载 F 越小，背压 p_2 越大。

将 $q_2 = KA_T\Delta p_0^m$ 代入式（3-14）得液压缸速度

$$v = \frac{q_2}{A_2} = \frac{KA_T}{A_2^{m+1}}(p_p A_1 - F)^m = \frac{KA_T}{A_1 n^{m+1}}\left(p_p - \frac{F}{A_1}\right)^m \tag{3-15}$$

其中　　$n = A_2/A_1 = q_2/q_1 < 1$

由上式可分别求出回油节流调速回路的速度刚性 T_o 和速度放大系数 H_o 分别为

$$T_o = -\frac{\partial F}{\partial v} = \frac{A_2^{m+1}}{KA_T m}(p_p A_1 - F)^{1-m} = \frac{A_1^2 n^{m+1}}{KA_T m}\left(p_p - \frac{F}{A_1}\right)^{1-m} = \frac{p_p A_1 - F}{mv} \tag{3-16}$$

$$H_o = \frac{\partial v}{\partial A_T} = \left(\frac{A_1}{A_2}\right)^{m+1}\frac{K}{A_1}\left(p_p - \frac{F}{A_1}\right)^m \tag{3-17}$$

比较式（3-11）和式（3-16）可以看出，两者的形式和所含参数完全一样，这表明：进油、回油节流阀调速回路的负载特性是一样的（在式中所含参数完全一样的条件下比较），比较式（3-13）和式（3-17）可知：两者的形式一样，之间只差一常系数 $(A_1/A_2)^{m+1}$，说明它们所描述的两种调速回路的调节特性规律是一样的。这样，图 3-2 和图 3-3 所示出的负载、调节特性以及对它们所做的分析，完全适用于回油节流调速回路，这里不再赘述。

3. 旁路节流调速回路

这种调速回路是把节流阀放在与液压缸并联的支路上，如图 3-5 所示。节流阀在调节液压缸流量的同时，起溢出多余流量的作用，回路中的溢流阀起安全阀的作用。

液压缸稳定运动时，活塞受力平衡方程为

$$p_p A_1 - p_2 A_2 = F \tag{3-18}$$

若不考虑管路压力损失，则 $p_2 = 0$，$p_1 = p_p$，节流阀压差 Δp

$$\Delta p = p_p = \frac{F}{A_1} \tag{3-19}$$

通过节流阀的流量

$$q_3 = KA_T\left(\frac{F}{A_1}\right)^m \tag{3-20}$$

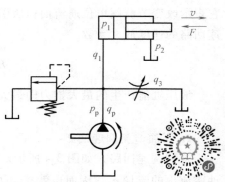

图 3-5　旁路节流调速回路

进入液压缸的流量

$$q_1 = q_p - q_3 = q_p' - \Delta q - q_3 \tag{3-21}$$

其中，泵的泄漏流量 Δq 一般可表示为

$$\Delta q = \lambda_p p_p = \lambda_p \frac{F}{A_1} \tag{3-22}$$

式中　q_p'、q_p——定量泵的理论、实际流量；

　　　　λ_p——泵的泄漏系数。

由式（3-20）~式（3-22）得

$$q_1 = q_p' - \lambda_p \frac{F}{A_1} - KA_T \left(\frac{F}{A_1} \right)^m \tag{3-23}$$

液压缸速度

$$v = \frac{q_p'}{A_1} - \lambda_p \frac{F}{A_1^2} - \frac{KA_T}{A_1} \left(\frac{F}{A_1} \right)^m$$

或

$$v = v_0 - \lambda_p \frac{F}{A_1^2} - \frac{KA_T}{A_1} \left(\frac{F}{A_1} \right)^m \tag{3-24}$$

其中

$$v_0 = \frac{q_p'}{A_1}$$

根据式（3-24）绘出的旁路节流调速负载特性曲线和旁路节流调速调节特性曲线，分别如图 3-6 和图 3-7 所示。

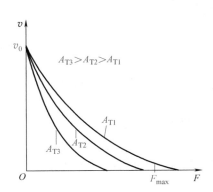

图 3-6　旁路节流调速负载特性曲线

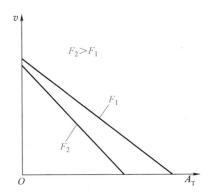

图 3-7　旁路节流调速调节特性曲线

由式（3-24）或图 3-6 可以看出，不论节流阀开度大小如何，只要 $F=0$，液压缸速度均达同一最大值 $v_0 = q_p'/A_1$，这是因为：此时节流阀压差 $\Delta p = F/A_1 = 0$，因而 $q_3 = 0$；同时，$\Delta q = 0$，即液压泵理论流量全部进入液压缸。

由式（3-23）可以看出，通过节流阀的流量和泵的泄漏流量同时随负载的增加而增加，因而进入液压缸的流量亦即液压缸速度随负载的增加而迅速减小。

当 F 增加到 $F = p_s A_1$（p_s 为安全阀调定压力）时，安全阀打开（不考虑阀的调压偏差），泵的流量全部通过安全阀流回油箱，液压缸速度为零。因此，为了保证系统能正常工作，必须使安全阀调定压力 p_s 稍大于最大负载压力。同时看出，回路最大承载能力 $F_{max} = A_1 p_s$ 受安全阀的调定压力的限制。

另一方面，最大承载能力还直接受节流阀开度的限制。当节流阀通流面积为

$$A_T = \frac{q_p}{K \left(\dfrac{F}{A_1} \right)^m} \tag{3-25}$$

时，液压泵流量全部通过节流阀流回油箱，液压缸的速度为零。此时，回路的最大承载能力

$$F_{max} = A_1 \left(\frac{q_p}{K A_T} \right)^{\frac{1}{m}} \tag{3-26}$$

它随 A_T 的增加而减小。例如图 3-6 中，当 $A_T = A_{T2}$ 和 $A_T = A_{T3}$ 时，其最大承载能力都小于 F_{max}。由以上分析可知，只有节流阀通流面积

$$A_T \leqslant \frac{q_p}{K p_s^m} = \frac{q_p}{K \left(\dfrac{F_{max}}{A_1} \right)^m}$$

时，回路承载能力才能达到安全阀限定的能力。

由式（3-24）可求出旁路节流调速回路的速度刚性和速度放大系数分别为

$$T_h = -\frac{\partial F}{\partial v} = \frac{A_1^2}{\lambda_p + K A_T m \left(\dfrac{F}{A_1} \right)^{m-1}} = \frac{A_1 F}{\left(\dfrac{F}{A_1} \right) \lambda_p + (q_p - v A_1) m} \tag{3-27}$$

$$H_h = \frac{\partial v}{\partial A_T} = -\frac{K}{A_1} \left(\frac{F}{A_1} \right)^m = -\frac{K}{A_1} p_p^m \tag{3-28}$$

式（3-28）中负号表示 v 与 A_T 的变化方向是相反的，即 v 随 A_T 的增减而减增。

由式（3-27）可以看出：

1）当节流阀通流面积 A_T 一定时，负载 F 越大，速度刚性越大。

2）当负载 F 不变时，节流阀通流面积 A_T 越小，即速度 v 越大，速度刚性越大。

3）加大活塞面积 A_1，减小节流阀指数 m 和泄漏系数 λ_p 均可提高速度刚性。

4. 复合式节流调速回路

节流调速回路除上述三种主要方式外，由进油和回油同时节流所构成的串联复合式节流调速回路（图 3-8），以及由进（回）油和旁路同时节流所构成并联复合式节流调速回路（图 3-9），在工程上也有应用，如工程机械的某些机构，在起动、制动过程中为了避免冲击和振动所进行的速度控制。它们一般不是设置专用节流阀，而是用零封闭或负封闭的手动方向控制阀，并在它的阀芯的两个台肩上切出三角沟槽或磨出锥面，当阀芯移动时靠此沟槽或锥面节流口通流面积的变化，来分别控制进、回（或旁路）油路的流量，从而达到调速目的。

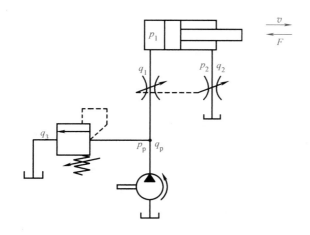

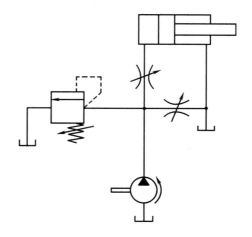

图 3-8 串联复合式节流调速回路   图 3-9 并联复合式节流调速回路

近年来，在平面磨床的往复运动机构和镗床的进给机构的液压系统中，也采用了串联复合式节流调速。广州机床研究所曾研制出进油、回油同时节流的复合式节流阀。

现以图 3-8 所示回路为例，对复合式节流调速回路的负载与调节特性进行简要分析。图中两个节流阀的可调符号用虚线相连，表示两者的调节是联动的。

由液压缸活塞受力平衡方程式得

$$p_1 = \frac{F}{A_1} + \frac{A_2}{A_1}p_2 = \frac{F}{A_1} + np_2 \qquad (3\text{-}29)$$

其中

$$n = \frac{A_2}{A_1}$$

同时，不难看出，流入和流出液压缸的流量 q_1 和 q_2 有如下关系

$$q_2 = nq_1$$

即

$$KA_{T2}p_2^m = nKA_{T1}(p_p - p_1)^m$$

进油、回油节流阀节流口通流面积 A_{T1} 和 A_{T2} 可以设计成相同，也可以设计成不同，如果使

$$\frac{A_{T2}}{A_{T1}} = n^{m+1} \qquad (3\text{-}30)$$

并把其代入上式，得

$$p_2 = \frac{1}{n}(p_p - p_1) \qquad (3\text{-}31)$$

此式表明，回油节流阀压差为进油节流阀压差的 $1/n$。

由式（3-29）、式（3-31）得

$$p_1 = \frac{1}{2}\left(p_p + \frac{F}{A_1}\right)$$

将其代入液压缸速度表达式，即

$$v = \frac{KA_{T1}}{2^m A_1}\left(p_p - \frac{F}{A_1}\right)^m \qquad (3\text{-}32)$$

由式（3-32）求得的速度刚性和速度放大系数分别为

$$T_{io} = -\frac{\partial F}{\partial v} = \frac{2^m A_1^2}{KA_{T1}m}\left(p_p - \frac{F}{A_1}\right)^{1-m} = 2^m \frac{p_p A_1 - F}{mv} \qquad (3\text{-}33)$$

$$H_{io} = \frac{\partial v}{\partial A_{T1}} = \frac{K}{2^m A_1}\left(p_p - \frac{F}{A_1}\right)^m \qquad (3\text{-}34)$$

在有关参数相同的条件下，比较式（3-11）和式（3-33）可以看出

$$T_{io} = 2^m T_i$$

可见，在 m 的取值范围（$0.5 \leqslant m \leqslant 1$）内，串联复合式节流阀调速回路的速度刚性要比进油、回油节流阀调速回路的刚性大 1.41~2 倍，这是这种回路得以应用的主要原因之一。

对双出杆液压缸，只要按式（3-30）所确定的关系匹配 A_{T1} 和 A_{T2}，即此时 $n=1$，则 $A_{T1} = A_{T2} = A_T$ 的最简单情况去设计，其相应回路速度刚性仍由式（3-33）所描述。

二、采用调速阀的调速回路

前面分析的节流阀调速回路的四种方式，有一个共同的缺点，就是回路的速度刚性随负载的变化而变化，即负载特性差。这主要是由于负载变化引起节流阀压差变化，使通过节流阀的流量发生了变化的缘故。如果用调速阀或溢流节流阀代替节流阀，回路的负载特性将大为提高。

根据调速阀在回路中安放的位置的不同，和节流阀调速回路一样，同样有进油节流、回油节流和旁路节流等多种调速方式。它们的回路构成、工作原理以及调节特性，同它们各自对应的节流阀调速回路基本一样，不再赘述。下面简要地分析它们的负载特性。

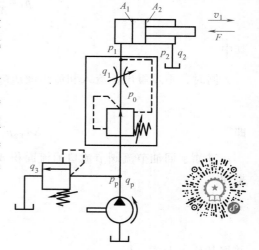

1. 调速阀进油节流调速回路

调速阀进油节流调速回路如图 3-10 所示。通过调速阀的负载流量

$$q_1 = KA_T \Delta p_2^m$$

图 3-10　调速阀进油节流调速回路

式中　Δp_2——调速阀中节流阀前后压差，$\Delta p_2 = p_0 - p_1$；

　　　p_0——节流阀入口压力；

其他符号同前。

由调速阀的工作原理可知，若不考虑作用于其中的定差减压阀阀芯上的摩擦力、液动力及其自重，则定差减压阀阀芯上静态力的平衡方程式为

$$(p_0 - p_1)A_0 = F_s$$

即

$$\Delta p_2 = p_0 - p_1 = \frac{F_s}{A_0}$$

式中　F_s——调速阀中定差减压阀的弹簧力；

　　　A_0——定差减压阀阀芯有效作用面积。

若不计液压缸的泄漏,则液压缸的速度

$$v_i = \frac{q_1}{A_1} = \frac{KA_T}{A_1} \left(\frac{F_s}{A_0} \right)^m \tag{3-35}$$

2. 调速阀回油节流调速回路

其回路图可参考图 3-4,所不同的只是用调速阀取代其中的节流阀。不难写出此时液压缸的速度

$$v_o = \frac{q_2}{A_2} = \frac{KA_T}{A_2} \left(\frac{F_s}{A_0} \right)^m \tag{3-36}$$

3. 调速阀旁路节流调速回路

参照图 3-5 所示的旁路节流调速回路及其速度表达式（3-24）,不难写出旁路调速阀调速回路的速度表达式为

$$v_h = v_o - \lambda_p \frac{F}{A_1^2} - \frac{KA_T}{A_1} \left(\frac{F_s}{A_0} \right)^m \tag{3-37}$$

设计调速阀时,一般取节流阀阀口压差

$$\Delta p_2 = 0.2 \sim 0.3 \text{MPa}$$

由于定差减压阀中的弹簧刚度较小,而且使调速阀在工作中,定差减压阀因补偿负载变化而引起阀芯的位移量也很小,因而可以认为调速阀在工作中其弹簧力 F_s 为常数。因而压差

$$\Delta p_2 = \frac{F_s}{A_0} = 常数$$

由式（3-35）、式（3-36）可以看出:只要调速阀的开度即其中的节流阀口的通流面积 A_T 不变,无论负载怎样变化,v_i 和 v_o 都不变化而为常数。由此可以推论出调速阀进油、回油调速回路的速度刚性在理论上（不考虑回路泄漏等因素的影响）为无穷大,即

$$T = -\frac{\partial F}{\partial v} = \infty$$

由于阀、缸等的泄漏,油的可压缩性,调速阀中定差减压阀阀芯处弹簧力以及液动力变化等因素的影响,实际上速度刚性不可能为无穷大。

由式（3-37）可求出旁路调速阀调速回路的速度刚性

$$T = -\frac{\partial F}{\partial v} = \frac{A_1^2}{\lambda_p}$$

它随 A_1 的增大,λ_p 的减小而增大;当认为 λ_p 为常数时,则 T 也为常数。这和旁路节流阀调速回路相比,不仅速度刚性大大变好了,而且最大承载能力也提高了。图 3-11 中曲线 1 和 2 分别为旁路调速阀和节流阀调速回路的负载特性曲线,由图可以看出最大承载能力不再像节流阀调速回路那样同时受安全阀调整压力 p_s 和节流阀通流面积 A_T 的限制（如图中

$F'_{max} < F_{max} = p_s A_1$），而变为仅与安全阀的调整压力 p_s 有关，即 $F_{max} = p_s A_1$。由于低速性能不受承载能力的限制，因而这种调速回路的低速性能及调速范围也都大为改善。

最后需指出的是，为了减小功率损失，要使调速阀的压差尽可能小，但为了保证调速阀中的定差减压阀起到压力补偿阀的作用，一般调速阀的最小压差需 0.5MPa。否则调速阀与节流阀调速回路的负载特性将没有区别，如图 3-11 中曲线 1 与 2，当负载 F 很小即调速阀压差很小时，两根曲线变为一根曲线。

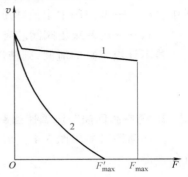

图 3-11　调速阀与节流阀旁路
节流调速负载特性比较
1、2—调速阀、节流阀
负载特性曲线

4. 调速阀节流调速回路起动冲击问题

采用调速阀回油节流调速的液压装置，当停车较久再起动时，会出现工作机构跳跃式的前冲现象。出现这种现象是由于工作机构停止运动时，调速阀中无油通过，压差为零。此时，其中的定差减压阀阀芯在弹簧力作用下将阀口全部打开，当工作机构再次起动时，由于液压缸回油腔排油通过定差减压阀阀口处的压差很小，而一个较大的瞬时压差加在节流阀上，使它瞬时通过较大的流量，因而出现工作机构前冲现象。直至定差减压阀重新建立起压力平衡，恢复其原有功能后才会消除前冲现象。

调速阀进油节流调速回路也会出现上述前冲现象，不过在这种情况下，液压缸工作腔要先形成足够压力才能推动活塞运动，因而表现出来的前冲现象就不大明显。

第二节　节流调速回路的功率特性

本节所讨论问题的假设条件：溢流阀的调整压力为 p_s，不考虑它的调压偏差，忽略元件和管路的压力、容积损失；采用薄刃式节流阀，认为它的阀口指数 $m=0.5$，阀口液阻系数 K 为常数。

一、节流阀调速回路

1. 进油节流调速回路

如图 3-1，定量泵的输出功率

$$P_p = p_p q_p \tag{3-38}$$

在泵供油压力 p_p 一定时为常数。

液压缸的输入功率

$$P_c = p_1 q_1 \tag{3-39}$$

正比于负载压力、流量。

回路功率损失

$$
\begin{aligned}
\Delta P &= P_p - P_c = p_p q_p - p_1 q_1 \\
&= (p_1 + \Delta p_i)(q_1 + q_3) - p_1 q_1 = p_p q_3 + \Delta p_i q_1 \\
&= \Delta P_1 + \Delta P_2
\end{aligned}
\tag{3-40}
$$

式中　ΔP_1——溢流量 q_3 在压力 p_p 下通过溢流阀所产生的溢流功率损失；

ΔP_2——负载流量 q_1 在压差 Δp_i 下通过节流阀所产生的节流功率损失。

回路效率：执行元件的输入功率与液压泵的输出功率之比定义为回路效率 η。在此

$$\eta = \frac{P_c}{P_p} = \frac{p_1 q_1}{p_p q_p} \tag{3-41}$$

它只与连接液压泵和执行元件的回路结构形式有关，而与液压泵和执行元件的本身效率无关，是分析评价回路功率特性的一项指标。

例 3-1 在图 3-12 所示的节流调速回路中，已知如下参数：液压泵的排量 $V_p = 40 \mathrm{cm}^3/\mathrm{r}$、转速 $n_p = 10^3 \mathrm{r/min}$、容积效率 $\eta_{pV} = 0.95$；液压马达的排量 $V_m = 40 \mathrm{cm}^3/\mathrm{r}$、容积效率 $\eta_{mV} = 0.95$、机械效率 $\eta_{mm} = 0.95$、恒负载转矩 $T_m = 40 \mathrm{N \cdot m}$；溢流阀的调整压力 $p_p = 7 \mathrm{MPa}$，不计其静态调压偏差；忽略管路压力和容积损失；通过节流阀的流量（L/min）

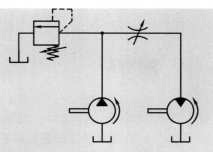

图 3-12 节流调速回路

$$q_1 = 8 A_T \sqrt{10 \Delta p}$$

式中 A_T——节流阀通流面积单位为 cm^2（其最大值 $A_{T\max} = 2 \mathrm{cm}^2$）；

Δp——节流阀压差，单位为 MPa。

试求：液压马达的最大转速及其输出功率，溢流功率损失、节流功率损失和回路效率。

解 1）液压马达的最大转速

液压马达的进、出口压差

$$\Delta p_m = \frac{2 \pi T_m}{V_m \eta_{mm}} = \frac{2 \times 3.14 \times 40}{(40 \times 10^{-6}) \times 0.95} \mathrm{N/m}^2 = 6.6 \mathrm{MPa}$$

不计管路压力损失和溢流阀的调压偏差，则节流阀的进、出口压差 $\Delta p = p_p - \Delta p_m = (7 - 6.6) \mathrm{MPa} = 0.4 \mathrm{MPa}$

通过节流阀进入液压马达的最大流量

$$q_1 = 8 A_{T\max} \sqrt{10 \Delta p} \, \mathrm{L/min} = 8 \times 2 \times \sqrt{10(7 - 6.6)} \, \mathrm{L/min} = 32 \mathrm{L/min}$$

液压泵实际输出的流量

$$q_p = V_p n_p \eta_{pV} = 40 \times 10^3 \times 0.95 \mathrm{cm}^3/\mathrm{min} = 38 \mathrm{L/min}$$

不计管路容积损失，则溢流阀溢出流量

$$q_2 = q_p - q_1 = (38 - 32) \mathrm{L/min} = 6 \mathrm{L/min}$$

在给定条件下，可求得液压马达的最大转速

$$n_m = \frac{q_1 \eta_{mV}}{V_m} = \frac{32 \times 10^3 \times 0.95}{40} \mathrm{r/min} = 760 \mathrm{r/min}$$

2）液压马达输出功率

$$P_m = p_m q_m \eta_{mV} \eta_{mm} = 6.6 \times 10^6 \times \frac{32 \times 10^{-3}}{60} \times 0.95 \times 0.95 \mathrm{N \cdot m/s} = 3.18 \mathrm{kW}$$

3）回路的功率损失

溢流功率损失

$$\Delta P_1 = p_p q_2 = 7 \times 10^6 \times \frac{6 \times 10^{-3}}{60} \text{N} \cdot \text{m/s} = 700 \text{N} \cdot \text{m/s} = 0.7 \text{kW}$$

节流功率损失

$$\Delta P_2 = \Delta p q_1 = 0.4 \times 10^6 \times \frac{32 \times 10^{-3}}{60} \text{N} \cdot \text{m/s} = 0.213 \text{kW}$$

4）回路效率

$$\eta = \frac{p_m q_1}{p_p q_p} = \frac{6.6 \times 32}{7 \times 38} = 0.794$$

下面分析节流阀进油调速回路在恒负载和变负载两种工况下的功率特性。

（1）**恒负载工况的功率特性**　恒负载工况指的是作用在液压缸上的负载或负载压力在工作中是常数，此时回路按前一节所讲的调节特性工作。假定它的调节特性曲线如图 3-13a 所示，图中液压缸的最大速度 $v_{max} = q_p/A_1$。

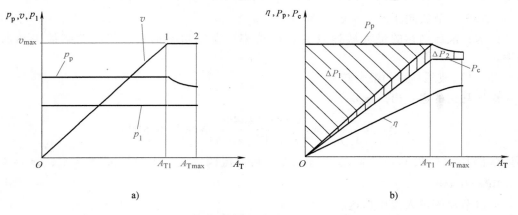

图 3-13　进油节流调速回路恒负载工况功率特性曲线
a）调节特性曲线　b）功率和效率特性曲线

由图 3-13 看出，当节流阀通流面积 A_T 在 $0 \leqslant A_T < A_{T1}$ 范围内变化时，$v < v_{max}$，即溢流阀一直有溢流，故有如下规律

$$p_p = p_s = 常数$$

$$\Delta p = p_p - p_1 = p_s - p_1 = 常数$$
$$\hspace{8cm} (3-42)$$
$$P_p = p_q q_p = p_s q_p = 常数$$

$$P_c = Fv = p_1 q_1 = p_1 K A_T \sqrt{\Delta p}$$

它正比于节流阀通流面积 A_T

$$\eta = \frac{P_c}{P_p} = \frac{p_1 K \sqrt{p_p - p_1}}{p_s q_p} A_T \tag{3-43}$$

它也正比于 A_T，且当 $A_T = A_{T1}$ 时，$q_1 = q_p$，因而回路效率达最大值，即

$$\eta_{max} = \frac{p_1}{p_s} \tag{3-44}$$

由此看出，负载压力 p_1 与溢流阀的调整压力 p_s 的差值越小，回路效率 η 也就越大。

当节流阀通流面积 A_T 在 $A_{T1} \leqslant A_T \leqslant A_{Tmax}$ 范围内变化时，总是 $q_1 = q_p$，溢流阀处于关闭状态，不难求得如下规律

$$\Delta p = p_p - p_1 = \left(\frac{q_p}{KA_T}\right)^2 \tag{3-45}$$

$$p_p = p_1 + \Delta p = p_1 + \left(\frac{q_p}{KA_T}\right)^2 \tag{3-46}$$

$$P_p = p_p q_p = p_1 q_p + \left(\frac{q_p}{KA_T}\right)^2 q_p \tag{3-47}$$

式（3-45）~式（3-47）表明：节流阀压差、泵的输出压力和输出功率不再为常数，而是随节流阀的开度增大而降低。

$$P_c = p_1 q_1 = p_1 q_p = 常数$$

$$\eta = \frac{P_c}{P_p} = \frac{p_1 q_p}{p_p q_p} = \frac{p_1}{p_p} = \frac{p_1}{p_1 + \left(\frac{q_p}{KA_T}\right)^2} \tag{3-48}$$

式（3-48）表明：回路效率随节流阀开度的增大而增大，但其增长速率逐渐变慢。由以上分析，不难绘出对应于图 3-13a 所示的调节特性的功率和效率特性曲线，如图 3-13b 所示。图中带阴影的面积 ΔP_1 和 ΔP_2 分别示出了回路的溢流损失和节流损失。

从图 3-13 可以看出，为了使回路满足负载对力和最大速度的要求，既可以使节流阀在 $A_T = A_{T1}$ 点工作，又可以使其在 $A_{T1} \sim A_{Tmax}$ 整个范围内工作。从提高回路效率的角度出发，应使节流阀在更大的开度下工作。

（2）变负载工况的功率特性　变负载工况指的是作用在液压缸上的负载或负载压力，在工作中是变化的，即此时回路按前一节所讲的负载特性工作。假定它的负载特性如图 3-14a 所示，现分析它的功率特性。为了能定量地分析，这里给定了节流阀通流面积 A_{Ti} 的一组特定数值，见表 3-1。

表 3-1　特性点参数

i	0	1	2	3	4
A_{Ti}	A_{T0}	A_{T1}	A_{T2}	A_{T3}	A_{T4}
A_{Ti}/A_{T0}	1	$\sqrt{5/6}$	$\sqrt{6/3}$	$\sqrt{6/2}$	$\sqrt{6/1}$
p_{1i}/p_s	0	—	3/6	4/6	5/6
η_{max}	0.385	$0.385\sqrt{5/6}$	$0.385\sqrt{6/3}$	4/6	5/6

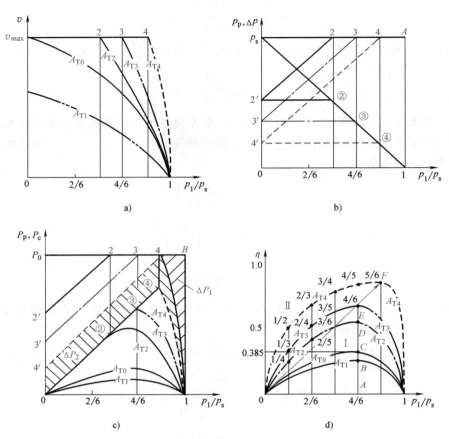

图 3-14　进油节流调速回路变负载工况功率特性曲线

变负载工况的功率特性又有以下两种情况：

1）$A_{Ti} \leqslant A_{T0}$。满足此条件且图 3-14a 所示出的是：A_{Ti} 的角标 i 分别为 0、1 所对应的两条负载特性曲线。

节流阀通流面积 A_{T0} 为这样一个特定面积：当节流阀通流面积为 A_{T0}，负载压力 p_1 由最大值 p_s 降到零时，负载速度 v 由零正好增加到最大值 $v_{max} = q_p / A_1$，即负载流量 q_1 由零增加到最大值 q_p，由此可求出这一特定面积

$$A_{T0} = \frac{q_p}{K\sqrt{p_s}} \tag{3-49}$$

对于不同的节流阀开度，只要其通流面积 $A_{Ti} \leqslant A_{T0}$，当 p_1 在 $0 \leqslant p_1 \leqslant p_s$ 范围内变化时，溢流阀总是溢流的，因而总有如下规律

$$p_p = p_s = 常数 \tag{3-50}$$

其特性曲线为图 3-14b 中的 Ap_s 水平直线。

$$\Delta p = p_p - p_1 = p_s - p_1 \tag{3-51}$$

显然，其特性曲线为图 3-14b 中斜率等于 $-p_s$ 的直线 $1p_s$。

$$P_p = p_p q_p = p_s q_p = 常数 \tag{3-52}$$

其特性曲线为图 3-14c 中的 BP_0 直线。而

$$P_c = p_1 KA_{Ti}\sqrt{p_s-p_1} \tag{3-53}$$

和

$$\eta = \frac{P_c}{P_p} = \frac{p_1 KA_{Ti}\sqrt{p_s-p_1}}{p_s q_p} = \frac{p_1 A_{Ti}}{p_s A_{T0}}\sqrt{1-\frac{p_1}{p_s}} \tag{3-54}$$

都是 A_{Ti} 和 p_1 的函数，其特性曲线如图 3-14c 和图 3-14d 中 $1A_{T0}0$ 和 $1A_{T1}0$ 曲线所示。并且不难求得，当 $p_1 = 2/3p_s$ 时，P_c、η 有极大值，即

$$P_{cmax} = 0.385 KA_{Ti} p_s^{3/2} \tag{3-55}$$

$$\eta_{max} = 0.385 \frac{KA_{Ti}\sqrt{p_s}}{q_p} = 0.385 \frac{A_{Ti}}{A_{T0}} \tag{3-56}$$

由此可知，当 $A_{Ti} \leqslant A_{T0}$ 时，$\eta_{max} \leqslant 0.385$。由式（3-54）和图 3-14d 看出，负载一定，A_{Ti} 越小，η 越小；A_{Ti} 一定，p_1 离开 $2p_s/3$ 越远，η 越小。

2）$A_{Ti} > A_{T0}$。满足此条件且图 3-14a 所示出的是：A_{Ti} 的角标 i 分别为 2、3、4 所对应的三条负载特性曲线。这些曲线上都有一个拐点，即 2、3、4。假定拐点所对应的负载压力为 p_{1i}，它具有使 p_p、Δp、P_p 等参数发生转折性变化的特性，因此可称其为拐点负载压力。当负载压力由最大值 p_s 降低到 p_{1i} 时，溢流阀开始关闭，溢流量 $q_3 = 0$；此后，p_1 继续降低，p_p、P_p 将随 p_1 的降低而线性减小，而 Δp 将保持不变。

由基本关系式

$$q_1 = KA_{Ti}\sqrt{p_p-p_1}$$

出发，根据 $p_1 = p_{1i}$ 时，$p_p = p_s$，$q_1 = q_p$，可求得适用于 $A_{Ti} \geqslant A_{T0}$ 所有情况下的拐点负载压力的一般表达式，即

$$p_{1i} = p_s - \left(\frac{q_p}{KA_{Ti}}\right)^2 = p_s\left[1-\left(\frac{A_{T0}}{A_{Ti}}\right)^2\right] \tag{3-57}$$

它确定了 p_{1i} 与 A_{Ti} 的固定关系，见表 3-1。

根据以下所列两条规律，不难绘出与图 3-14a 所给出的 $A_{Ti} > A_{T0}$ 的三条特性曲线相对应的图 3-14b~d 所示的各特性曲线。

1）当 p_1 在 $p_{1i} < p_1 \leqslant p_s$ 范围内变化时，溢流阀总有溢流。故 p_p、Δp、P_p、P_c 和 η 随 p_1 的变化特性，仍分别由式（3-50）~式（3-54）来描述。

2）当 p_1 在 $0 \leqslant p_1 \leqslant p_{1i}$ 范围内变化时，溢流阀总是关闭的，故有

$$q_1 = KA_{Ti}\sqrt{p_p-p_1} = q_p = 常数$$

$$\Delta p = p_p - p_1 = \left(\frac{q_p}{KA_{Ti}}\right)^2 = \left(\frac{A_{T0}}{A_{Ti}}\right)^2 p_s$$

对确定的 A_{Ti}（如 $A_{Ti} = A_{T4}$），Δp 为常数，其特性曲线为一水平线（如图 3-14b 中④ 4′直线）。

$$p_p = p_1 + \Delta p = p_1 + \left(\frac{A_{T0}}{A_{Ti}}\right)^2 p_s$$

$$P_\mathrm{p} = p_\mathrm{p} q_\mathrm{p} = \left[p_1 + \left(\frac{A_{T0}}{A_{T1}} \right)^2 p_\mathrm{s} \right] q_\mathrm{p}$$

上两式表明：p_p、P_p 都是 p_1 和 A_{Ti} 的函数，对确定的 A_{Ti}（如 $A_{Ti} = A_{T4}$），其特性曲线分别为斜率等于 p_s 的直线（如图 3-14b 中 44′直线）和斜率等于 P_0 的直线（如图 3-14c 中 44′直线）。

$$P_\mathrm{c} = p_1 q_\mathrm{p}$$

只是 p_1 的函数而与 A_{Ti} 无关，即对不同的 A_{Ti}，其特性曲线都是斜率等于 P_0 的同一条直线 0②、0③等。

$$\eta = \frac{p_1 q_\mathrm{p}}{p_\mathrm{p} q_\mathrm{p}} = \frac{p_1}{p_\mathrm{p}} = \frac{p_1}{p_1 + \left(\dfrac{A_{T0}}{A_{Ti}} \right)^2 p_\mathrm{s}} \tag{3-58}$$

对确定的 A_{Ti}，η 为 p_1 的单调递增函数，故可知：p_1 在 $0 \leqslant p_1 \leqslant p_{1i}$ 范围内变化，当 $p_1 = p_{1i}$（此时 $p_\mathrm{p} = p_\mathrm{s}$）时，$\eta$ 达最大值，即

$$\eta_{\max} = \frac{p_{1i}}{p_\mathrm{s}}$$

由式（3-57），上式可写为

$$\eta_{\max} = \frac{p_{1i}}{p_\mathrm{s}} = 1 - \left(\frac{A_{T0}}{A_{Ti}} \right)^2 \tag{3-59}$$

这表明，$\eta_{\max}$ 是 A_{Ti} 的单值函数，其特性曲线为斜率等于 1 的 $0EF$ 直线（适用于所有大于 A_{T0} 的 A_{Ti}）。它把图 3-14d 分成 Ⅰ、Ⅱ 两个特性区域。Ⅰ 区域的特征：回路在此区域工作时，溢流阀总是处于溢流状态（故可称此区为有溢流区），其回路效率由式（3-54）所描述。Ⅱ 区域的特征：回路在此区域工作时，溢流阀总是处于关闭状态（故可称此区为无溢流区），其回路效率由式（3-58）所描述。已知 A_{Ti}/A_{T0} 和 p_1/p_s，根据上面两式即可定量地绘出图 3-14d 所示的效率曲线。

综上所述，不难绘出如图 3-14b～d 所示的各特性曲线。为便于阅读，表 3-2 列出了部分特性曲线的一一对应关系。

表 3-2　一一对应的特性曲线

A_{Ti}	曲线				
	$p_\mathrm{p}\text{-}p_1/p_\mathrm{s}$	$\Delta p\text{-}p_1/p_\mathrm{s}$	$P_\mathrm{p}\text{-}p_1/p_\mathrm{s}$	$P_\mathrm{c}\text{-}p_1/p_\mathrm{s}$	$\eta\text{-}p_1/p_\mathrm{s}$
A_{T0}	$A432p_\mathrm{s}$	$1④③②p_\mathrm{s}$	$B432P_0$	$1A_{T0}0$	$1CA_{T0}0$
A_{T1}	$A432p_\mathrm{s}$	$1④③②p_\mathrm{s}$	$B432P_0$	$1A_{T1}0$	$1BA_{T1}0$
A_{T2}	$A4322'$	$1④③②2'$	$B4322'$	$1A_{T2}②0$	$1A_{T2}DA_{T2}0$
A_{T3}	$A433'$	$1④③3'$	$B433'$	$1A_{T3}③②0$	$1A_{T3}EA_{T3}0$
A_{T4}	$A44'$	$1④4'$	$B44'$	$1A_{T4}④③②0$	$1A_{T4}FA_{T4}0$

图 3-14c 还清楚地示出了回路功率损失的大小，如分别由 $14B1$ 和 $144'0④1$ 封闭曲线所围成的带阴影的面积，分别示出了 $A_{Ti} = A_{T4}$、p_1 在 $0 \leqslant p_1 \leqslant p_\mathrm{s}$ 范围变化时的溢流功率损失

ΔP_1 和节流功率损失 ΔP_2。

由图 3-14d 可归纳出以下两条规律：

1）$p_{1i} \geqslant 2p_s/3$ 情况。对确定的 A_{Ti}，即对图中某一等开度效率曲线，当 p_1 由 0 逐渐增大或由 p_s 逐渐减小时，η 都逐渐增大，直到增大或减小到 $p_1 = p_{1i}$ 点（曲线在此点连续）时 η 达最大值，即 $\eta_{\max}$ 点在 EF 线上。

2）$p_{1i} \leqslant 2p_s/3$ 情况。对确定的 A_{Ti}，即对图中某一等开度效率曲线，一方面，当 p_1 由 0 逐渐增大到 $p_1 = p_{1i}$ 时，η 一直是逐渐增加的；另一方面，当 p_1 由 p_s 逐渐减小到 $p_1 = 2p_s/3$ 时，η 达最大值，此后 p_1 继续降低直至等于 p_{1i}（曲线在此点连接），η 又不断降低，故 $\eta_{\max}$ 点在 $p_1 = 2p_s/3$ 的等负载压力线 AE 线上。

综上所述，对于 A_{Ti} 在 $0 \leqslant A_{Ti} \leqslant A_{T i max}$、$p_1$ 在 $0 \leqslant p_1 \leqslant p_s$ 范围内变化，回路最大效率点轨迹为 AEF 折线，其上各部分特性点效率值见表 3-1。同时可以看出，A_{Ti} 越大，所能达到的最大效率越高。因此，应根据负载压力的大小，按 p_1 越靠近 $2p_s/3$ 其效率越高的规律，适时调整溢流阀的设定压力。改变那种溢流阀设定压力一旦调定总不改调的做法。

由以上分析可以看出，不论是恒定负载，还是负载在一定范围内变化，进油节流调速回路的效率总是随节流阀开度的开大而增大。因此，在不影响主机性能的条件下，应尽量提高工作机构的速度，这既可提高劳动生产率，又能提高运行的经济性。

对回油节流调速回路，做与上述类似的功率特性分析可知，两者的功率特性规律是一样的，这里不再赘述。

综前所述，进油、回油节流调速回路不宜在负载变化较大，调速范围较宽工作状况下使用，因为在上述工况下，不但低速时回路效率低，而且在某一速度下，由于负载变化大，速度稳定性也差；反之，如果把它用于负载恒定或负载变化较小、调速范围不大的场合，则不但负载特性有所改善，而且回路效率也大为提高。

2. 旁路节流调速回路

旁路节流调速回路如图 3-5 所示。下面着重分析以下两种工况的功率特性。

（1）恒负载工况功率特性　恒负载工况，指的是液压缸的负载 F 或负载压力 p_1，在工作中是不随时间而变的。根据以下分析，不难绘出图 3-15 所示功率特性曲线。

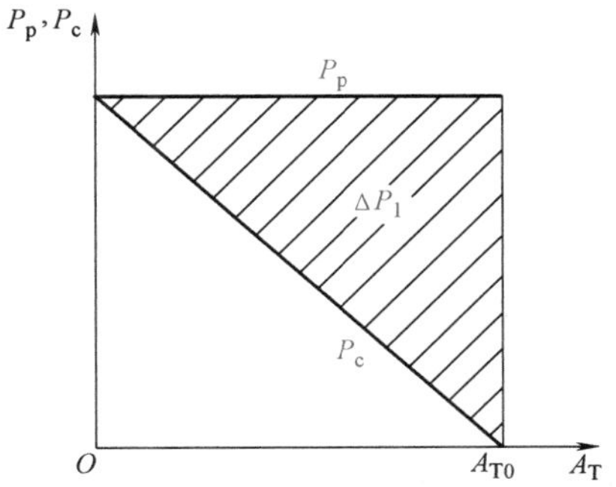

定量泵输出功率

$$P_p = p_p q_p = p_1 q_p = 常数$$

液压缸输入功率

$$P_c = p_p q_1 = p_p(q_p - KA_T\sqrt{p_p}) = p_1(q_p - KA_T\sqrt{p_1})$$

$$(3\text{-}60)$$

图 3-15　旁路节流恒负载工况功率特性曲线

它随节流阀开度的增减而线性减增。当节流阀通流面积为 $A_{T0} = q_p/K\sqrt{p_p}$ 时，q_p 全部通过节流阀流回油箱，因而 $P_c = 0$。

回路功率损失

$$\Delta P_1 = p_p q_3 = p_p KA_T\sqrt{p_p} = KA_T p_p^{3/2} \tag{3-61}$$

65

随 A_T 的增加而线性增加，当 $A_T = A_{T0}$ 时，$\Delta P_1 = P_p$。

（2）变负载工况功率特性　变负载工况指的是液压缸的负载或负载压力是随时间而变的。

定量泵的输出功率

$$P_p = p_p q_p = p_1 q_p$$

它正比于负载压力 p_1，其特性曲线为 OA 直线。

液压缸输入功率

$$P_c = p_1 q_1 = p_1 \left(q_p - K A_T \sqrt{p_1} \right)$$

随 A_T 和 p_1 的变化而变化，对确定的 A_T，不难求得，当负载压力

$$p_1 = \left(\frac{2q_p}{3KA_T} \right)^2 \tag{3-62}$$

时，或通过节流阀的流量

$$q_3 = K A_T \sqrt{p_1} = K A_T \frac{2q_p}{3KA_T} = \frac{2}{3} q_p$$

即负载流量

$$q_1 = q_p - \frac{2}{3} q_p = \frac{1}{3} q_p$$

时，P_c 有极大值，即

$$P_{cmax} = \left(\frac{2q_p}{3KA_T} \right)^2 \times \frac{1}{3} q_p = \frac{4}{27} \left(\frac{q_p}{KA_T} \right)^2 q_p = \frac{1}{3} p_1 q_p$$

其特性曲线为斜率等于 $\frac{1}{3} q_p$ 的 OB 直线。显然，相应 P_{cmax} 点时的回路效率

$$\eta = \frac{q_1}{q_p} = \frac{\frac{1}{3} q_p}{q_p} = \frac{1}{3}$$

需要指出的是，最大功率点并非最大效率点。

功率损失

$$\Delta P_1 = p_p q_3 = p_p K A_T \sqrt{p_p} = K A_T p_p^{3/2} \tag{3-63}$$

对确定的 A_T，ΔP_1 随 p_p 的增加而增大。

由上述分析即可绘出图 3-16 所示的变负载工况的功率特性曲线。

以上所分析的两种情况中，泵的供油压力 p_p 总是等于负载压力 p_1，因而回路效率

$$\eta = \frac{P_c}{P_p} = \frac{p_1 q_1}{p_p q_p} = \frac{q_1}{q_p} = 1 - \frac{K A_T \sqrt{p_1}}{q_p} = 1 - \frac{K A_T \sqrt{\frac{F}{A_1}}}{q_p} \tag{3-64}$$

其特性曲线如图 3-17 所示。

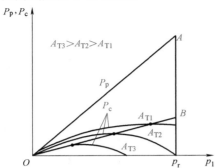

图 3-16 旁路节流变负载工况功率特性曲线

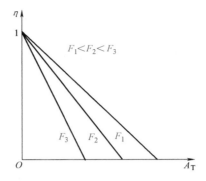

图 3-17 旁路节流调速回路效率特性曲线

由以上分析可知：

1）速度越大，即 A_T 越小，效率越高，当 $A_T = 0$ 即最大速度时，回路最大效率的理论值 $\eta_{max} = 1$；然而当负载速度 $v = 0.1v_{max}$ 时，其回路效率将很低，只不过是 0.1。

2）在节流阀开度一定的条件下，负载越小，意味着节流损失越小，因而效率越高。

综上所述，这种回路是负载越小，速度越高，回路效率越大；反之效率越低。

二、调速阀调速回路

1. 调速阀进油节流调速回路

调速阀进油节流调速回路如图 3-10 所示。

液压缸的输入功率

$$
\begin{aligned}
P_c &= p_1 q_1 = [p_p - (p_p - p_0) - (p_0 - p_1)] q_1 \\
&= p_p q_p - p_p q_3 - \Delta p_1 q_1 - \Delta p_2 q_1 \\
&= P_p - \Delta P_1 - \Delta P_2 - \Delta P_3
\end{aligned}
\tag{3-65}
$$

式中　P_p——定量泵输出功率，在供油压力 p_p 一定时为常数；

　　　ΔP_1——溢流功率损失，当 A_T 调定后为常数；

　　　ΔP_2——定差减压阀口节流功率损失，随 p_1 增加而减小；

　　　ΔP_3——节流阀口节流功率损失，当 A_T 调定后，为常数。

由以上分析可知，当调速阀在某一开度时，图 3-10 所示回路的功率特性曲线如图 3-18 所示。其中 p_1' 为调速阀在正常工作所需最小压差下的最大负载压力。

回路效率

$$
\eta = \frac{p_1 q_1}{p_p q_p}
\tag{3-66}
$$

可见，负载压力越高、负载流量（速度）越大，回路效率越高。其特性曲线与 P_c 的形状是一样的，只是比例尺不同而已。

这里分析的只是变负载工况，因为调速阀调速回

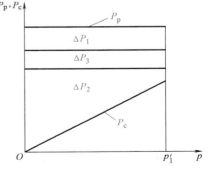

图 3-18 调速阀进油节流调速回路的功率特性曲线

路主要用于变负载工况。对于负载恒定的工况，应采用节流阀调速回路，而不应采用调速阀调速回路，因为在相同条件下，后者要比前者多一项 ΔP_2 功率损失。

调速阀回油节流调速回路的功率特性与上述分析的调速阀进油节流调速回路相类似，这里不再赘述。

2. 调速阀旁路节流调速回路

调速阀旁路节流调速回路如图 3-19 所示。

液压缸的输入功率

$$P_c = p_1 q_1 = p_1(q_p - q_3)$$

$$= p_1 q_p - p_1 K A_T \sqrt{\frac{F_s}{A_0}} = P_p - \Delta P_1 \qquad (3\text{-}67)$$

由式（3-67）可以看出：定量泵输出功率 P_p 正比于负载压力 p_1；当 A_T 调定后，溢流功率损失 ΔP_1 和液压缸输入功率 P_c，也正比于负载压力 p_1。由此可绘出这种调速回路的功率特性曲线如图 3-20 所示。

回路效率

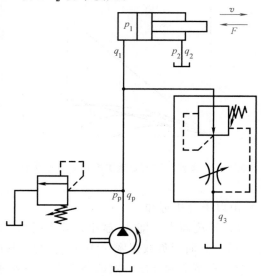

图 3-19　调速阀旁路节流调速回路

$$\eta = \frac{q_1}{q_p} = 1 - \frac{K A_T \sqrt{\frac{F_s}{A_0}}}{q_p} \qquad (3\text{-}68)$$

其效率特性曲线如图 3-21 所示，效率随负载速度的增减而线性增减。如果调速范围为 10，则当回路分别在全速（$A_T = 0$）和最低速度工况下运行时，其回路效率的理论值分别为 1 和 0；如果调速范围更宽，而且回路经常在低速下运行，其回路效率将是很低的，此时，应考虑采用其他效率较高的调速回路。

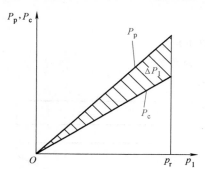

图 3-20　调速阀旁路节流调
速回路的功率特性曲线

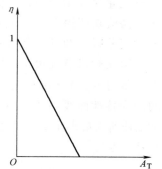

图 3-21　调速阀旁路节流
调速回路的效率特性曲线

综上所述，对于节流调速，不论是进油、回油节流还是旁路节流，也不论负载是恒定的还是变化的，总是速度越大，回路效率越高，因而从能量有效利用的角度出发，节流调速不宜在调速范围较大，且经常在低速下运行的场合应用。

第三节 节流调速回路性能比较

不同形式的节流调速回路,其性能好坏可从下列几方面进行比较。

一、负载特性

不同形式的节流调速回路的负载特性可用速度刚性来评价。由式(3-11)、式(3-16)和式(3-33)可以看出:在 p_p、F、m、A_1 和 v 等参数完全相同的条件下,进油、回油节流阀调速回路的速度刚性是完全一样的,即 $T_i = T_o$,而串联复合式节流阀调速回路的速度刚性好于前两者,即 $T_{io} = 2^m T_i$。在上述比较条件下,由它们的速度表达式(3-7)和式(3-15),压差表达式(3-3)和式(3-14),不难推导出:进油、回油节流调速回路的节流阀通流面积及压差分别为

$$\frac{A_{Ti}}{A_{To}} = \left(\frac{A_1}{A_2}\right)^{m+1} > 1 \tag{3-69}$$

$$\frac{\Delta p_i}{\Delta p_o} = \frac{A_2}{A_1} < 1 \tag{3-70}$$

式中　A_{Ti}、Δp_i——进油节流调速回路的节流阀通流面积及其压差;

　　　A_{To}、Δp_o——回油节流调速回路的节流阀通流面积及其压差。

不同形式的调速阀调速回路速度刚性的比较仍然是:进油、回油两种节流调速回路的调速度刚性一样,而旁路节流调速回路的速度刚性远不如前两者。

至于调速阀调速回路的速度刚性,从本质上优于节流阀调速回路,那是不言而喻的。

需要指出的是:假如不是在上述条件下比较,比如在 p_p、F、m、K、A_1、A_2 和 A_T 相同的条件下比较,则由式(3-10)、式(3-16)和式(3-33)可得出

$$T_{io} : T_i : T_o = 2^m : 1 : n^{m+1}$$

因 $n < 1$,则 $n^{m+1} < 1$,故有

$$T_{io} > T_i > T_o \tag{3-71}$$

另外,图3-1、图3-4和图3-5所示的进油、回油和旁路节流调速回路,若变为有杆腔作为进油腔,其余保持不变,则其速度刚性和承载能力都将变小,读者可自行分析。

在旁路节流调速回路中,由于 F 增加,$p_p = \dfrac{F}{A}$ 增大,它不但会使通过节流阀的流量 q_3 增加、液压泵的泄漏量 Δq 增加,而且会引起拖动液压泵的电动机转速即定量泵转速有所降低,从而使定量泵的理论流量 q_p' 也有所降低,由于这三个因素的影响(后两个因素对进油、回油节流调速回路的速度刚性无影响),旁路节流调速回路的速度刚性比前两种调速回路都差。

T_i 与 T_h 也可以在节流阀刚性及 A_1 和 F 相同的条件下进行定量比较:根据节流阀刚性的定义并参看图3-22,

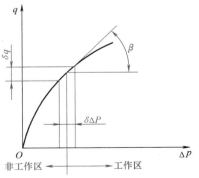

图3-22　节流阀流量压力特性

可写出进油和旁路这两种节流调速回路的节流阀刚性表达式，即

$$T_i' = \frac{d(\Delta p)}{dq_1} = \frac{1}{KA_Tm}\Delta p^{1-m} = \frac{1}{KA_Tm}\left(p_p - \frac{F}{A_1}\right)^{1-m} = \cot\beta_1$$

$$T_h' = \frac{d(\Delta p)}{dq_3} = \frac{1}{KA_Tm}\Delta p^{1-m} = \frac{1}{KA_Tm}\left(\frac{F}{A_1}\right)^{1-m} = \cot\beta_2$$

节流阀刚性相同，即

$$\cot\beta_1 = \cot\beta_2 = \cot\beta$$

由上述三式及式（3-10）和式（3-27），不难求得

$$T_i = A_1^2\cot\beta \tag{3-72}$$

$$T_h = A_1^2\frac{\cot\beta}{\cot\beta\lambda_p + 1} \tag{3-73}$$

于是

$$T_i/T_h = 1 + \cot\beta\lambda_p > 1 \tag{3-74}$$

二、调节特性

上述几种节流调速回路，由其速度表达式可以看出：液压缸的工作速度都与其工作腔的有效面积成反比，而与节流阀通流面积 A_T 成正比（旁路节流是反比），通过调节 A_T 实现无级调速，而速度变化率的大小可由速度放大系数来评价。

在 p_p、F、m、K、A_1 和 A_2 各参数完全相同的条件下，由式（3-13）、式（3-17）和式（3-34）可得出

$$H_o : H_i : H_{io} = n^{-(m+1)} : 1 : 2^{-m}$$

因 $n \leq 1$，故 $n^{-(m+1)} \geq 1$；又因 $2^{-m} < 1$，故

$$H_o \geq H_i > H_{io} \tag{3-75}$$

这说明在上述比较条件下，当改变节流阀单位通流面积时，液压缸所获得的速度变化量的大小依次是回油、进油和进回油节流调速。图 3-23 所示为四种调速回路的调节特性，其中的 v_o、v_i、v_h 和 v_{io} 分别为回油、进油、旁路和进回油节流调速回路的速度。显而易见，图中每条曲线的斜率即为相应的速度放大系数，如 $\tan\alpha_i = H_i$。

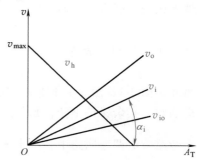

图 3-23　四种调速回路的调节特性

三、功率特性

进油和回油节流调速回路的功率特性是完全一样的，而旁路节流调速回路的功率特性要好于前两者，这可以从下面所做的简要分析中得到证明。

设想用同一个定量泵、节流阀、溢流阀和液压缸，分别组成如图 3-1、图 3-4 和图 3-5 所示的进油、回油和旁路节流调速回路。在输出力 F 和输出速度 v 相同的条件下，则显而易见，这三种回路图中所示的 q_1、q_3 是完全一样的，并不难得出表 3-3 所列的各参数关系式。

表 3-3 功率特性比较

项目	表达式		
	进油节流	回油节流	旁路节流
p_p	$p_p = \dfrac{F}{A_1} + \Delta p_i$	$p_p = \dfrac{F}{A_1} + \dfrac{A_2}{A_1}\Delta p_o = \dfrac{F}{A_1} + \Delta p_j\,[\text{式}(3\text{-}14)]$	$p_p{}' = \dfrac{F}{A_1}$
p_1		$p_1 = \dfrac{F}{A_1} = p_p - \Delta p_i$	$p_1 = \dfrac{F}{A_1} = p_p{}'$
P_P		$P_P = p_p q_p$	$P_P{}' = p_1 q_p$
ΔP_1		$\Delta P_1 = p_p q_3$	$\Delta P_1{}' = p_1 q_3$
ΔP_2	$\Delta P_2 = \Delta p_i q_1$	$\Delta P_2 = p_2 q_2 = \Delta p_o \dfrac{A_2}{A_1} q_1 = \Delta p_i q_1$	$\Delta P_2{}' = 0$
P_c		$P_c = p_1 q_1 = Fv$	$P_c = p_1 q_1 = Fv$
η		$\eta = \dfrac{Fv}{p_p q_p}$	$\eta' = \dfrac{q_1}{q_p} = \dfrac{Fv}{p_p{}' q_p}$

由表可以看出 $\quad p_p{}' = p_p - \Delta p_i, \qquad P_P{}' < P_P, \qquad \Delta P_1{}' < \Delta P_1, \qquad \Delta P_2{}' < \Delta P_2$

而

$$\frac{\eta'}{\eta} = \frac{p_p}{p_1} = 1 + \frac{\Delta p_i}{p_1} > 1 \tag{3-76}$$

即在上述比较条件下，旁路节流调速回路的效率总比节流阀进油、回油调速回路的高。

对于串联复合式节流调速回路，也可以作与上述类似的定量分析比较，这里不再赘述。

从上述分析自然可以推论到调速阀调速回路，即调速阀旁路调速回路的效率，在上述比较条件下，总比调速阀进油、回油调速回路的高。

四、低速特性

低速特性指的是回路能获得最低工作速度的性能，对于低速性能要求较高的液压回路来说，它是个重要性能指标。

在液压泵、缸、阀等使用条件，即 p_p、F、m、K、A_1、A_2 等参数完全相同的条件下，为达到同样低的速度，由式 (3-69) 可以看出，对于单出杆液压缸，回油节流调速回路中节流阀的通流面积 A_{T0} 要调得比进口节流调速回路的 A_{Ti} 更小，因此，低速时前者的节流阀更容易堵塞。这就是说，出口节流调速回路不易获得更低的最低速度。

这也可以在 p_p、F、m、K、A_1、A_2 和 A_T 相同条件下进行比较，此时，由式 (3-7)、式 (3-15) 可直接得出

$$\frac{v_i}{v_o} = n^{m+1} < 1 \qquad (n < 1 \text{ 时})$$

即得出和上述同样的结论。

用同样的方法和条件，可比较出 $v_{io} < v_i$，即串联复合式节流调速回路容易获得更低的最低速度。至于旁路节流调速回路，在保证一定输出力的条件下，获得更低的速度是较困难的。这是因为：此时要求 A_T 很大，则由式 (3-25) 可以看出，只有在负载 F 很小时才有可能。

五、其他性能

1. 承载能力

旁路节流调速因节流阀是与液压缸并联的，由式（3-26）可以看出，液压缸所能推动的外负载的最大值随节流阀通流面积 A_T 的增大而减小。只有高速即 A_T 足够小时，才能达到安全阀限定的极限值；低速即 A_T 很大时，其承载能力小。而进油、回油节流调速的最大承载能力相同，当溢流阀压力调定时为定值。

2. 能否承受超越负载

回油节流调速回路能承受超越负载（与活塞运动方向相同的负载），进油和旁路节流调速回路需另加背压阀才能承受这种负载，但必须相应地提高溢流阀的调整压力，功率损失也就会增大。

3. 速度平稳性

回油节流调速回路由于回油路上始终存在背压，可有效地防止空气从回油路吸入，因而可使其低速运动时不易爬行，高速运动时不易颤振，即运动平稳性好。而进油和旁路节流调速在不加背压阀的条件下就不具有这种长处。

4. 温升对系统的影响

进油节流调速回路中通过节流阀而发热的油液直接进入液压缸，会使液压缸的泄漏增加；而回油和旁路节流调速回路中，油液经节流阀温升后直接回油箱，经冷却后再进入系统，对系统泄漏影响较小。

5. 程序控制的方便性

在采用进油节流调速的液压系统中，当工作部件碰上死挡铁停止运动时，液压缸工作腔的负载压力 p_1 将升至液压泵的工作压力 p_p，此压力变化可以很方便地用来作为控制顺序动作的指令信号。而在使用回油和旁路节流调速回路的液压系统中，如果拟取回油腔中的压力变化来作为控制信号，则由于工作部件碰上死挡铁时压力 p_2 将下降至零，其控制电路将不如前者简单方便。

6. 起动性能

回油和旁路节流调速回路，由于刚起动时，背压不能立即建立，会引起起动瞬间工作机构的前冲现象。对于进油节流调速，只要在开车时关小节流阀即可避免起动冲击。

另外，在回油节流调速回路中，当液压缸以无杆腔作为进油腔而外负载很小或突然消失时，有杆腔的压力 p_2 可能比进油腔压力高很多，这对液压缸回油腔和回油管路的强度和密封提出了更高的要求。

第四节 压力、功率适应回路

一、压力适应回路

1. 工作原理

图 3-24 所示回路是由定量泵和溢流节流阀组合而成的一种压力适应回路。在这种回路中，溢流阀不仅用来将多余的油液排回油箱，而且作为节流阀的压力补偿阀，保证在负载变

化时，节流阀进、出口压差为一常数。

若不考虑管路压力损失，则节流阀压差

$$\Delta p = p_{\mathrm{p}} - p_1$$

由定差溢流阀结构原理可知，若不考虑作用于阀芯上的液动力、摩擦力和重力，则阀芯上力的平衡方程式为

$$A_0(p_{\mathrm{p}} - p_1) = F_{\mathrm{s}}$$

即

$$\Delta p = (p_{\mathrm{p}} - p_1) = \frac{F_{\mathrm{s}}}{A_0} \quad (3\text{-}77)$$

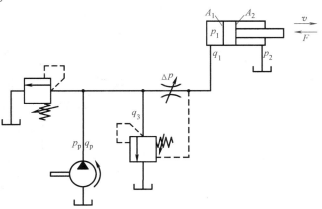

图 3-24　压力适应回路（一）

式中　p_{p}——定量泵的工作压力；

p_1——液压缸的负载压力；

F_{s}——作用在溢流阀阀芯上的弹簧力；

A_0——溢流阀阀芯有效作用面积。

设计溢流阀时，一般取 $\Delta p = 0.3 \sim 0.5\mathrm{MPa}$，不但弹簧很软，而且在调节过程中，弹簧因补偿负载波动而引起的阀芯位移量也很小，因此可以认为 $F_{\mathrm{s}} =$ 常数，即

$$\Delta p = \frac{F_{\mathrm{s}}}{A_0} = \text{常数}$$

因此，进入液压缸的流量即液压缸的速度仅与节流阀开度有关，而与负载或负载压力变化无关，即回路的速度刚性在理论上为无穷大，这就是这种回路的负载特性。液压缸速度正比于节流阀的通流面积，是这种回路的调节特性。

这种回路的基本特征：液压泵的工作压力 p_{p} 能自动跟随负载 F 或负载压力 p_1 的增减而增减，并且始终比负载压力 p_1 大一恒定值，即

$$p_{\mathrm{p}} = p_1 + \frac{F_{\mathrm{s}}}{A_0} = \frac{F}{A_1} + \frac{F_{\mathrm{s}}}{A_0} \quad (3\text{-}78)$$

因而，称这种回路为压力适应回路。

图 3-25 所示为一种使用比例方向阀的压力适应回路。当比例方向阀 4 处于中位时，定差溢流阀 1 的控制口 C 与油箱相通，定量泵卸荷。若比例方向阀换向，则定差溢流阀的控制口 C 与比例方向阀的相应工作油口 A 或 B 相通。这样，定差溢流阀就成了具有节流功能的比例方向阀的压力补偿阀，使比例方向阀进、出口压差

$$\Delta p = \frac{F_{\mathrm{s}}}{A_0} = \text{常数}$$

于是，经过比例方向阀的流量即进入液压缸的流量仅与比例方向阀的开口量，即与比例方向阀阀芯移动量成比例，而与负载的变化无关。正是由于溢流阀 1 与比例方向阀 4 的配合作用，比例方向阀不但控制了液压缸的运动方向，也控制了进入液压缸的流量即液压缸的工作

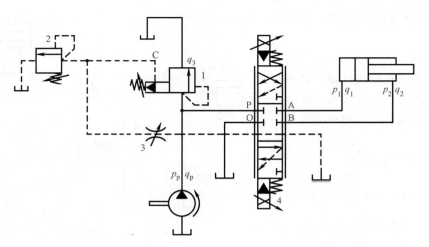

图 3-25 压力适应回路（二）

1—溢流阀 2—压力阀 3—节流阀 4—比例方向阀

速度；同时，由于负载压力的反馈作用，使液压泵的工作压力 p_p 能像图 3-24 所示回路一样自动跟随负载压力的变化而变化，且始终比负载压力高一恒定值，实现了压力适应，即

$$p_p = p_1 + \frac{F_s}{A_0} = \frac{F}{A_1} + \frac{F_s}{A_0}$$

回路中节流阀 3 是用来调节液压泵压力相应升高或降低快慢的，即当负载压力由于某种原因发生变化时，由于节流阀 3 的降压作用，使得液压泵工作压力跟随负载压力变化的速率不至于过快，使其有个缓变的变化过程，防止压力冲击。

回路中压力阀 2 的作用：当负载压力 p_1 大于或等于其调定压力 p_r 时，压力阀 2 与溢流阀 1 组合起来构成一只先导式溢流阀，此时，液压泵在

$$p_p = p_r + \frac{F_s}{A_0} \qquad (3-79)$$

下溢流。可见，压力阀 2 限制了回路所能达到的最高工作压力，防止回路过载，起安全保护作用。

由上可见，图 3-24 和图 3-25 所示两回路的工作原理与负载特性是完全一样的；两者的调节特性规律相同，即液压缸工作速度都与各自阀（节流阀或比例方向阀）的通流面积成正比，只是前者用手柄去调节，而后者按输入的电信号大小连续、按比例自动调节罢了。

2. 回路效率

在液压泵、缸、定差溢流阀和外负载相同的条件下，上述两回路的功率特性也一样。它们的规律是：

液压泵的输出功率

$$P_p = p_p q_p = \left(\frac{F}{A_1} + \frac{F_s}{A_0} \right) q_p$$

液压缸的输入功率

$$P_c = p_1 q_1 = \left(p_p - \frac{F_s}{A_0}\right)(q_p - q_3)$$

$$= p_p q_p - \frac{F_s}{A_0} q_1 - p_p q_3 = P_p - \Delta P_1 - \Delta P_2 \qquad (3\text{-}80)$$

式中　ΔP_1——节流功率损失；

　　　ΔP_2——溢流功率损失。

回路效率

$$\eta = \frac{p_1 q_1}{p_p q_p} = \frac{p_1 q_1}{\left(p_1 + \dfrac{F_s}{A_0}\right) q_p} \qquad (3\text{-}81)$$

对应于节流阀或比例方向阀某一开度时，回路的功率特性曲线如图 3-26 所示。

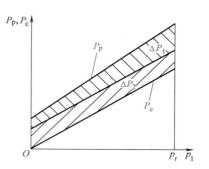

图 3-26　压力适应回路功率特性曲线

二、功率适应回路

1. 工作原理

图 3-27 所示功率适应回路，由以下四个基本元件组成。

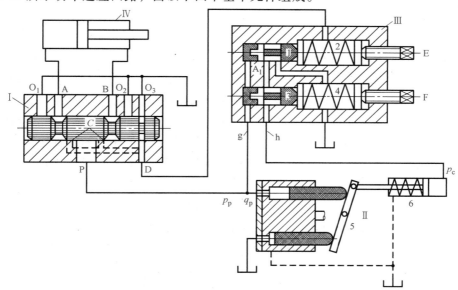

图 3-27　功率适应回路

I —比例方向阀　II —液压泵　III —功率适应阀　IV —液压缸　E—伺服滑阀　F—顺序阀

1、3—阀芯　2、4—弹簧　5—变量斜盘　6—变量活塞

（1）比例方向阀 I　其阀体上除开有 P、A、B、O_1、O_2 五个油口外，还多开了 C、D、O_3 三个油口，其中油口 C 在液压缸工作时与其工作腔相通。此阀除控制液压缸换向外，还控制液压缸负载流量即液压缸工作速度以及检测液压缸负载压力。它是个多位多通多机能的

电控或手控式滑阀。

（2）功率适应阀Ⅲ　它由阀芯1和弹簧2等构成的压力控制的两边伺服滑阀E和由阀芯3和弹簧4等构成的顺序阀F所组成。滑阀E的输入信号为液压泵的输出压力 p_p 与液压缸的负载压力 p_1 之差；输出信号为 p_c，用来控制液压泵变量机构。顺序阀F的输入信号为液压泵的输出压力 p_p，输出信号也为 p_c。

（3）液压泵Ⅱ　压力补偿式变量泵，其变量斜盘5由变量活塞6控制。

（4）液压缸Ⅳ　单出杆双作用液压缸。

回路的工作原理：功率适应阀的阀芯1的左、右端分别受液压泵的输出压力 p_p、液压缸的负载压力 p_1 和弹簧2的弹簧力的作用，略去液动力和摩擦力的作用，其受力平衡方程为

$$(p_p - p_1)A_0 = F_s$$

即

$$p_p - p_1 = \frac{F_s}{A_0} \tag{3-82}$$

式中　A_0——阀芯1的有效作用面积；

　　　F_s——弹簧2的弹簧力，由调节螺钉调节。

当比例方向阀Ⅰ处于图示工作状态时，滑阀E弹簧腔通过油口D、O_3 与油箱相通（其余相关阀口如P与A、B与 O_2 等均互不通），于是阀芯1在油压 p_p 作用下处于右位。液压泵输出的压力油经油路g、阀口 A_1 和油路h作用于变量活塞6，使液压泵流量一直减小到只是用来补偿泄漏所需流量，其输出压力 $p_p = F_s/A_0$，并使阀芯1又复位到平衡位置封住油口 A_1 为止。

当比例方向阀Ⅰ的阀芯由图示位置向右移动一位移量后，阀口P与A、B与 O_2 相通，同时滑阀E的弹簧腔通过阀口D、C与液压缸工作腔相通。液压泵出口压力上升到液压缸动作压力，液压缸向右运动。开始动作时，因液压泵的流量即通过方向阀Ⅰ的流量尚小，因而其阀口P与A压差也小，即 $p_p \approx p_1$，于是阀芯1在弹簧2作用下，由平衡位置被推向左，变量活塞6的回油通过油路h、阀口 A_1 与油箱相通，从而使液压泵的流量增加。随着液压泵流量的增加，阀口压差 $p_p - p_1$ 逐渐增大，直至等于弹簧2所设定的补偿压差

$$\Delta p = p_p - p_1 = \frac{F_s}{A_0}$$

时，阀芯1右移到平衡位置，则阀口 A_1 即变量活塞6回油被封住，液压泵的流量不再增加而维持某一个流量 q_p。流量 q_p 正好与此时阀口所通过的流量 q_1 相适应，即

$$q_p = q_1 = KA_T(p_p - p_1)^m = KA_T\left(\frac{F_s}{A_0}\right)^m \tag{3-83}$$

式中　K——阀口液阻系数；

　　　m——阀口指数；

　　　A_T——阀口通流面积。

假若 $q_p > q_1$，则压差 $p_p - p_1 > F_s/A_0$，阀芯1由平衡位置向右移动，其阀口 A_1 即液压泵通往变量活塞6的油路被打开，于是液压泵排油作用于变量活塞6，斜盘倾角减小，液压泵的流量直至减小到 $q_p = q_1$、$p_p - p_1 = F_s/A_0$ 为止，阀芯1又恢复到平衡位置。反之，即 $q_p < q_1$

时，其调解过程读者可自行分析。

当液压缸达到行程终点时，负载流量 $q_1 = 0$；由式（3-83）可知，$p_p = p_1$，则阀芯 1 在弹簧 2 的作用下处于左端位置。右端弹簧腔通过阀芯 3 接油箱，此时它相当于一个直接作用式的顺序阀。当液压泵的输出压力 p_p 大于弹簧 4 所调定的压力 p_r 时，阀芯 3 迅速右移，接通油路 g 与 h。液压泵排油作用于变量活塞 6，使液压泵在输出压力 $p_p = p_r =$ 常数，输出流量 q_p 逐渐减小到仅补充泄漏所需的微小流量状态下运转。从广义来讲，这是一种卸荷状态，因为此时，液压泵的输出功率由于其输出流量甚小而可以忽略不计。

2. 回路的工作特性

（1）负载特性 假如回路在工作中，由于某种原因引起负载的增加或减小，则负载压力 p_1 就要作相应的增减，液压泵的供油压力 p_p 也随之增减，因而引起液压泵泄漏的增减，致使液压泵的供油量即负载流量相应减增，于是比例方向阀 1 的阀口压差 Δp 也相应减增，即不等于设定压差值 F_s/A_0。根据回路的上述工作原理，它会自动地调节使液压泵的供油量协调地增减直至 $q_p = q_1$ 为止（这时液压泵的斜盘处于一个新的平衡位置）。这就是说，负载流量即液压缸工作速度不会因负载的变化而变化，即回路的速度刚性在理论上无穷大。

（2）调节特性 假如根据工作需要，通过改变手柄位置或控制电流的大小，使比例方向阀阀口通流面积 A_T 增加或减小。由于此时液压泵的流量和负载压力均未变，则由式（3-83）可知，Δp 即 p_p 就必然会相应地减小或增加，于是阀芯 1 左移或右移，变量活塞 6 回油或进油，液压泵的流量即负载流量就增加或减小直至满足式（3-83）为止。因而，液压缸的工作速度 v 随 A_T 的增减而线性地增减。

（3）功率特性 液压泵的输出功率

$$P_p = p_p q_p = \left(p_1 + \frac{F_s}{A_0} \right) q_1 \tag{3-84}$$

它正比于负载压力 p_1 和负载流量 q_1。

液压缸的输入功率

$$P_c = p_1 q_1 = \left(p_p - \frac{F_s}{A_0} \right) q_1 = P_p - \Delta P_1 \tag{3-85}$$

它正比于 p_1 和 q_1。

式中 ΔP_1——流量 q_1 通过比例方向阀 I 的节流功率损失，$\Delta P_1 = F_s q_1/A_0$

回路效率

$$\eta = \frac{P_c}{P_p} = \frac{p_1}{p_p} = \frac{p_1}{p_1 + \frac{F_s}{A_0}} \tag{3-86}$$

回路的上述功率特性，如图 3-28 所示。

综上所述，不论负载如何变化，也不论比例方向阀通流面积如何调节，液压泵的输出流量 q_p 始终保持与比例方向阀所能通过的负载流量 q_1 相等（不计回路的泄漏）；液压泵的输出压力 p_p 始终比负载压力 p_1 大一恒定值，因而液压泵的输出功率 P_p 始终与负载所需功率 P_c 相适应，这就是功率适应回路的基本特征。

图 3-29 所示为功率适应回路应用实例。回路中的动力元件为变量泵，它由原动机 4 驱

动；执行元件为液压马达，它直接驱动街道清扫车扫刷 3。工作中要求扫刷转速即液压马达转速 n_m，不因原动机转速 n_0 和扫刷与路面接触阻力矩 T 大小的不同而变动。否则，n_m 太大，会将灰尘及纸屑吹跑；n_m 太小，会吸卷不了灰尘及纸屑，也影响清扫效果。为此，回路中设置了一个功率适应阀 1，它与节流器 2 构成压力补偿式流量阀。由于功率适应阀 1 的作用，确保了节流器 2 进、出口压差，在诸如 n_0 和 T 增加或减小等各种情况下，均能保持常数。这样，就保证了通过节流器的流量即液压马达的转速为常数，从而满足使用要求。

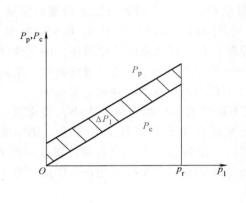

图 3-28　功率适应回路的功率特性曲线

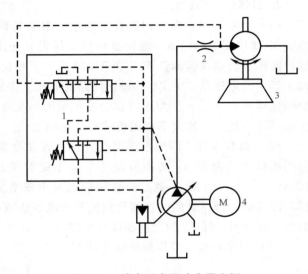

图 3-29　功率适应回路应用实例
1—功率适应阀　2—节流器　3—扫刷　4—原动机

采用压力、功率适应回路的目的，在于提高回路效率。除此之外，容积调速回路、蓄能器回路等也能有效地提高回路效率，这将分别在第四、五章中介绍。

第五节　节流调速回路的节能分析

这里所说的回路节能分析，主要是指提高回路效率的设计方法。前一节所述的压力、功率适应回路，固然是液压回路节能设计的基本方法，但形式、内容却是多种多样的，下面举例加以说明。

一、单泵定压节流调速回路

图 3-30a 所示的单泵定压节流调速回路由一台定量泵和规格相同并要求依次先后动作的两个液压缸组成。回路的主要原始设计参数：$F_2 = 2F_1$，$v_1 = 3v_2$，其中的 F_1 或 F_2、v_1 或 v_2，分别为液压缸 1 或液压缸 2 的最大负载力、负载速度。

从最大限度地利用能量角度出发，此回路的设计不尽合理，主要是存在着很大的能量损失，这可以从下述的原则性分析中看出。

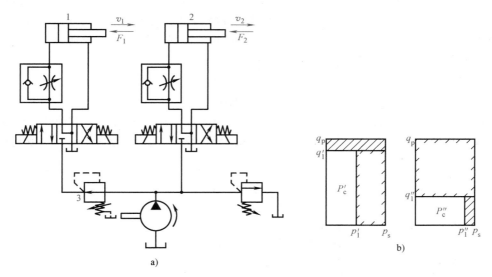

图 3-30 单泵定压节流调速回路

1、2—液压缸 3—减压阀

由原始设计参数可知：$p_1''=2p_1'$，$q_1'=3q_1''$，其中的 p_1' 或 p_1''、q_1' 或 q_1''，分别为液压缸 1 或液压缸 2 的最大负载压力、负载流量。

液压缸 1、2 的最大负载功率即最大输出功率为

$$P_c'=p_1'q_1'$$

$$P_c''=p_1''q_1''=\frac{2}{3}p_1'q_1'$$

定量泵的流量 q_p 必须按液压缸 1 所要求的最大速度 v_1 选取，考虑到溢流阀的正常溢流量，现假定取 q_p 稍大于 q_1'；定量泵的工作压力即溢流阀的调整压力 p_s，要按液压缸 2 所要求的最大负载 F_2 或 p_1''调定。现假定节流阀的压差为 Δp，则可按 $p_s=p_1''+\Delta p$ 调定溢流阀压力，于是，定量泵的输出功率

$$P_p=p_sq_p=(2p_1'+\Delta p)q_p>(2p_1'+\Delta p)q_1'$$
$$=2p_1'q_1'+\Delta pq_1'$$

比较上述三式看出

$$P_c'<\frac{1}{2}P_p$$

$$P_c''<\frac{1}{3}P_p$$

这就是说，当液压缸 1 或 2 分别在最大负载、速度下工作时，回路总有一半以上的能量被白白浪费掉，其功率利用情况如图 3-30b 所示，图中带阴影的面积为回路所损失的能量。显而易见，这时的回路效率小于 50%。不难看出，当回路在轻载低速下工作，其回路效率要小得多。

如对图 3-30a 所示回路作如下节能改进设计：去掉回路中的减压阀，增设一个由远程调压阀和二位二通电磁阀所构成的压力控制环节，并将其接在先导式溢流阀的控制口，改进后的回路如图 3-31a 所示。改进的目的是对回路进行双压控制，即回路可分别由先导式溢流阀 3、远程调压阀 4 调定高低两档压力，其数值分别为

$$p_s = p_1'' + \Delta p$$
$$p_s' = p_1' + \Delta p$$

这两个压力，正是液压缸 1、2 分别在不同阶段工作时溢流阀的溢流压力即液压泵的工作压力。从而实现液压泵的工作压力能与两个缸的最大负载压力 p_1' 和 p_1'' 相适应，其功率利用情况如图 3-31b 所示。

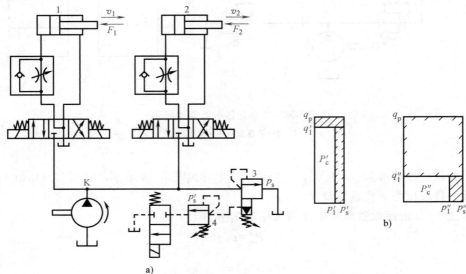

图 3-31　单泵双压节流调速回路
1、2—液压缸　3—先导式溢流阀　4—远程调压阀

二、双泵双压节流调速回路

由图 3-31b 可以看出，图 3-31a 所示回路仍存在着很大的溢流损失，为此，可采用图 3-32a 所示的双泵双压节流调速回路。其中的液压泵 6、5 的流量分别取为 $2q_1''$ 和 q_1''。当液压缸 1 在满载全速下工作时，二位二通电磁阀带电，回路压力由远程调压阀 4 调定的压力 p_s' 所限定；同时，回路由两个液压泵所提供的负载流量为

$$2q_1'' + q_1'' = 3q_1'' = q_1'$$

当液压缸 2 工作时，二位二通电磁阀断电，回路工作压力由溢流阀 3 调定的压力 p_s 所限定，此时回路由液压泵 5 单独提供的负载流量为 q_1''，而液压泵 6 通过卸荷阀 7（其调定压力大于 p_s'，小于 p_s）卸荷。

由以上分析看出，图 3-32a 所示的双泵双压回路，能够使液压泵的输出功率与负载功率相适应，从而进一步提高了回路效率，其功率利用情况如图 3-32b 所示。

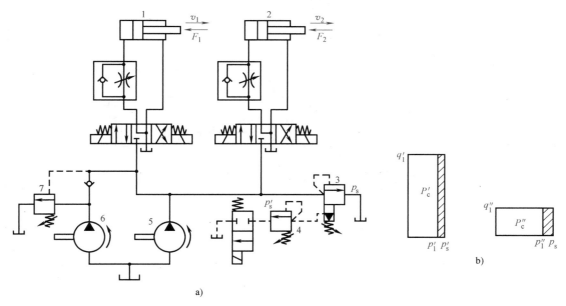

图 3-32 双泵双压节流调速回路

1、2—液压缸 3—溢流阀 4—远程调压阀 5、6—液压泵 7—卸荷阀

三、多泵数字控制分级节流调速回路

多泵数字控制分级节流调速回路，有时称为数字泵回路，一般由三台以上定量泵组，靠不同的自动组合，使回路输出不同等级的流量，以满足系统在不同工作阶段、工况下的不同瞬时流量的需要。如在这种回路中再加入流量控制阀，即构成多泵数字控制分级节流调速回路，如图 3-33 所示。

假设第 i 台液压泵的流量

$$q_i = 2^{i-1} q_0$$

式中 i——液压泵的序号，在此，$i = 1，2，3$；

q_0——流量基值，即流量最小液压泵的流量。

它表明各台液压泵的流量是按等比级数配置的，其公比为 2。

不难看出，回路图中液压泵 1、2、3 的流量分别为 q_0、$2q_0$、$4q_0$。

当图中的电磁阀的电磁铁 1YA、2YA、3YA 全通电或全断电（卸荷工况）时，回路所提供的流量即通过 K 点的流量分别为

$$q_p = 7q_0$$

$$q_p = 0$$

当不使用回路中的调速阀（关闭）时，回路可提供按等差级数规律排列的 7 级流量（表 3-4），因而可实现液压缸的 7 级变速，构成多泵数字控制的有级容积调速回路。

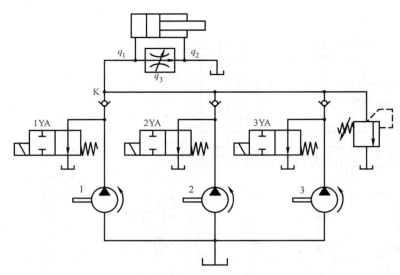

图 3-33 多泵数字控制分级节流调速回路

1、2、3—液压泵

表 3-4 多泵数字控制回路流量矩阵表

1YA	0	1	0	1	0	1	0	1
2YA	0	0	1	1	0	0	1	1
3YA	0	0	0	0	1	1	1	1
q_{p}/q_0	0	1	2	3	4	5	6	7
工作泵代号		1	2	1 2	3	1 2 3	2 3	1 2 3

注：表中上三行中的 1 或 0 表示电磁铁通电或断电。

当使用回路中调速阀时，可对上述的 7 级流量中的每一级进行旁路节流无级调节，从而可实现液压缸的无级变速，构成多泵数字控制的无级容积节流调速回路。

如果在图 3-33 所示的回路中，去掉调速阀并加入一最大流量为 q_0 的变量泵，其余保持不变，则可构成流量从 $0\sim7q_0$ 无级变化的多泵数字控制的无级容积调速回路。

对于功率和调速范围都很大的大流量液压系统，采用定量泵节流调速显然是不合理的。这时，或者采用变量泵容积调速回路，或者采用多泵数字控制的有级或无级容积调速回路。统计资料表明，当系统流量很大时，变量泵系统效率高的长处往往被其造价高的短处所抵消；其次就液压泵噪声高低而论，国外资料介绍，多泵数字控制系统中所用定量泵的噪声可控制在 70dB 以内，而大型变量泵的噪声要高达 90dB。另外，近年来微型计算机的发展和应用，为多泵数字控制系统的推广使用提供了有利条件。

 课外阅读

采用节流调速的中频无心感应熔炼炉

中频无心感应熔炼炉是炼钢用炉，具有方便、环保、工艺和设备简单等优势，已经得到越来越广泛的应用。炉子的两个炉体交替使用，其传动部分采用液压系统。

（1）熔炼炉液压系统的功能及技术要求　为满足熔炼炉的使用特点及炼钢工艺要求，要求液压系统具有变速控制浇钢、炉盖升降与旋转同时动作等功能。500kW 熔炼炉液压系统的主要参数如下：液压泵额定压力 6.3MPa，炉盖开闭液压缸最高压力 2.5MPa，倾炉液压缸最高压力 5.4MPa。

（2）熔炼炉液压系统的原理　图 3-34 所示为该熔炼炉液压系统的原理，左、右炉体分别有相同的两个倾炉液压缸 1 和一个炉盖开闭液压缸 2，形成左右炉体两个液压回路，并共用定量液压泵 9 通过三位四通电磁换向阀 7 交替供油，液压泵可以通过该阀的 H 型中位机能卸荷。以左炉体为例，组合式手动多路换向阀 6 中的阀 6a 和 6b 能分别用于缸 2 和缸 1 的运动方向控制，溢流阀 6c 和 6d 用来设定缸 2 和缸 1 的最高工作压力，以防炉盖升起和倾炉起升中过载。系统的流量可以通过调速阀 8 实现粗调，设在缸 2 进出油口的单向调速阀 4 和 12 用来调节使炉盖具有相同的开闭速度，而单向阻尼阀 3 则用来实现倾炉缸 1 下降时的单向节流限速。

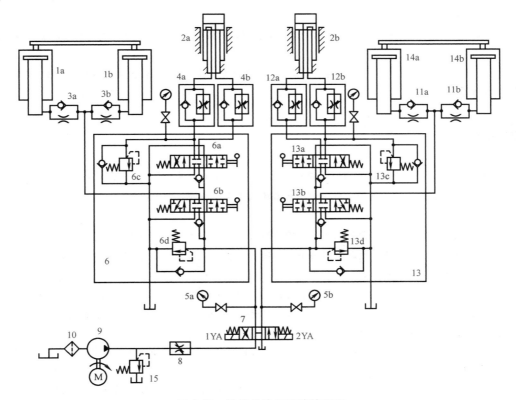

图 3-34　熔炼炉液压系统的原理

1、14—倾炉液压缸　2—炉盖开闭液压缸　3、11—单向阻尼阀　4、12—单向调速阀　5—压力表
6、13—组合式手动多路换向阀　7—电磁换向阀　8—调速阀　9—定量液压泵　10—过滤器
15—溢流阀

以左炉体缸工作为例，启动液压泵后，按左炉体缸供油按钮，电磁铁 2YA 通电，电磁换向阀 7 切换至右位，定量液压泵 9 的压力油经调速阀 8 进入组合式手动多路换向阀 6，当推拉阀 6a 的手柄时，炉盖开闭液压缸 2 即可旋转升降，往返速度由单向调速阀 4 的开度来

调定。阀 6b 的阀芯开有单向节流口，随手柄前推位移量的变化，倾炉液压缸 1 的起升速度可随之改变，即可实现变速控制浇钢。手柄前推到位时，输入到倾炉液压缸 1 内的流量为最大，如果速度不合适，可通过调速阀 8 来调整。手柄后拉，没有调速功能，此时倾炉液压缸 1 的下降速度由单向阻尼阀 3 的阻尼孔来限制。阀 6a 和阀 6b 可使浇钢及炉盖升降缸任意启停。当左炉体工作结束时，按下左炉体停止按钮，电磁铁 2YA 断电，电磁换向阀 7 复位至中位，液压泵通过阀 7 中位实现卸荷。

同理，如果右炉体缸工作，只要使电磁铁 1YA 通电，电磁换向阀 7 切换至左位即可，工作过程同上。

（3）熔炼炉液压系统的技术特点

1）两个炉体各为一个独立的液压回路，共用一套油源，并通过电磁换向阀的换向交替工作。

2）液压系统采用进油节流调速，系统的总流量粗调配以分支流量细调，以满足执行元件的速度要求。

3）采用二联手动多路换向阀的并联油路来控制执行元件的运动，进油与回油互不干扰。

4）系统设有安全溢流阀和单向阻尼阀，可以防止液压缸过载和倾炉液压缸下降时超速，安全可靠。

💡 习题

3-1 在图 3-4 所示的回油节流调速回路中，已知 $A_1 = 50\text{cm}^2$，$A_2 = 0.5A_1$；假定溢流阀的调定压力为 3MPa，并不计回路压力损失、液压缸机械效率和溢流阀的调压偏差。试求：

（1）回路的最大承载能力。

（2）当负载 F 由某一数值突然降为零时，液压缸有杆腔压力 p_2 可能达多大？

3-2 在图 3-1 所示的进油节流调速回路中，采用薄壁刃口式节流阀。已知：$A_1 = 100\text{cm}^2$，$A_2 = 0.5A_1$，$F = 3 \times 10^4\text{N}$，$q_p = 15\text{L/min}$；假定 $p_2 = 0$，并不计液压缸机械效率和管路压力损失。

（1）当节流阀在较小开口下工作并测得其进、出口压差 $\Delta p = 0.4\text{MPa}$ 时，求负载压力 p_1 和溢流阀调定压力 p_s。

（2）当溢流阀按上述调定压力保持常数，且活塞速度 $v = 1\text{m/min}$ 时，求溢流阀溢流量 q_3、节流功率损失 ΔP_2、溢流功率损失 ΔP_1 和回路效率。

3-3 在图 3-1 所示的进油节流调速回路中，已知其相对负载压力 $p_1/p_s = 0.5$ 和由表 3-1 所给定的节流阀相对通流面积 A_{Ti}/A_{T0}。试求：

（1）对应于图 3-14a 中所示出的 $A_{Ti} \leqslant A_{T0}$ 两条负载特性曲线的相对负载流量 q_1/p_p 和相对溢流功率损失 $\Delta P_1/P_p$ 各等于多少？

（2）对应于图 3-14a 中所示出的 $A_{Ti} > A_{T0}$ 三条特性曲线的 p_p/p_s，$\Delta p/p_s$ 和 P_c/P_p 各为多少？

3-4 试将图 3-27 所示的半结构式的功率适应回路原理图，改为用液压元件图形符号绘出，要求两者所表达的功能要完全一样。

3-5 在图 3-8 所示回路中，若进、出口节流阀通流面积相等，并不计回路压力损失、容积损失和液压缸机械效率。

（1）试比较进、出口节流阀压差的大小。

（2）试写出液压缸速度及其速度刚性的一般表达式。

3-6 用定量泵供油，并分别在定量液压马达的进油路或旁油路上加上一个节流阀或调速阀，能否组成调速回路？为什么？各有何问题？应该怎样完善？

3-7 在图 3-35 所示回路中，液压缸无杆腔和有杆腔的有效作用面积分别为 A_1 和 A_2，若活塞往返运动时所受的阻力 F 大小相等，方向总与运动方向相反，试比较活塞向右、向左运动时的速度、速度放大系数和速度刚性的大小。不计管路压力损失、容积损失和液压缸机械效率。

3-8 在图 3-36 所示的溢流节流阀调速系统中，已知节流阀 B、换向阀 C 和背压阀 D 的静态特性分别为

$$q_B = K_B \sqrt{\Delta p_B}$$
$$q_C = K_C \sqrt{\Delta p_C}$$
$$q_D = K_D \sqrt{\Delta p_D}$$

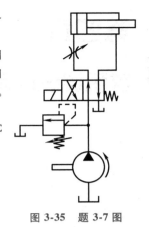

图 3-35 题 3-7 图

式中 q_B、q_C、q_D——通过阀 B、C、D 的流量；

Δp_B、Δp_C、Δp_D——阀 B、C、D 通过流量 q 时，所需压差；

K_B、K_C、K_D——阀 B、C、D 的开度系数，对于开度不变的阀 C、D 来说，可以认为 K_C、K_D 为常数，而 K_B 随节流阀开度大小而变。

图中 v、F、A——液压缸的速度、负载和有效作用面积；

q_p、p_p——液压泵的流量和压力。

这里，只考虑阀 B、C、D 的压力损失，不计其他元件及管路的压力、容积损失。当负载 F、节流阀压差 Δp_B 为常数时，试分析系统效率达到最大值的条件和数值范围。

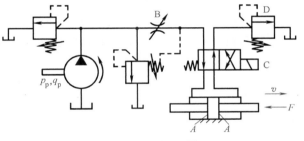

图 3-36 题 3-8 图

3-9 在图 3-33 所示回路中，去掉调速阀并加入一个变量泵（最大流量为 q_3）、一个常开式二位二通电磁阀、一个单向阀，在其余元件及其参数不变条件下，组成一个多泵数字控制的无级容积调速回路。试绘出此回路图并列出该回路的负载流量矩阵表。

3-10 在图 3-10 所示的调速回路中，溢流阀的调定压力为 3MPa，液压缸大腔面积 $A_1 = 100\text{cm}^2$，若不计弹簧力、液动力等因素对调速阀（普通调速阀）调速性能的影响。试分析：

（1）在负载从 0 增加到 20kN 和负载从 20kN 增加到 28kN 两种情况下，活塞速度是增加、减小还是基本不变？为什么？

（2）当活塞运动到行程终点时，活塞大腔压力为多大？为什么？

第四章

容积调速回路分析

本章主要讨论由液压泵和液压马达、液压缸组成的容积调速回路的工作原理及其主要工作特性。由于容积节流调速是以不同形式的变量泵为前提的，它具有容积调速的基本特征——液压泵输出的流量始终与负载流量相适应，无溢流损失，故也将其归入这一章和容积调速回路一起讨论。

第一节　容积调速回路

在液压传动装置中，执行元件主要是液压缸和液压马达，其工作速度或转速与其输入的流量及其几何尺寸或排量有关。在不考虑液压缸或液压马达泄漏及液压油的可压缩性的情况下：

对液压缸

$$v_c = \frac{q_c}{A}$$

对液压马达

$$n_m = \frac{q_m}{V_m}$$

式中　v_c——液压缸的速度；

q_c——输入液压缸的流量；

A——液压缸的有效工作面积；

n_m——液压马达的转速；

V_m——液压马达的排量；

q_m——输入液压马达的流量。

由上面两式可知，对于液压缸，由于其有效工作面积 A 一般是不可改变的，故其速度调节只能靠改变输入液压缸的流量 q_c 来实现。它有两种办法：一是改变流量控制阀的通流面积，来调节进入液压缸的流量 q_c，这就是前一章讲的节流调速的内容；二是采用变量泵，靠改变变量泵的排量来改变进入液压缸的流量 q_c，这是本章所要讨论的容积调速的内容。

一、变量泵-定量马达、液压缸回路

图 4-1a 所示为变量泵-液压缸容积调速回路。改变变量泵 1 的排量就可以调节液压缸的运动速度。变量泵输出的流量是按液压缸运动速度的要求，用手动或其他控制装置来调节的，它总是与液压缸的负载流量相适应。图中溢流阀 2 作安全阀，该回路的回油管和液压泵的吸油管是不连通的，它们分别与油箱直接连通，这就是通常所说的开式回路。

这种调速回路，随着负载的增加，液压泵的内泄漏增加，使液压缸运动速度降低，因而

这种回路适用于负载变化不大的液压系统。

当执行元件为变量马达时，除上述方法外，还可以改变液压马达的排量 V_m 来调节其转速 n_m。

仅靠改变液压泵或液压马达或同时改变液压泵、液压马达的排量进行执行元件速度调节的方式称为容积调速。

从前一章节流调速回路工作特性分析中知道，节流调速总是不可避免地存在着溢流能量损失。本章将要讨论的容积调速回路，液压泵输出的流量 q_p 总是与液压缸或液压马达的负载流量相适应，避免了溢流能量损失，因而系统效率较高，不易发热，广泛应用于功率较大的液压系统中。

按回路油液的循环方式，容积调速可分为开式回路（图 4-1a）与闭式回路（图 4-1b）两种，后者一般采用较多。对液压泵-液压马达容积调速回路又可分为：变量泵-定量马达回路、定量泵-变量马达回路、变量泵-变量马达回路。

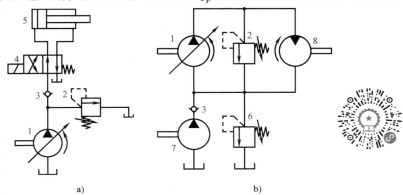

图 4-1　变量泵-液压缸（定量马达）容积调速回路
a）变量泵-液压缸容积调速回路　b）变量泵-定量马达容积调速回路
1—变量泵　2、6—溢流阀　3—单向阀　4—换向阀
5—液压缸　7—补油泵　8—定量马达

图 4-1b 所示为变量泵-定量马达容积调速回路，改变变量泵 1 的排量来调节定量马达 8 的转速。回路中高压管路上装有溢流阀 2，用以防止回路过载；低压管路上装有小流量的补油泵 7，用以补充变量泵和液压马达的泄漏，补油泵的供油压力由溢流阀 6 调定，使低压管路始终保持一定的压力，改善了主泵的吸油条件，防止空气渗入和出现空穴现象，而且不断地将油箱中经过冷却的油输入回路中，迫使液压马达排出的热油一部分从溢流阀 6 流回油箱，把回路中的部分热量带走。补油泵的流量一般为主泵最大流量的 10%~15%。

下面以变量泵-定量马达回路为例，分析回路的主要静态特性。

1. 转速特性

通常把液压马达的转速 n_m 与变量泵的调节参数 x_p 之间的关系，称为转速特性，也称为调节特性。

变量泵的排量 V_p 是可调节的。如以 V_{pmax} 表示 V_p 的最大值，则变量泵的调节参数可表示为

$$x_p = \frac{V_p}{V_{pmax}}$$

对于单向变量泵，$0 \leq x_p \leq 1$；对于双向变量泵，$-1 \leq x_p \leq 1$。

液压泵的理论流量为

$$q_{tp} = V_{pmax} n_p x_p \qquad (4-1)$$

式中 V_{pmax}——液压泵的最大排量；

n_p——液压泵的转速；

q_{tp}——液压泵的理论流量。

式（4-1）为变量泵的理论调节特性方程，其特性曲线如图4-2中虚线所示。

实际上，液压泵在工作中要带负载，不可避免地要有泄漏，液压泵实际输出流量可表示为

$$q_p = q_{tp} - \Delta q_p \tag{4-2}$$

式中 q_p——变量泵的实际输出流量；

Δq_p——变量泵的泄漏流量。

液压泵的泄漏流量一般可认为与液压泵的进出口压差成正比，它可表示为

$$\Delta q_p = \lambda_p \Delta p_p$$

式中 Δp_p——液压泵的进出口压差；

λ_p——液压泵的泄漏系数，它与液压泵的结构形式、制造精度和油液的黏度等有关。

这样，式（4-2）就表示为

$$q_p = V_{pmax} n_p x_p - \lambda_p \Delta p_p$$

令

$$\lambda_p \Delta p_p = V_{pmax} n_p \Delta x_{p1}$$

于是

$$q_p = V_{pmax} n_p (x_p - \Delta x_{p1}) \tag{4-3}$$

这里称 Δx_{p1} 为变量泵调节参数的死区，它与液压泵的泄漏系数和液压泵的进出口压差成正比。图4-2中的实线表示了变量泵实际调节特性。从图可见，当 $x_p \leqslant \Delta x_{p1}$ 时，变量泵产生的流量全部内泄，此时液压泵没有流量输出，即 $q_p = 0$。

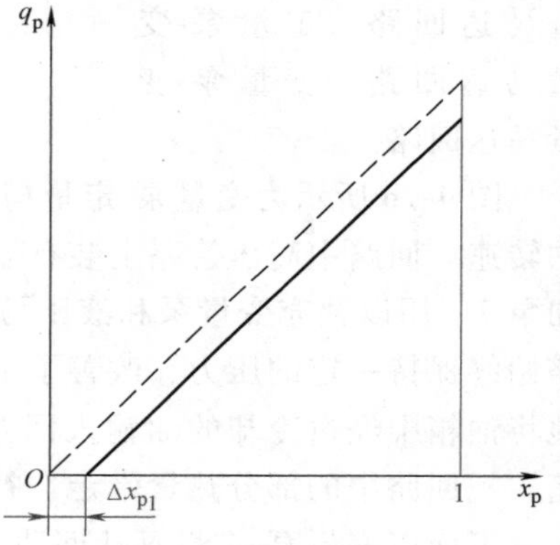

液压马达的转速

$$n_m = \frac{q_m - \Delta q_m}{V_m} \tag{4-4}$$

式中 q_m——输入液压马达的流量；

V_m——液压马达的排量；

Δq_m——液压马达的泄漏流量。

液压马达的泄漏流量可表示为

$$\Delta q_m = \lambda_m \Delta p_m \tag{4-5}$$

式中 Δp_m——液压马达进出口压差；

λ_m——液压马达的泄漏系数，它与液压马达的

结构形式、制造精度和油液的黏度等有关。

图4-2 变量泵调节特性曲线

若忽略变量泵与液压马达之间液压阀的容积损失，则

$$q_m = q_p \tag{4-6}$$

由式（4-3）~式（4-6）得

$$n_m = \frac{V_{pmax} n_p (x_p - \Delta x_{p1}) - \lambda_m \Delta p_m}{V_m} \tag{4-7}$$

令

$$\lambda_m \Delta p_m = V_{pmax} n_p \Delta x_{p2}$$

$$K_{n1} = \frac{V_{pmax}}{V_m} n_p = 常数$$

则式 (4-7) 为

$$n_m = K_{n1} \left[x_p - (\Delta x_{p1} + \Delta x_{p2}) \right] \qquad (4-8)$$

式 (4-8) 为变量泵-定量马达回路的转速特性方程,常称为调节静态特性,其特性曲线如图 4-3 所示。虚线表示理想情况,实线表示实际情况。显然,当 $x_p \leqslant \Delta x_{p1} + \Delta x_{p2}$ 时,该回路无转速输出,此时变量泵产生的流量消耗于液压泵和液压马达的内泄上。

2. 转矩和功率特性

回路的转矩(功率)特性,是指液压马达的输出转矩 T_m(输出功率 P_m)、负载转矩 T(负载功率 P_m)与液压泵调节参数 x_p 之间的关系。

液压马达的输出转矩表示为

$$T_m = V_m \Delta p_m \eta_{mm} = K_{m1} \Delta p_m = T \qquad (4-9)$$

式中 T_m——液压马达的输出转矩;

η_{mm}——液压马达的机械效率;

V_m——液压马达的排量;

Δp_m——液压马达进出口压差;

$K_{m1} = V_m \eta_m =$ 常数(认为 η_m 为常数)。

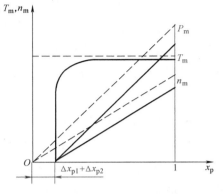

图 4-3 变量泵-定量马达回路特性曲线

式 (4-9) 为变量泵-定量马达容积调速回路的转矩特性方程。由式看出液压马达的输出转矩与变量泵的调节参数无关,而仅与 Δp_m 有关。若 $\Delta p_m =$ 常数,则液压马达在不同转速下,即在不同的调节参数 x_p 下,均能使输出转矩恒定,故常称这种回路的调速方式为恒转矩调节。然而,当 x_p 较小时,由于变量泵产生的流量消耗于液压泵、液压马达和阀等的内泄上,因而其压力和转矩只能逐步建立,直到变量泵产生的流量除了满足泄漏外还有多余时,才能建立起足够的压力,输出转矩。

下面来讨论回路的功率特性。根据外负载特性不同,常有下面两种工况。

(1)恒转矩负载工况功率特性 由式(4-9)知,$\Delta p_m =$ 常数。此时,液压马达的输出功率

$$\begin{aligned}
P_m &= T_m n_m = V_m \Delta p_m \eta_{mm} n_m \\
&= V_m \Delta p_m \eta_{mm} K_{n1} \left[x_p - (\Delta x_{p1} + \Delta x_{p2}) \right] \\
&= K_{N1} \left[x_p - (\Delta x_{p1} + \Delta x_{p2}) \right]
\end{aligned} \qquad (4-10)$$

式中 $K_{N1} = V_m \Delta p_m \eta_{mm} K_{n1} =$ 常数。

从式(4-10)可见,当认为 K_{N1} 和 $\Delta x_{p1} + \Delta x_{p2}$ 均为常数时,液压马达输出的功率正比于调节参数 x_p,其特性曲线如图 4-3 所示。图中虚线为理想情况,实线为实际特性曲线。这种回路主要用于负载转矩变化不大、调速范围较大的传动装置上。

(2)恒功率负载工况功率特性 液压马达输出功率

$$P_m = T_m n_m = P_{m0} = 常数$$

则

$$\begin{aligned}
T_m &= \frac{P_{m0}}{K_{n1} \left[x_p - (\Delta x_{p1} + \Delta x_{p2}) \right]} \\
&= \frac{K_m'}{x_p - (\Delta x_{p1} + \Delta x_{p2})}
\end{aligned} \qquad (4-11)$$

其中 $$K_m' = \frac{P_{m0}}{K_{n1}} = 常数$$

转矩及功率特性如图 4-4 所示。这种回路主要用于要求恒功率传动的装置上。

这里还需指出,如以液压缸代替回路中的液压马达,则可构成变量泵-液压缸容积调速回路,而且这里分析的变量泵-定量马达回路所得结论也同样适用。

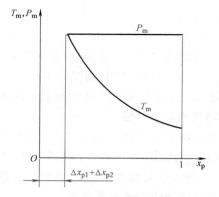

图 4-4 恒功率变量泵-定量马达回路特性曲线

例 4-1 在图 4-1b 所示回路中,已知:

变量泵的最大流量 $q_{pmax} = 0.5 \times 10^{-3} \, \mathrm{m^3/s}$

定量马达的排量 $V_m = 4 \times 10^{-6} \, \mathrm{m^3/rad}$

定量马达进出口压差 $\Delta p_m = 7 \mathrm{MPa}$

定量马达机械效率 $\eta_{mm} = 1$

忽略回路中各元件的容积损失

1)试确定液压马达能够输出的最大功率、最大转矩和最大转速。

2)如果液压马达输出功率 $P_m = 2\mathrm{kW}$,且保持不变,试确定在此条件下,液压马达的最低转速。

3)如果液压马达输出功率为其最大输出功率的 20%,试求液压马达输出最大转矩时的转速。

解 1)液压马达能够输出的最大功率

$$P_{mmax} = \Delta p_m q_{pmax} \eta_{mV} \eta_{mm} = (7 \times 10^6 \times 0.5 \times 10^{-3} \times 1 \times 1) \mathrm{W} = 3.5 \mathrm{kW}$$

液压马达能够输出的最大转矩

$$T_{mmax} = V_m \Delta p_m \eta_{mm} = (4 \times 10^{-6} \times 7 \times 10^6 \times 1) \mathrm{N \cdot m} = 28 \mathrm{N \cdot m}$$

液压马达能够输出的最高转速

$$n_{mmax} = \frac{q_{pmax} \eta_{mV}}{V_m} = \frac{0.5 \times 10^{-3} \times 1}{4 \times 10^{-6}} \mathrm{rad/s}$$
$$= 125 \mathrm{rad/s} = 1194 \mathrm{r/min}$$

2)当液压马达输出功率 $P_m = 2\mathrm{kW} = 常数$,并且输出最大转矩 $T_{mmax} = 28 \mathrm{N \cdot m}$ 时,液压马达最低转速

$$n_{mmin} = \frac{P_m}{T_m} = \frac{2000}{28} \mathrm{rad/s} = 71.43 \mathrm{rad/s} = 682.4 \mathrm{r/min}$$

3)在液压马达输出功率为最大输出功率的 20% 时,其输出转速

$$n_m = \frac{0.2 P_{mmax}}{T_m} = \frac{0.2 \times 3500}{28} \mathrm{rad/s} = 25 \mathrm{rad/s} = 239 \mathrm{r/min}$$

二、定量泵-变量马达回路

图 4-5 所示为由定量泵 1 和变量液压马达 3 等所组成的容积调速回路。图中其他各元件的作用与图 4-1b 所示回路相同。

1. 转速特性

因液压泵是定量泵，其排量 V_p = 常数，液压泵的输出流量

$$q_p = V_p n_p \eta_{pV} = 常数 \tag{4-12}$$

式中　　η_{pV}——液压泵的容积效率。

若不考虑液压泵与液压马达之间管路和阀的容积损失，则

$$q_m = q_p = 常数 \tag{4-13}$$

由于液压马达是变量马达，故其排量 V_m 是可调节的。如以 V_{mmax} 表示 V_m 的最大值，则液压马达的调节参数可表示为

$$x_m = \frac{V_m}{V_{mmax}} \tag{4-14}$$

对于单向变量马达，$0 \leqslant x_m \leqslant 1$；对于双向变量马达，$-1 \leqslant x_m \leqslant 1$。

由式（4-12）~式（4-14）得

$$n_m = \frac{q_m \eta_{mV}}{V_m} = \frac{V_p n_p \eta_{pV} \eta_{mV}}{V_{mmax} x_m} = \frac{K_{n2} \eta_{pV} \eta_{mV}}{x_m} \tag{4-15}$$

其中

$$K_{n2} = \frac{V_p n_p}{V_{mmax}} = 常数$$

式（4-15）为定量泵-变量马达回路的转速特性方程，其特性曲线如图 4-6 所示。图中虚线所示为理想情况，实线所示为实际情况。可见变量马达转速 n_m 与其调节参数 x_m 呈双曲线关系。变量马达的最低转速对应于其最大排量（$x_m = 1$），最高转速对应于某一最小排量（$x_m = x_m'$）。x_m' 不能太小，因为液压马达有机械摩擦损失，当马达排量小于某个数值时，所产生的转矩不足以克服液压马达本身的摩擦阻力，液压马达不会转动。因此，同变量泵一样，也存在调节参数的死区（Δx_m）。显然，液压马达的机械效率、容积效率越低，负载力矩越大，死区 Δx_m 的数值也越大。

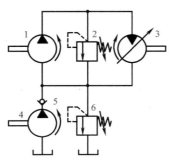

图 4-5　定量泵-变量马达回路

1—定量泵　2、6—溢流阀　3—变量
液压马达　4—补油泵　5—单向阀

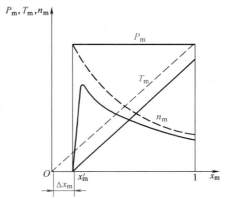

图 4-6　定量泵-变量马达回路特性曲线

2. 转矩和功率特性

液压马达的输出转矩

$$T_m = V_m \Delta p_m \eta_{mm} = V_{mmax} x_m \Delta p_m \eta_{mm} = K_{m2} x_m \qquad (4\text{-}16)$$

式中 $K_{m2} = V_{mmax} \Delta p_m \eta_{mm} = $ 常数（Δp_{mm}、η_{mm} 为常数）。

液压马达的输出功率

$$P_m = T_m n_m = K_{m2} x_m \frac{K_{n2} \eta_{pV} \eta_{mV}}{x_m}$$

$$= K_{N2} \eta_{pV} \eta_{mV} \qquad (4\text{-}17)$$

其中 $K_{N2} = K_{m2} K_{n2} = $ 常数

转矩和功率特性曲线如图 4-6 所示（认为 η_{mm}、η_{pV}、η_{mV} 为常数）。

综上所述，当回路工作压力一定，液压马达调节参数 x_m 最大时，其输出转矩 T_m 为最大，而转速 n_m 最小；当调节参数减小时，其输出转矩 T_m 也减小，而转速 n_m 增大。T_m 和 n_m 变化的结果使其输出功率 P_m 保持不变，即液压马达在不同转速时，它的输出功率为常数，故把这种回路的调节称为恒功率调节。

上述工作特性，适合车辆和起重运输机械等具有恒功率负载特性的液压传动装置。它可使原动机保持在恒功率的高效率点下工作，从而能最大限度地利用原动机的功率。

例 4-2 在图 4-5 所示的定量泵-变量马达回路中，已知：

定量泵 1 的排量　$V_p = 13 \times 10^{-6}\,\text{m}^3/\text{rad}$

定量泵 1 的转速　$n_p = 157\,\text{rad/s}$

定量泵 1 的机械效率　$\eta_{pm} = 84\%$

定量泵 1 的容积效率　$\eta_{pV} = 90\%$

变量马达 3 的最大排量　$V_{mmax} = 10 \times 10^{-6}\,\text{m}^3/\text{rad}$

变量马达 3 的容积效率　$\eta_{mV} = 90\%$

变量马达 3 的机械效率　$\eta_{mm} = 84\%$

高压侧管路压力损失　$\Delta p = 1.3\,\text{MPa} = $ 常数

回路的最高工作压力　$p_0 = 13.5\,\text{MPa}$

溢流阀 6 的调定压力　$p_r = 0.5\,\text{MPa}$

变量马达驱动一个转矩　$T = 34\,\text{N·m}$ 的恒转矩负载

试确定：

1）变量马达的最低转速和在该转速下液压马达的进出口压差。

2）变量马达的最大转速和在该转速下液压马达的调节参数。

3）回路的最大输出功率和调速范围。

解　1）变量马达的最低转速

$$n_{mmin} = \frac{V_p n_p \eta_{pV} \eta_{mV}}{V_{mmax}} = \frac{13 \times 10^{-6} \times 157 \times 0.9 \times 0.9}{10 \times 10^{-6}}\,\text{rad/s}$$

$$= 165.3\,\text{rad/s} = 1580\,\text{r/min}$$

在给定条件下液压马达进出口压差

$$\Delta p_{m} = \frac{T}{V_{mmax}\eta_{mm}} = \frac{34}{10\times10^{-6}\times0.84}\text{Pa}$$

$$= 4.05\text{MPa}$$

2）液压马达的进口最大压力

$$p_{mmax} = p_0 - \Delta p = (13.5-1.3)\text{MPa}$$

$$= 12.2\text{MPa}$$

液压马达进出口最大压差

$$\Delta p_{mmax} = p_{mmax} - p_r = (12.2-0.5)\text{MPa}$$

$$= 11.7\text{MPa}$$

由于是恒转矩负载，故有如下关系

$$V_{mmax}\Delta p_m\eta_{mm} = V_{mmin}\Delta p_{mmax}\eta_{mm} = T$$

即在给定条件下，液压马达最小排量

$$V_{mmin} = \frac{\Delta p_m}{\Delta p_{max}}V_{mmax} = \frac{4.05\times10^6}{11.7\times10^6}\times10\times10^{-6}\text{m}^3/\text{rad}$$

$$= 3.46\times10^{-6}\text{m}^3/\text{rad}$$

液压马达最大转速

$$n_{mmax} = \frac{V_{mmax}}{V_{mmin}}n_{mmin}$$

$$= \frac{10\times10^{-6}}{3.46\times10^{-6}}\times165.3\text{rad/s}$$

$$= 477.7\text{rad/s} = 4564\text{r/min}$$

则此时液压马达的调节参数为

$$x_m = \frac{V_{mmin}}{V_{mmax}} = \frac{3.46\times10^{-6}}{10\times10^{-6}} = \frac{1}{2.89} = 0.346$$

3）回路的最大输出功率

$$P_{mmax} = Tn_{mmax} = (34\times477.7)\text{W}$$

$$= 16.24\text{kW}$$

调速范围

$$D = \frac{n_{mmax}}{n_{mmin}} = \frac{477.7}{165} = 2.895$$

三、变量泵-变量马达回路

图 4-7 所示为一双向变量泵与双向变量马达组成的容积调速回路。回路中双向变量泵可以正反向供油，双向变量马达可以正反向旋转。调节双向变量泵或双向变量马达的排量均可改变马达的转速。假定双向变量泵 1 正向供油时，上管路是高压管路，压力油进

入双向变量马达 11，使其正向旋转，下管路是低压管路。溢流阀 5 作安全阀，防止正向旋转时回路过载，此时溢流阀 7 不起作用。补油泵 4 供给的低压油推开单向阀 3 向低压管路供油，而另一单向阀 2 在高压管路油压作用下被关闭。图中 9 为液动换向阀。当高压管路和低压管路的压差大于一定数值（例如 0.5MPa）时，液动换向阀上位接通，低压管路与溢流阀 10 接通，则部分热油经该溢流阀排回油箱，此时补油泵 4 供出的冷油替换了排出的热油。当高低压管路的压差很小时，液动换向阀阀芯处于中位，补油泵供出的多余油液就从溢流阀 6 流回油箱。溢流阀 6 的调整压力应略高于溢流阀 10 的调整压力，以保证在液动换向阀换向时能将低压管路的热油经溢流阀 10 放出一部分到油箱去，新的冷油才能不断进入低压管路。

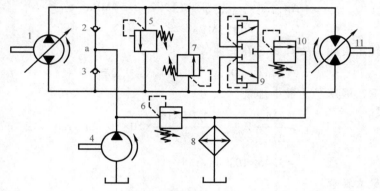

图 4-7 变量泵-变量马达回路

1—双向变量泵　2、3—单向阀　4—补油泵　5~7、10—溢流阀
8—冷却器　9—液动换向阀　11—双向变量马达

当变量泵 1 反向供油时，上管路是低压管路，下管路是高压管路，双向变量马达反转，其他元件的工作原理同上，不再赘述。

1. 回路的特性方程

（1）转速特性　本回路是前两种回路的组合，因而它同时具有上述两种回路的工作特性。若不考虑变量泵和变量马达的调节参数的"死区"，则可写出转速特性方程

$$n_m = \frac{q_m \eta_{mV}}{V_m} = \frac{q_p \eta_{mV}}{V_m} = \frac{V_{pmax} x_p n_p}{V_{mmax} x_m} \eta_{pV} \eta_{mV} = K_{n3} \eta_{pV} \eta_{mV} \frac{x_p}{x_m} \tag{4-18}$$

其中

$$K_{n3} = \frac{V_{pmax} n_p}{V_{mmax}} = 常数$$

（2）转矩特性

$$\begin{aligned} T_m &= V_m \Delta p_m \eta_{mm} = V_{mmax} x_m \Delta p_m \eta_{mm} \\ &= K_{m3} x_m \end{aligned} \tag{4-19}$$

其中
$$K_{m3} = V_{mmax} \Delta p_m \eta_{mm} = 常数$$

（3）功率特性

$$P_m = n_m T_m = K_{n3} \eta_{pV} \eta_{mV} \frac{x_p}{x_m} K_{m3} x_m = K_{N3} \eta_{pV} \eta_{mV} x_p \tag{4-20}$$

其中
$$K_{N3} = K_{m3}K_{n3} = 常数$$

上述分析，未考虑"死区"的影响，若再不考虑各种损失，式（4-18）~式（4-20）可分别写为

$$n_m = K_{n3}\frac{x_p}{x_m} \tag{4-21}$$

$$T_m = K_{m3}x_m \tag{4-22}$$

$$P_m = K_{N3}x_p \tag{4-23}$$

图 4-8 表示了在理想情况下（不考虑损失及死区），由双向变量泵和双向变量马达组成的容积调速回路的工作特性曲线。

2. 速度的调节方法

（1）变量泵和变量马达单独顺序调节 一般分两段进行调节：第一段是改变泵的调节参数，第二段是改变马达的调节参数。具体方法如下：

一般情况是起动前先将变量马达的调节参数 x_m 定到最大值（$x_m = 1$），然后将变量泵的调节参数 x_p 由最小值（$x_p = 0$）向最大值（$x_p = 1$）方向调节，以达到调速的目的。此时回路的工作特性相同于变量泵-定量马达回路的特性。当将变量泵的调节参数 x_p 调到最大值（$x_p = 1$）并把它固定下来后，再把变量马达的调节参数

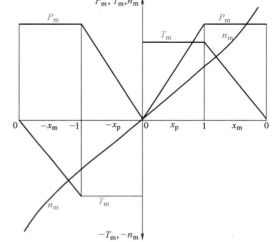

图 4-8 变量泵-变量马达回路特性曲线

x_m 由最大值（$x_m = 1$）往小调，达到进一步调速的目的。此时回路的工作特性相同于定量泵-变量马达回路的特性。

这种回路的工作特性同一般机械的负载特性较适应，因为大部分机械在低速时要求有较大的转矩，而在高速时则要求有较小的转矩。

（2）按给定的某种规律进行调节 对于不同的机械，其负载特性 $T_m = f(n_m)$ 的变化规律不同。当采用上述调节方法满足不了要求时，就应该对变量泵和变量马达进行相关调节，即按给定的某种规律进行调节。这时的任务就在于找出满足给定的负载特性 $T_m = f(n_m)$ 的两个调节参数 x_m 与 x_p 之间的关系，即确定 $x_m = \varphi(x_p)$。下面用解析法由已知的 $T_m = f(n_m)$ 求出 $x_m = \varphi(x_p)$。

若已知 $T_m = f(n_m)$ 的关系，则其图解曲线如图 4-9 所示。

若变量泵、变量马达和回路的工作压力选定后，则参数 n_p、Δp_m、K_{n3}、K_{m3} 为已知。这样，便可根据给定的 $T_m = f(n_m)$ 的关系，利用式（4-21）和式（4-22）求出所要求的 $x_p = \varphi(x_m)$ 关系。具体步骤如下：

1）给定 n_m，并由图 4-9 或给定的关系式 $T_m = f(n_m)$ 求出 T_m。

2）利用式（4-22）求出 x_m，即

$$x_m = \frac{T_m}{K_{m3}}$$

3）由已知的 n_m 和 x_m 并利用式（4-21）求出 x_p，即

$$x_p = \frac{n_m x_m}{K_{n3}}$$

4）重复上述步骤，便可确定若干个 x_m 与 x_p 一一对应的工作点。

5）把所求的工作点表示在 x_m-x_p 图上，便得到一条与 $T_m = f(n_m)$ 关系相对应的曲线，如图 4-10 所示。

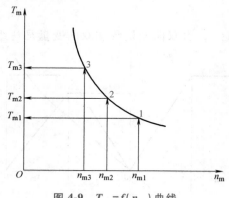

图 4-9　$T_m = f(n_m)$ 曲线

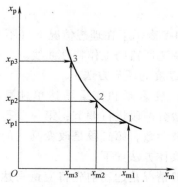

图 4-10　$x_p = \varphi(x_m)$ 曲线

为实现 $x_p = \varphi(x_m)$ 的变化规律，根据液压泵、液压马达的变量机构的控制方式的不同，可采用相应的手段，最后满足 $T_m = f(n_m)$ 的关系。

> **例 4-3**　在图 4-7 所示的变量泵-变量马达回路中，已知：
>
> 变量泵的最大排量　$V_{pmax} = 12.7 \times 10^{-6} \text{m}^3/\text{rad}$
>
> 变量泵的容积效率　$\eta_{pV} = 90\%$
>
> 驱动变量泵的电动机转速　$n_p = 104.7 \text{rad/s}$
>
> 电动机的总效率　$\eta_e = 89\%$
>
> 变量马达的容积效率　$\eta_{mV} = 93\%$
>
> 变量马达的机械效率　$\eta_{mm} = 87\%$
>
> 回路高压侧管路压力损失　$\Delta p = 0.5 \text{MPa}$
>
> 回路总效率　$\eta = 60\%$
>
> 溢流阀 6 的调整压力　$p_0 = 0.3 \text{MPa}$
>
> 溢流阀 5 或 7 的调整压力　$p_r = 27 \text{MPa}$
>
> 若回路在下列条件下工作：
>
> 1）变量泵的调节参数 $x_p = 0.5$。
>
> 2）变量马达驱动一个 $P_m = 12 \text{kW}$ 的恒功率负载。
>
> 3）认为各种效率均为常数。
>
> 试确定：
>
> 1）变量泵的输出流量和压力。
>
> 2）溢流阀 5 或 7 开启时的超载能力。

3）在上述给定条件下，当液压马达的最低转速 $n_{mmin} = 20.9\,rad/s$ 时，变量马达的最大排量。

4）电动机的输入功率。

5）在上述条件下，变量泵的机械效率。

解 1）变量泵的输出流量

$$q_p = V_{pmax} n_p x_p \eta_{pV} = (12.7 \times 10^{-6} \times 104.7 \times 0.5 \times 0.9)\,m^3/s$$
$$= 0.6 \times 10^{-3}\,m^3/s$$

变量马达驱动恒功率负载时进出口压差

$$\Delta p_m = \frac{P_m}{q_p \eta_{mV} \eta_{mm}} = \frac{12 \times 10^3}{0.6 \times 10^{-3} \times 0.93 \times 0.87}\,Pa$$
$$= 24.7\,MPa$$

则变量马达入口压力

$$p_m = \Delta p_m + p_0 = (24.7 + 0.3)\,MPa$$
$$= 25\,MPa$$

变量泵的输出压力

$$p_p = p_m + \Delta p = (25 + 0.5)\,MPa = 25.5\,MPa$$

2）变量泵的最大输出压力

$$p_{pmax} = p_r = 27\,MPa（不考虑阀的超调量）$$

液压马达入口最高压力

$$p_{mmax} = p_{pmax} - \Delta p = (27 - 0.5)\,MPa = 26.5\,MPa$$

液压马达进出口最大压差

$$\Delta p_{mmax} = p_{mmax} - p_0 = (26.5 - 0.3)\,MPa = 26.2\,MPa$$

溢流阀 5 或 7 开启时的负载功率

$$P_m' = \frac{\Delta p_{mmax}}{\Delta p_m} P_m = \frac{26.2}{24.7} \times 12\,kW = 12.73\,kW$$

回路的超载百分数为

$$\frac{P_m' - P_m}{P_m} = \frac{12.73 - 12}{12} = 6.1\%$$

3）变量马达的最大排量

$$V_{mmax} = \frac{q_p \eta_{mV}}{n_{mmin}} = \frac{0.6 \times 10^{-3} \times 0.93}{20.9}\,m^3/rad$$
$$= 26.7 \times 10^{-6}\,m^3/rad$$

4）液压泵的输入功率

$$P_p = \frac{P_m}{\eta} = \frac{12}{0.6}\,kW = 20\,kW$$

电动机的输入功率

$$P_e = \frac{P_p}{\eta_e} = \frac{20}{0.89}\text{kW} = 22.47\text{kW}$$

5）变量泵的机械效率

$$\eta_{pm} = \frac{P_p q_p}{\eta_{pV} P_p} = \frac{25.5 \times 10^6 \times 0.6 \times 10^{-3}}{0.9 \times 20 \times 10^3}$$
$$= 85\%$$

第二节　容积调速回路的速度刚性分析与速度稳定方法

一、容积调速回路的速度刚性分析

在容积调速回路中，由于液压泵输出的流量直接进入液压马达，回路的泄漏直接影响进入液压马达的流量，因而影响液压马达的转速。负载越大，回路压力越高，泄漏量就越大，液压马达转速下降得就越严重，因此，负载不同则液压马达转速也就不同。下面定性地分析回路的容积损失对容积调速回路速度刚性的影响。

液压马达的理论流量

$$q_{tm} = V_m n_m = q_{tp} - (\Delta q_p + \Delta q_1 + \Delta q_m) \tag{4-24}$$

式中　$q_{tp} = V_p n_p$——液压泵的理论流量；

Δq_p、Δq_m、Δq_1——液压泵、液压马达和管路的泄漏流量。

当负载发生变化时，Δq_p、Δq_m、Δq_1均要发生变化，它们是回路（系统）压力 p 的函数，这可用下式表达

$$\Delta q_p + \Delta q_m + \Delta q_1 = (\lambda_p + \lambda_m + \lambda_1) p \tag{4-25}$$

式中　λ_p、λ_m、λ_1——液压泵、液压马达和管路的泄漏系数。

由式（4-24）和式（4-25）得

$$V_m n_m = V_p n_p - (\lambda_p + \lambda_m + \lambda_1) p$$

则

$$p = \frac{V_p n_p - V_m n_m}{\lambda_p + \lambda_m + \lambda_1} \tag{4-26}$$

为了便于分析，在此不考虑管路压力损失，并且认为液压泵的吸油口压力及液压马达排油口压力等于零。这样，$\Delta p_p = \Delta p_m = \Delta p = p$，$p$ 为回路的工作压力。

由式（4-9）知

$$T_m = V_m \Delta p_m \eta_{mm} = V_m p \eta_{mm} \tag{4-27}$$

将式（4-26）代入上式得

$$\frac{V_p n_p - V_m n_m}{\lambda_p + \lambda_m + \lambda_1} = \frac{T_m}{V_m \eta_{mm}}$$

经整理后可得

$$n_m = \frac{V_p n_p}{V_m} - \frac{(\lambda_p + \lambda_m + \lambda_1) T_m}{V_m^2 \eta_{mm}}$$

$$= \frac{V_p n_p}{V_m} - \frac{\lambda T_m}{V_m^2 \eta_{mm}} \tag{4-28}$$

式中 $\lambda = \lambda_p + \lambda_m + \lambda_1$——回路泄漏系数。

式（4-28）为容积调速回路机械特性方程，它表明液压马达输出转速 n_m 的稳态值与外负载 T_m 的关系，称为负载特性。

由式（4-28）可看出：

1）回路泄漏系数 λ 越大，负载对液压马达转速的影响就越大。

2）液压泵的理论流量（$V_p n_p$）越小，泄漏所占比重越大，对液压马达转速的影响就越大。当变量泵处于小流量（死区附近）工作状态时，这种影响尤为明显。

由式（4-28）可求出回路的速度刚性 T_v。

$$T_v = -\frac{\partial T_m}{\partial n_m} = \frac{V_m^2 \eta_{mm}}{\lambda_p + \lambda_m + \lambda_1}$$

$$= \frac{V_{mmax}^2 x_m^2 \eta_{mm}}{\lambda} \tag{4-29}$$

式（4-29）为容积调速回路速度刚性的一般表达式。从该式可以看出，要提高回路速度刚性可以从以下几方面入手：

1）减少回路中各元件、管路的容积损失，提高元件的制造精度及安装质量，来减小泄漏系数。

2）提高液压马达的机械效率 η_{mm}。

3）速度刚性 T_v 与 V_{mmax}^2 及 x_m^2 成正比。对定量马达所选的排量越大，速度刚性越大；对变量马达还与调节参数 x_m 有关。当液压马达选定后，x_m 越大，则速度刚性越大，即低速时速度刚性比高速时大。可见，定量泵-变量马达调速回路，其速度刚性随 x_m 的减小而急剧地降低，当 x_m 很小时刚性极差。当 x_m 趋近于零时，T_m 也趋近于零［见式（4-19）］，使其失去驱动能力。故这种回路很少独立应用，而多用以扩展调速范围。

二、速度稳定方法

从式（4-28）可知，n_m 随 T_m 变化的根本原因是负载的变化引起回路泄漏量改变，致使进入液压马达的负载流量发生变化，而导致 n_m 变化。当负载变化时，如果能使液压泵的输出流量作相应的增减，以补偿泄漏的增减，这就可以提高回路的速度刚性。

下面介绍几种提高回路速度刚性的方法。

1. 流量补偿法

这种方法是利用回路压力随负载的增减来控制液压泵流量作相应的增减，以补偿液压泵和回路泄漏量的增减，从而达到稳定液压马达转速的目的，其原理如图 4-11 所示。当液压马达的负载转矩增

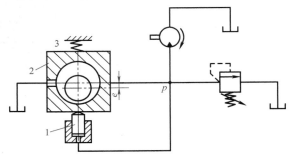

图 4-11 流量补偿法原理图
1—柱塞 2—定子 3—弹簧

大时，回路的工作压力 p 升高，作用在柱塞 1 上的力增大，推动泵的定子 2 向加大偏心距 e 的方向移动，使液压泵的流量增大。反之，当液压马达的负载转矩减小时，p 降低，在弹簧 3 的作用下，推动定子 2，使偏心距 e 减小，液压泵的流量减小。

这种方法，要想得到较好的速度刚性，需要根据泄漏量随工作压力变化的规律，合理地确定弹簧参数，使液压泵的补偿量与回路的泄漏量相适应。

2. 压力恒定法

这种方法是利用一个能自动调节液流阻力的液动滑阀，当负载变化时，使回路背压作相反方向的变化，从而使系统工作压力基本上不随负载的变化而变化。由于系统工作压力稳定，各元件的泄漏量可保持不变，从而使液压马达转速恒定，其原理如图 4-12 所示。当负载转矩 T 增加时，液压泵的工作压力 p_p 便相应升高，于是推动液动滑阀阀芯向右移动，使节流口开度 h 增大，背压减小，从而维持液压泵工作压力近于恒定；当负载转矩 T 减小时，则调节过程与上述相反，最后仍使液压泵工作压力近于恒定。这种方法主要用于负载幅值变化不大，而负载变化较频繁的场合。其缺点是有附加的功率损失（背压损失）。

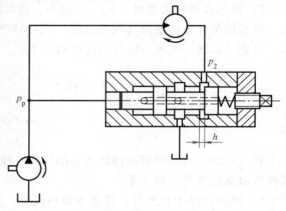

图 4-12 压力恒定法原理图

3. 负载流量反馈法

这种方法是利用装在液压马达排油管路上的流量反馈阀 A 与变量泵的变量机构组成一个流量反馈调节补偿回路，它能使泵自动补偿由于负载的变化而引起的泄漏量的变化，从而达到液压马达转速稳定的目的，其原理如图 4-13 所示。图中 1 为变量泵的本体部分，2 为变

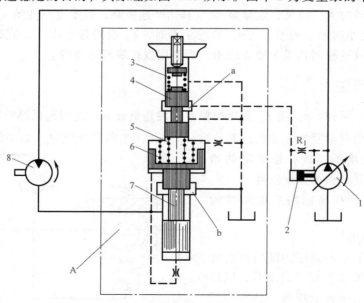

图 4-13 负载流量反馈法原理图

A—流量反馈阀　1—变量泵的本体部分　2—差动活塞　3、6—弹簧　4—单控制边滑阀
5—反馈弹簧　7—流量传感滑阀　8—液压马达　a—节流口　b—开口量

量机构的差动活塞，它向右移使泵的排量增大，反之则减小。A 为流量反馈阀，它是由单控制边滑阀 4 和流量传感滑阀 7 等构成的一个组合阀。其中单控制边滑阀 4 的可变节流口 a 与固定节流孔 R_1 和差动活塞 2 构成了液压半桥回路，用来调节变量泵的排量。当液压马达 8 的排油通过流量传感滑阀 7 时，使该阀有一开口，即上移一个距离。在该阀上部有一刚度较小的弹簧 6，它基本上决定了流量传感滑阀 7 进出口的压差，使它近于一个常数，这样，该阀的开口量 b 就与流量近于成正比。液流经流量传感滑阀 7，使流量传感滑阀 7 产生位移，并通过反馈弹簧 5 转变为弹簧力，反馈给单控制边滑阀 4，该力与上端弹簧 3 给定的力相平衡时，变量泵就处在一个与弹簧 3 给定的力相应的工况，此时液压马达 8 的转速就稳定在一个给定的数值上。

当液压马达的负载转矩增加时，由于回路中各元件的泄漏量增加，液压马达排出的流量减小，即通过流量传感滑阀 7 的流量减小，该滑阀下移，反馈弹簧受力减小，此时单控制边滑阀 4 失去了平衡而下移，使节流口 a 关小，差动活塞 2 控制腔压力增加，则使其右移，泵的输出流量增加，液压马达排出的流量也增加，引起流量传感滑阀 7 上移，使反馈弹簧 5 的弹簧力增大，直到该力与弹簧 3 给定的力相平衡为止。此时，流经流量传感滑阀 7 的流量又回到原来的数值，单控制边滑阀也回到了原来的平衡状态，而变量泵却处在一个新的稳定工况，它所增加的流量正好补偿了回路各元件的泄漏，这样，液压马达的转速就可保持恒定。

当负载转矩减小时，流量的补偿调节过程与上述相反。

当弹簧 3 给定的弹簧力变化时，液压马达的转速也随着变化，并能稳定在给定的数值上。这种速度稳定的方法与前两种相比，可获得较高的速度刚性，功率损失较小，能用于负载变化较大的场合。

4. 采用电液比例（伺服）速度控制回路

图 4-14 所示为电液比例（伺服）速度控制回路工作原理方块图，其特点是采用了闭环控制。当液压马达的转速随负载转矩变化而变化时，该速度的变化经速度传感器反馈给输入端与速度控制信号比较，获得偏差，由偏差调节，以达到速度稳定的目的。可见这是闭环速度控制系统，因此是一种控制精度较高的速度稳定方法。

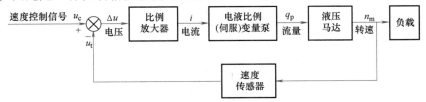

图 4-14 电液比例（伺服）速度控制回路工作原理方块图

第三节 容积调速回路主要参数的选择

这里主要讨论容积调速回路中的液压泵和液压马达的参数，如何根据主机的性能要求得到匹配的问题。

一、主要性能指标

1. 容积调速回路的转矩放大系数 K_M

它是指当液压泵和液压马达在最大调节参数（即 $x_p = 1$，$x_m = 1$）时，液压马达的输出

转矩 T_m 与液压泵的输入转矩 T_p 的比值，即

$$K_M = \frac{T_m}{T_p} \tag{4-30}$$

其中液压泵的输入转矩

$$T_p = \frac{\Delta p_p V_p}{\eta_{pm}} \tag{4-31}$$

式中　Δp_p——液压泵进、出口压差；

　　　V_p——液压泵的排量；

　　　η_{pm}——液压泵的机械效率。

将式（4-19）、式（4-31）代入式（4-30）得

$$K_M = \frac{\Delta p_m V_m}{\Delta p_p V_p} \eta_{mm} \eta_{pm} \tag{4-32}$$

2. 容积调速回路的传动比 i

它是指液压泵和液压马达在最大调节参数时，液压马达转速 n_m 与液压泵转速 n_p 的比值，即

$$i = \frac{n_m}{n_p} \tag{4-33}$$

由于液压泵的输出流量 $q_p = V_p n_p \eta_{pV}$，则

$$n_p = \frac{q_p}{V_p \eta_{pV}} \tag{4-34}$$

而液压马达的输入流量 $q_m = \dfrac{V_m n_m}{\eta_{mV}}$，则

$$n_m = \frac{q_m \eta_{mV}}{V_m} \tag{4-35}$$

将式（4-34）、式（4-35）代入式（4-33）得

$$i = \frac{V_p}{V_m} \eta_{pV} \eta_{1V} \eta_{mV} \tag{4-36}$$

式中　$\eta_{1V} = q_m / q_p$——管路容积效率。

3. 容积调速回路的效率 η_c

它是指液压马达输入功率与液压泵输出功率的比值，即

$$\eta_c = \frac{p_m q_m}{p_p q_p} = \eta_{1m} \eta_{1V} \tag{4-37}$$

式中　$\eta_{1m} = p_m / p_p$——管路的压力效率。

4. 容积调速回路的调速范围 D

它是指在输出额定转矩即额定负载下，液压马达的最高转速 n_{mmax} 与最低稳定转速 n_{mmin} 的比值，即

$$D = \frac{n_{\text{mmax}}}{n_{\text{mmin}}} \tag{4-38}$$

下面分三种情况来讨论。

（1）变量泵-定量马达回路　此时，液压马达的转速 n_m 与泵的排量 V_p 成正比。当 $V_p = V_{\text{pmax}}$ 时，$n_m = n_{\text{mmax}}$，马达转速的最小值取决于 V_p 减小时泵可能提供的最小稳定流量。按式（4-38）可得这种回路的调速范围

$$D_p = \frac{n_{\text{mmax}}}{n_{\text{mmin}}} = \frac{V_{\text{pmax}}}{V_{\text{pmin}}}$$

一般 $D_p \leqslant 40$。

（2）定量泵-变量马达回路　此时，由于液压泵是定量泵，进入液压马达的流量基本上是恒定的，因此液压马达的转速 n_m 与液压马达的排量 V_m 成反比，即当 $V_m = V_{\text{mmax}}$ 时，$n_m = n_{\text{mmin}}$；当 $V_m = V_{\text{mmin}}$ 时，$n_m = n_{\text{mmax}}$。故这种回路的调速范围可表示为

$$D_m = \frac{n_{\text{mmax}}}{n_{\text{mmin}}} = \frac{V_{\text{mmax}}}{V_{\text{mmin}}}$$

其数值较小，一般 $D_m < 3 \sim 4$。这是因为常用的变量马达，当 V_m 变得很小时，由于转速很高内部摩擦阻力大，机械效率很低，使其不能正常工作。当液压马达负载不变时，回路工作压力 p 与 V_m 成反比，V_m 很小则 p 很大，若工作压力 p 使安全阀打开，系统就不能正常工作。再者，当 V_m 过小时，常由于转速很高，在负载突然减小时，可能使液压马达超速，难以控制。实际上，液压马达的最大转速 n_{mmax} 不仅受限于惯性和摩擦副，还受材料机械强度的限制。

（3）变量泵-变量马达回路　因这种回路是由上述两种回路组合而成，其调速范围为

$$D = \frac{n_{\text{mmax}}}{n_{\text{mmin}}} = \frac{V_{\text{pmax}}}{V_{\text{pmin}}} \times \frac{V_{\text{mmax}}}{V_{\text{mmin}}} = D_p D_m$$

其数值一般小于100。在低速至中速之间用变量泵调节，中速至高速之间用变量马达调节。

二、液压泵和液压马达参数的选择

液压传动系统的设计是按主机的要求和给定的数据进行的。主机给定的原始参数一般有以下两种情况。

1. 给出原动机的输出功率

即液压泵的输入功率 P_p，液压泵的转速 n_p、转矩放大系数 K_M 或回路的传动比 i。

设计时，首先根据主机对液压系统的性能要求，选择回路方案及液压泵进、出口压差 Δp_p，然后选择液压泵的结构形式，按统计资料确定泵的机械效率 η_{pm}，则液压泵的输入功率

$$P_p = \frac{V_p n_p \Delta p_p}{\eta_{\text{pm}}} \tag{4-39}$$

式中的各符号同前。于是，液压泵的排量

$$V_p = \frac{P_p \eta_{\text{pm}}}{n_p \Delta p_p} \tag{4-40}$$

液压泵的排量 V_p 求出后，便可按式（4-32）求出液压马达的排量

$$V_{\mathrm{m}} = \frac{\Delta p_{\mathrm{p}} K_M V_{\mathrm{p}}}{\Delta p_{\mathrm{m}} \eta_{\mathrm{mm}} \eta_{\mathrm{pm}}} \qquad (4-41)$$

其中，η_{mm} 与 η_{pm} 可根据统计资料选定。

2. 给出液压马达最大输出转矩 T_{mmax}、转速变化范围 $n_{\mathrm{mmin}} \sim n_{\mathrm{mmax}}$ 和液压泵的转速 n_{p}

这种情况是最常见的。设计时，首先根据主机性能要求，选定液压马达的结构形式及回路的工作压力，这样便可确定 Δp_{m} 及 η_{mm}，然后按下式求出液压马达排量

$$V_{\mathrm{m}} = \frac{T_{\mathrm{mmax}}}{\Delta p_{\mathrm{m}} \eta_{\mathrm{mm}}} \qquad (4-42)$$

由式（4-36）便可求出液压泵的排量，即

$$V_{\mathrm{p}} = \frac{V_{\mathrm{m}} i_{\mathrm{max}}}{\eta_{\mathrm{pV}} \eta_{\mathrm{lV}} \eta_{\mathrm{mV}}} \qquad (4-43)$$

式中　$i_{\mathrm{max}} = n_{\mathrm{mmax}} / n_{\mathrm{p}}$ ——回路最大传动比。

根据求出的 V_{m} 和 V_{p} 便可选择系列化的液压泵和液压马达的规格型号。

第四节　容积节流调速回路

容积节流调速回路是利用变量泵和节流阀或调速阀组合而成的一种调速回路。它保留了容积调速回路无溢流损失、效率高和发热少的长处，同时它的负载特性与单纯的容积调速相比得到提高和改善。下面讨论几种容积节流调速回路的工作原理及特性。

一、限压式变量泵和调速阀的调速回路

1. 回路的工作原理及特性

图 4-15 所示为限压式变量泵-调速阀调速回路。回路由限压式变量泵 1 供油，经调速阀 3 进入液压缸左腔，右腔回油直接到油箱。回路的特性曲线如图 4-16 所示。图中曲线 ABC 是液压泵的压力-流量特性曲线，曲线 CDE 是调速阀在某一开度时的压差-流量特性曲线（横坐标为压差 Δp）；点 F 是液压泵的工作点。

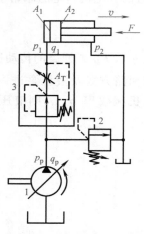

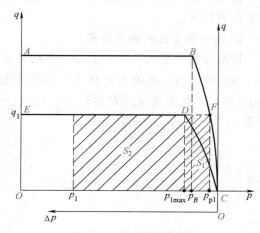

图 4-15　限压式变量泵-调速阀调速回路
1—限压式变量泵　2—溢流阀　3—调速阀

图 4-16　回路特性曲线

当回路不串联调速阀，又不考虑管路压力损失时，泵的出口压力 p_p 与液压缸左腔的压力 p_1 相等，即 $p_p = p_1$，则曲线 ABC 也是液压缸的压力-流量特性曲线。可见这种回路不具有正常的调速性能，无法实现调速和稳速。

当回路串联调速阀且液压泵的出口压力 p_p 大于曲线 ABC 拐点处压力 p_B（例如 $p_p = p_{p1}$）时，回路才具有调速和稳速的性能。此时，改变调速阀中节流阀的通流面积 A_T 的大小，就可以调节液压缸的运动速度 v。例如若 A_T 减小到某一值，则导致液压泵出口压力 p_p 的增大，从而使液压泵的流量 q_p 自动减小。由于调速阀中定差减压阀的自动调节作用，节流阀前后的压差保持不变，从而使液压泵的流量能稳定在较小的数值上。反之，若 A_T 增大到某一值，则 q_p 也相应增加。由于回路中没有溢流损失，液压泵的流量 q_p 全部通过调速阀进入液压缸，即 $q_p = q_1$，做到了流量适应，因此，改变 A_T 就可以调节 v 了。当 A_T 一定时，若负载有变化，例如负载增加，瞬间使 p_p 增大，液压泵的泄漏量增加，则通过节流阀的流量瞬间减小，使节流阀前后的压差减小，定差减压阀的开口增大，则使 p_p 减小，故 q_p 增大，直到节流阀前后压差回到原来数值，此时的 q_p 也回到原来的数值，而限压式变量泵的偏心距却处在一个新的较大数值的位置上。反之，若负载减小，其调节过程与上述相反，最后使 q_p 也保持不变。可见，这种回路具有调速、稳速和流量适应的特性。

2. 回路的效率

上述的调速回路在工作中没有溢流损失，但仍有节流损失，其大小与液压缸的工作压力 p_1 有关。当工作中流量为 q_1、液压泵的出口压力为 p_{p1} 时，为了保证调速阀正常工作所需的压差 Δp_1，液压缸的工作压力 p_1 最大值应该是 $p_{1max} = p_{p1} - \Delta p_1$；当 $p_1 = p_{1max}$ 时，节流损失为最小（图 4-16 中阴影面积 S_1）；若 p_1 越小，则节流损失越大（图中阴影面积 S_2）。若不考虑液压泵出口至液压缸入口这段的流量损失，则调速回路的效率为

$$\eta_c = \frac{p_1 q_1}{p_p q_p} = \frac{p_1}{p_p} \tag{4-44}$$

由式（4-44）可以看出，这种回路用在负载变化大且大部分时间处于低负载的工作场合显然是不合适的，因为这时液压泵的出口压力 p_p 高，而液压缸的工作压力 p_1 低，节流损失能量大，因此回路效率 η_c 低。液压泵出口的压力应满足下式

$$p_p \geqslant p_{1max} + \Delta p_1 + \Delta p_1 \tag{4-45}$$

式中　p_{1max}——液压缸的最大工作压力；

　　　Δp_1——管路的压力损失；

　　　Δp_1——调速阀正常工作所需要的压差。

当然，p_p 不能调得过高，否则回路效率低。

二、差压式变量泵和节流阀的调速回路

1. 回路的工作原理及特性

图 4-17 所示为差压式变量泵-节流阀调速回路。该回路采用了带有先导滑阀控制的差压式变量叶片泵，在液压缸的进油路上串联一节流阀。液压泵的变量机构是由双边滑阀-差动活塞和节流阀前后压差反馈构成的一个闭环系统。由图可见，在某一稳定工况下，当节流阀 3 处在某一开度时，变量泵有一稳定流量。由双边控制滑阀 5 的力平衡方程式可知

$$p_p A_0 = p_1 A_0 + F_s$$

则
$$p_p - p_1 = \frac{F_s}{A_0} = \Delta p \approx 常数 \tag{4-46}$$

式中　p_p——液压泵出口、节流阀入口压力；

　　　p_1——节流阀出口即液压缸工作腔压力；

　　　Δp——节流阀压差；

　　　A_0——双边控制滑阀端面有效作用面积；

　　　F_s——双边控制滑阀右端弹簧力。

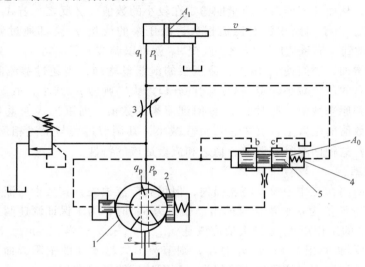

图 4-17　差压式变量泵-节流阀调速回路
1—变量泵　2—变量活塞　3—节流阀　4—弹簧　5—双边控制滑阀

在某一稳定工况下，通过节流阀 3 的流量即进入液压缸的流量
$$q_1 = K A_T \Delta p^m \tag{4-47}$$

式中　A_T——节流阀通流面积；

　　　K——液阻系数，视为常数；

　　　m——节流阀指数，视为常数。

则液压缸速度
$$v = \frac{q_1}{A_1} = \frac{K}{A_1} A_T \Delta p^m \tag{4-48}$$

当增大节流阀通流面积 A_T 时，此瞬间液压泵的流量 q_1 未变，则由式（4-47）可知，Δp 减小，因而双边控制滑阀 5 失去平衡而向左移动，节流口 b 开大，而 c 关小，导致变量活塞 2 的大面积腔压力升高，从而推动定子向左移动，使液压泵的偏心距增大，因此液压泵的流量即液压缸的速度 v 增大。与此同时，节流阀压差 Δp 也增大，该压差反馈给双边控制滑阀，使其向右移动，直到恢复到原来的平衡状态，Δp 也恢复为原来的数值，而液压泵却处在一个流量较大的新的平衡状态。反之，若节流阀通流面积减小，则调节过程与上述相反，使液压泵的流量即液压缸速度减小。由上可见，改变节流阀通流面积的大小，即可实现液压缸的无级调速，其调节特性如图 4-18a 所示。

这种回路具有良好的稳速特性，比如当负载增加时，液压泵的输出压力 p_p 也增加，液压泵的泄漏也增加，则输出的流量减少，因此节流阀 3 前后的压差减小，使双边控制滑阀失去了平衡而向左移动，节流口 b 开大，而 c 关小，最后导致定子左移，液压泵的排量增大。这就补偿了液压泵的泄漏，并使液压泵输出的流量回升，因而使节流阀前后压差也回升，直到双边控制滑阀右移到原来的平衡位置为止，此时通过节流阀的流量回到了原来数值，而液压泵却处在一个新的平衡状态。当负载减小时，调节过程则与上述相反。这就是说，液压缸的工作速度不会因负载的变化而变化。该回路的负载特性如图 4-18b 所示。

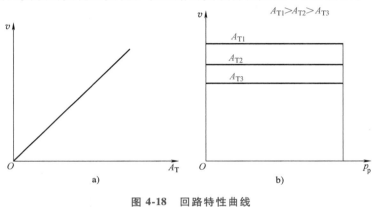

图 4-18 回路特性曲线

2. 回路效率

由以上分析可以看出，液压泵输出的流量始终与负载流量相适应，而液压泵的工作压力 p_p 始终比液压缸进口压力 p_1 大一恒定值 F_s/A_0，可见此回路效率为

$$\eta_c = \frac{p_1 q_1}{p_p q_p} = \frac{p_1}{p_p} = \frac{p_1}{p_1 + \dfrac{F_s}{A_0}} \qquad (4-49)$$

显然，这是一种效率高、速度刚性好的调速回路。

三、负载敏感泵和节流阀的调速回路

1. 负载敏感泵自动调节原理

负载敏感泵控制系统原理图如图 4-19 所示，p_L 为负载所需的压力，p_S 为泵的出口压力，也是节流阀 5 的进口压力，节流阀 5 的进、出口分别与负载敏感阀 1 的左、右腔相通。

当节流阀 5 的通径足够大且阀口全开时，节流阀前后压力基本相等，此时负载敏感阀 1 的左、右腔压力也基本相等，负载敏感阀在其右腔的弹簧力的作用下处于初始位置，泵的变量缸 3 的无杆腔与回油口 L 相通，变量缸 3 在有杆腔弹簧作用下，使泵的斜盘倾角最大，泵输出最大排量。

当节流阀 5 的开口减小时，表明负载需求流量减少，此时泵输出的流量大于负载所需要的流量，则节流阀 5 的进出口压差 $\Delta p = p_S - p_L$ 增大，推动负载敏感阀 1 的阀芯向右移动，使泵的出口油液通过负载敏感阀 1 左位进入变量缸 3 的无杆腔，推动泵的变量斜盘倾角减小，泵的输出流量较少，直到达到负载所需求的流量为止。反之，当节流阀 5 的开口增大，泵输出的流量小于负载所需要的流量，则节流阀5的进出口压差 $\Delta p = p_S - p_L$ 减小，推动负载敏感阀1的阀芯向左移动，变量缸3的无杆腔经负载敏感阀1右位与回油口 L 相通，泵的变量斜盘倾角增大，输出流量增大，直到达到负载所需求的流量为止。

当负载保压时，$p_S = p_L$，负载敏感阀1在右腔弹簧作用下处于右位，p_S 推动恒压阀2的阀芯向右移动，泵出口油液通过恒压阀2左位进入变量缸3的无杆腔，使泵的输出流量减小到仅能维持系统的压力，斜盘倾角接近零偏角，泵的功耗最小。

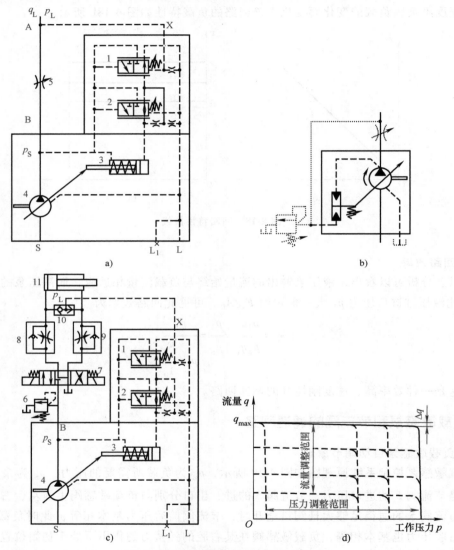

图 4-19 负载敏感泵控制系统原理图

a）负载敏感泵控制原理 b）负载敏感泵符号 c）负载敏感泵和节流阀的调速回路 d）负载敏感泵性能曲线

1—负载敏感阀 2—恒压阀 3—变量缸 4—泵 5—节流阀 6—溢流阀

7—换向阀 8、9—单向节流阀 10—梭阀 11—液压缸

当节流阀5关死，即负载停止工作时，泵的出口压力仅需为负载敏感阀1弹簧设置压力，一般只有1.4MPa左右，流量接近为零。

可见负载敏感泵有三种状态，即一般工作状态、保压工作状态和空转状态。一般工作状态和空转状态由负载敏感阀应负载需求使泵满足负载需要，保压工作状态由恒压阀感应负载需求使泵满足负载需要。负载敏感泵性能曲线中的压力调整范围可通过调整恒压阀 2 的弹簧进行调整，流量调整范围可通过调整负载敏感阀 1 的弹簧或节流阀 5 的开口量进行调整。

以上分析说明：

1) 负载敏感泵的输出压力和流量完全根据负载的要求变化。

2) 保压时，泵的输出压力仅维持系统的压力。

3) 空运转时，泵在低压、零偏角下运转。

2. 回路效率

由以上分析可见，负载敏感泵和节流阀组成的调速回路中泵的输出流量始终与负载流量相适应，泵的工作压力 p_s 始终比液压缸的进口压力大一个恒定值，显然，这是一种效率高、调速刚性好的调速回路，目前应用较为广泛。

第五节　容积调速回路的动态特性

本节以变量泵-定量马达容积调速为例，用古典控制理论对其动态特性进行分析，以此简要地介绍液压传动系统中回路动态分析的一般方法。

一、回路动态方程及传递函数的建立

图 4-20 所示为变量泵-定量马达容积调速回路的简化原理图。当改变液压泵的调节参数 x_p 来改变其输出流量，或液压马达的负载转矩发生变化时，由于油液和机构的惯性、油液的可压缩性及回路存在阻尼等都会使回路内各处的压力和流量产生瞬时变化，从而使液压马达输出的转速具有动态性质。为便于进行理论分析，突出影响动态特性的主要因素，使问题得以简化，这里做如下几点考虑：

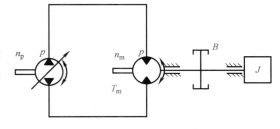

图 4-20　变量泵-定量马达容积调速
回路的简化原理图

1) 液压泵的吸油口和液压马达的排油口的压力等于零。

2) 液压泵与液压马达之间的连接管路短，不考虑其压力损失。

3) 液压泵和液压马达的泄漏油液的流态为层流。

4) 不考虑液压泵供油的脉动性。

5) 采用在给定平衡点取小增量线性化的分析方法。

1. 流量连续性方程

$$V_{pmax} n_p x_p = V_m n_m + \lambda p + \frac{V_0}{K} \frac{dp}{dt} \tag{4-50}$$

式中　V_{pmax}——变量泵的最大排量；

n_p、n_m——变量泵、液压马达的转速；

V_m——液压马达排量；

λ——回路总泄漏系数；

p——回路高压侧的压力；

V_0——回路高压侧的总容积（包括液压泵、液压马达和管路）；

K——油液的有效体积弹性模量。

2. 液压马达和负载的转矩平衡方程

$$pV_m = J\frac{dn_m}{dt} + Bn_m + T \tag{4-51}$$

式中　J——液压马达轴上的等效转动惯量；

B——黏性阻尼系数；

T——外负载转矩。

将式（4-50）与式（4-51）进行小增量线性化，并经拉氏变换得

$$V_{pmax}n_p\Delta x_p = V_m\Delta n_m + \lambda\Delta p + \frac{V_0}{K}s\Delta p$$

$$\Delta pV_m = Js\Delta n_m + B\Delta n_m + \Delta T$$

联立解上两式，消去中间变量 Δp 得

$$\Delta n_m = \cfrac{\dfrac{V_{pmax}n_p}{V_m}\Delta x_p - \dfrac{\lambda}{V_m^2}\left(1+\dfrac{V_0}{\lambda K}s\right)\Delta T}{\dfrac{JV_0}{KV_m^2}s^2 + \left(\dfrac{V_0 B}{KV_m^2}+\dfrac{J\lambda}{V_m^2}\right)s + \left(1+\dfrac{B\lambda}{V_m^2}\right)} \tag{4-52}$$

通常 $\dfrac{B\lambda}{V_m^2}\ll 1$，故式（4-52）可以简化为

$$\Delta n_m = \cfrac{\dfrac{V_{pmax}n_p}{V_m}\Delta x_p - \dfrac{\lambda}{V_m^2}\left(1+\dfrac{V_0}{\lambda K}s\right)\Delta T}{\dfrac{s^2}{\omega_h^2}+\dfrac{2\zeta}{\omega_h}s+1} \tag{4-53}$$

其中，ω_h 和 ζ 分别代表液压回路的固有频率和阻尼比，其表达式分别为

$$\omega_h = \sqrt{\frac{KV_m^2}{V_0 J}} \tag{4-54}$$

$$\zeta = \frac{\lambda}{2V_m}\sqrt{\frac{KJ}{V_0}} + \frac{B}{2V_m}\sqrt{\frac{V_0}{KJ}} \tag{4-55}$$

当负载转矩恒定不变，即 $\Delta T = 0$ 时，可得出回路的调节传递函数，即以调节参数 Δx_p 为输入，以转速 Δn_m 为输出的回路传递函数

$$W_1(s) = \frac{\Delta n_m}{\Delta x_p} = \cfrac{\dfrac{V_{pmax}n_p}{V_m}}{\dfrac{s^2}{\omega_h^2}+\dfrac{2\zeta}{\omega_h}s+1}$$

$$= \dfrac{K_v}{\dfrac{s^2}{\omega_h^2} + \dfrac{2\zeta}{\omega_h}s + 1} \tag{4-56}$$

式中　K_v——速度放大系数，其表达式为

$$K_v = \dfrac{V_{pmax}n_p}{V_m} \tag{4-57}$$

当液压泵的调节参数 x_p 不变，即 $\Delta x_p = 0$ 时，可得出回路的干扰传递函数，即以干扰 ΔT 为输入、以转速 Δn_m 为输出的回路传递函数

$$W_2(s) = \dfrac{\Delta n_m}{\Delta T} = \dfrac{-\dfrac{\lambda}{V_m^2}\left(1 + \dfrac{V_0}{\lambda K}s\right)}{\dfrac{s^2}{\omega_h^2} + \dfrac{2\zeta}{\omega_h}s + 1} \tag{4-58}$$

式（4-58）称为回路的动态速度柔度，其倒数称为动态速度刚性，即

$$-\dfrac{\Delta T}{\Delta n_m} = \dfrac{\dfrac{V_m^2}{\lambda}\left(\dfrac{s^2}{\omega_h^2} + \dfrac{2\zeta}{\omega_h}s + 1\right)}{1 + \dfrac{V_0}{\lambda K}s} \tag{4-59}$$

二、回路动态特性分析

1. 稳定性分析

由控制理论知道，对于二阶系统，其稳定性条件是系统的特征方程式的系数全部为正值。由式（4-53）可知，本系统的特征方程为

$$\dfrac{s^2}{\omega_h^2} + \dfrac{2\zeta}{\omega_h}s + 1 = 0$$

系统的稳定条件应该是

$$\omega_h > 0, \quad \zeta > 0$$

2. 回路的速度放大系数 K_v

该系数为液压马达的转速 n_m（输出量）随变量泵调节参数 x_p（输入量）变化的比例系数，表明变量泵对液压马达输出转速控制的灵敏度，K_v 值越大，则控制精度就越高。由式（4-57）可见，增大 V_{pmax}、n_p 和减小 V_m 均可使 K_v 增大。

3. 回路的固有频率

由式（4-54）可知，ω_h 与 J、KV_m^2/V_0 有关，实际上 KV_m^2/V_0 表示密闭在体积 V_0 内油液的刚性，令 $K_h = KV_m^2/V_0$，称它为液压弹簧刚性，因此，固有频率 ω_h 表示了惯性负载与液压弹簧刚性的相互作用，它是衡量回路动态特性的一个重要指标。J 越大则 ω_h 越低，因此，欲提高回路的频宽应尽量减小 J；提高 K_h 即减小 V_0（如减小液压泵与液压马达的连接管路的长度），增大 K（如尽量减小油液中混入的空气，避免用软管和长管等）都会使 ω_h 增大；

增大 V_m 一方面使 K_h 增大导致 ω_h 增高，但另一方面又会使 J 和 V_0 也增加，则反而使 ω_h 降低，因此要综合考虑。

4. 回路的阻尼比

由式（4-55）可以看出，回路的阻尼比由两项组成：第一项与泄漏系数 λ 有关，第二项与黏性阻尼系数 B 有关。显然，λ、B 大，则 ζ 就大，回路的阻尼作用增强有利于系统的稳定性，但耗能增加。

5. 回路的动态速度刚性

式（4-59）表示了回路的动态速度刚性。它是由一个比例环节、惯性环节和一个二阶微分环节组成的。令 $\lambda K/V_0 = \omega_1$，则该式可写成

$$-\frac{\Delta T}{\Delta n_m} = \frac{\dfrac{V_m^2}{\lambda}\left(\dfrac{s^2}{\omega_h^2}+\dfrac{2\zeta}{\omega_h}s+1\right)}{\dfrac{s}{\omega_1}+1} \tag{4-60}$$

式中"－"号表示随着 T 增加（减小），n_m 是减小（增大）的。由式（4-60）可作出幅频特性曲线，如图 4-21 所示。图中，曲线 1、2、3 分别为比例环节、惯性环节和二阶微分环节的特性曲线，曲线 4 为由上述三条曲线叠加而成的动态速度刚性特性曲线。从图中可见，在低频段 $0 \sim \omega_1$ 范围内，动态速度刚性基本保持不变，即 $|-\Delta T/\Delta n_m| \approx V_m^2/\lambda$；当 $\omega = 0$ 时，则 $|-\Delta T/\Delta n_m| = V_m^2/\lambda$，这即是稳态速度刚性，它是负载转矩的变化与转速变化的比值。为保持回路有较高的稳态速度刚性，增大 q_m、减小 λ 是有利的。在 $\omega_1 \sim \omega_h$

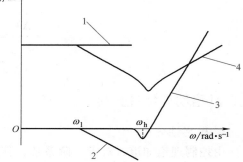

图 4-21　回路动态速度刚性特性曲线

的频率范围内 $|-\Delta T/\Delta n_m|$ 有所降低，直到 $\omega = \omega_h$ 时降到最低点，然后则随 ω 的增加而增大。这说明了在 $\omega > \omega_h$ 的高频段，负载运动的惯性起到了抵消外加扰动转矩的作用，它阻碍了液压马达转速的改变。

 课外阅读

采用容积调速的盾构机刀盘驱动液压系统

（1）功能与特点　盾构机是专用于地下隧道工程挖掘的装备，因其施工安全可靠、机械化程度高、工作环境好、进度快等优点，广泛用于隧道施工中，尤其是在地质条件复杂、地下水位高而隧道埋深较大时，只能依赖盾构机施工。

盾构机刀盘驱动系统是盾构设备的关键部件之一，是进行掘进作业的主要工作装置。盾构机刀盘工作转速不高，但由于刀盘直径较大，而且施工地质构造复杂，要求刀盘驱动系统具有功率大、输出转矩大、输出转速变化范围宽、抗冲击、刀盘双向旋转和遇到复杂地质情况的脱困功能，同时在满足使用要求的条件下，具有减小装机功率、节能降耗等工作特点，

还必须具有高可靠性和良好的操作性。

中小型盾构机刀盘驱动液压系统采用了变量泵-变量马达闭式容积调速回路，系统主液压泵采用两台斜盘式双向比例变量柱塞泵，主泵同时集成了补油泵、闭式回路控制和主泵变量控制回路。刀盘驱动液压系统的马达选用轴向柱塞变量马达，变量马达通过变速箱及小齿轮驱动主轴承大齿轮，进而带动刀盘产生旋转切削运动。驱动装置可实现双向旋转，转速在 $0\sim9.8\mathrm{r/min}$ 范围内无级可调，还可实现刀盘脱困功能。

（2）工作原理

1）刀盘转速控制和旋转方向控制。主泵 1 的变量形式为电液比例变量，如图 4-22 所示，泵的输出流量可以根据输入比例电磁阀的电信号的大小实现无级可调，从而满足刀盘旋转速度的变化要求。刀盘正向旋转时，比例电磁铁 1YA 得电，比例换向阀左位工作，液压泵正向输出油液。当比例电磁铁 1YA 电流增加时，主泵输出流量增加。比例电磁铁 1YA、2YA 都不得电时，泵不输出流量，马达停止转动。为了克服盾构机在掘进过程中的滚转现象，保持盾构机的正确姿态，必须通过刀盘反向旋转来调整，马达反转时，比例电磁铁 2YA 得电，液压泵反向输出流量，并且随着输入电流的增加，流量也会增大，因此通过控制比例电磁铁通电状态可以实现刀盘的双向旋转，控制比例电磁铁输入电流的大小，实现刀盘转速的调节。

2）刀盘的脱困和系统的安全控制。主泵变量机构加入了二级压力切断装置，当主泵的任何一个出口压力超过调定值时，变量机构使泵的排量接近于零，输出的流量只补充泵的泄漏，实现泵的流量卸荷，这种方式不存在溢流阀能量损失，系统效率高。主泵还集成有补油泵 2 和闭式控制回路，通过集成使系统结构简单，减少了管路、降低了泄漏，便于维护和使用。补油泵有三个作用，即为闭式回路补油、强制冷却和控制主泵变量机构。

刀盘驱动液压系统变量机构的控制油分别通过单向阀 5、6 引至两个泵的油口和补油泵，使控制油始终接有压力和流量，当泵处于正、反向转换时，泵处于零排量工况，没有压力油输出，此时控制油来自补油泵，补油泵控制压力由顺序阀 3 调定，外控顺序阀 3 由于主油路没有压力而关闭，利用补油泵的压力驱动变量机构，保证主泵换向。

系统中采用两个先导溢流阀 8、9 实现缓冲，当马达制动时，由于惯性会产生前冲，此时泵已经停止供油，在马达排油管路会产生瞬时高压，使液压系统产生很大的冲击和振动，严重时还会造成损坏，因此在回路设置溢流阀，若系统超压，溢流阀打开，回油至马达进油管路，从而减缓管路中的压力冲击，实现马达制动。

3）刀盘的两级速度控制。盾构机掘进时，要求满足软、硬岩石不同的地质工况，在软土层中掘进时，由于地层自稳性能极差，要求刀盘转速低，应控制在 $1.5\mathrm{r/min}$ 左右，此时要求刀盘输出转矩大；硬岩挖掘时，刀盘转速高，转矩小。为了满足上述要求，盾构机在软土掘进时，需增大马达排量、降低马达转速，硬岩挖掘时，则应降低排量。刀盘驱动液压系统的执行元件为用于闭式回路的斜盘式双向压力控制比例变量柱塞马达 20，马达变量为外控式。马达可以通过变量机构实现无级调速，通过系统中的比例三通减压阀 19 输入液控压力信号，控制马达排量无级变化，马达的排量随着控制压力的增加而减小。系统中设有单独的辅助泵来控制马达变量机构，并用于冷却马达壳体。

（3）技术特点

1）液压系统采用变量泵-变量马达容积调速回路，通过改变液压泵和液压马达的排量来

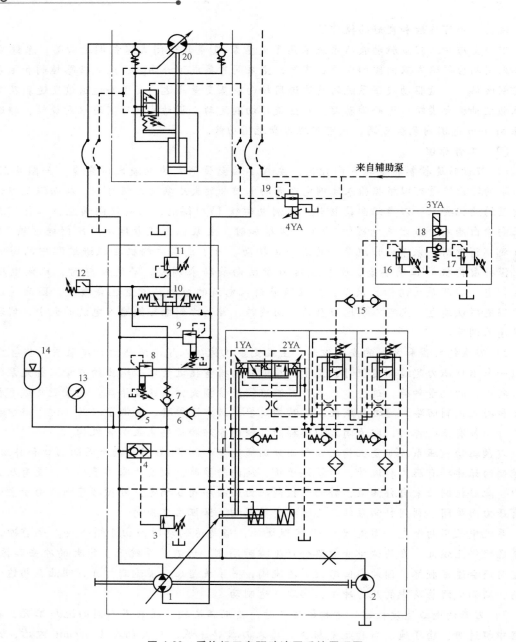

图 4-22　盾构机刀盘驱动液压系统原理图

1—主泵　2—补油泵　3—顺序阀　4、15—梭阀　5、6—单向阀　7—单向阀　8、9—先导溢流阀　10—液动换向阀
11、16、17—溢流阀　12—压力继电器　13—压力表　14—蓄能器　18—球阀
19—比例三通减压阀　20—液压马达

调节执行元件的运动速度，系统的调速范围宽。

2）液压系统的主泵采用了比例变量控制，可以实现输出流量根据输入电信号的大小而改变，从而满足液压马达输出转矩连续调节的要求。

3）调节比例变量马达的排量可以实现软土挖掘工况的低速大扭矩和硬岩工况的高速小

扭矩运行。

4）回路中液压泵输出的流量与负载流量相适应，没有溢流损失和节流损失，回路的效率高、发热少，既满足盾构机施工要求又使系统的功率利用率达到最大。

大国重器——中国盾构机的逆袭史

1958 年，在被称为修路禁区的我国西南山区，铁道兵开始修建从成都通往昆明的铁路，这是我国第一次使用机械化施工，比西方落后了近 90 年。然而很长一段时间，受制于国际上对我国高新技术的封锁和禁运，直到 20 世纪 70 年代，我国铁道建设机械化应用水平依然没有得到大规模的提升。铁路施工时，如果遇到山洞，情况就会更加复杂，在当时的条件下，炸药崩山加人工钻探是开凿隧道最核心的施工方式。而在那些不能使用炸药的地方，人工开挖就成为隧道乃至涵洞建设唯一可行的方式。而在国外，开挖隧道和在都市里建地铁都有相应的成熟技术，那就是盾构机。

1970 年，日本铁道建设公司在京叶线隧道工程中采用了直径为 7.29m 的泥水盾构机进行施工，施工长度为 1712m，成为当时直径最大的泥水盾构机施工案例。当时，盾构机依然被列在向我国禁运的目录上。20 世纪 90 年代，向我国出口盾构机还是需要经过层层批准之后才能进行的商业交易，盾构机市场被德国、日本和美国这三个国家的公司垄断。为了修建秦岭铁路，我国进口了两台盾构机，单价均超过 3 亿美元，加上服务费和后续的安装维修费用，这两台来自德国的 TBM 盾构机，中铁集团共支付了 7 亿美元。

实际上，我国有史可查第 1 台盾构机的使用能追寻到 1963 年，但那个时候乃至之后很长一段时间，盾构机在我国都是作为技术验证机的方式存在。到了 1989 年，我国首次用盾构机进行了地铁施工，这是将盾构机应用到实际工程领域的一次有益尝试。

1994 年，我国提出构建浦东新区，上海要挖跨越黄浦江的地铁隧道。为了保证施工安全、提升施工的速度，上海从日本引进了直径为 11.22m 的泥水平衡盾构机。土木工程专业毕业的周文波当时勇挑重担，根据日本专家提出的各种要求，圆满地完成了盾构机设计之前需要的测绘和勘察工作。然而，日本专家操作盾构机在推进一段距离之后，就不得不停下了。原因是根据日本的操作规范，这种类型的盾构施工覆土必须大于 10m，但黄浦江里最小的覆土只有 7m，日本工程师觉得束手无策，而且不接受中国工程师相应的建议，甚至不允许中国工人接近盾构机的驾驶室和控制中枢。工程每停一天，都会给国家造成一百多万元的损失，这让很多人着急上火，周文波也是其中一位。为解决此问题，周文波向指挥部立下军令状，中方也再三向日本公司提供免责证明，中国技术攻关小组获得了前往解决问题的机会，问题最终被周文波带领的团队解决。但外国厂商对中国工程师的歧视乃至限制，实际上当时很多从事相关业务的中国工程师感触颇深。

1997 年 7 月，为了打通西康铁路的卡脖子工程——秦岭隧道，铁道部向德国维尔特公司定制的 TBM 盾构机运抵施工现场。然而在施工过程中问题频出，而且德国公司并不信任到场的中国工程师，连换刀头这样的小动作都严禁中国工人接近，还要在周围拉出封锁线。让谭顺辉感触颇深的是，作为国家选中服务这两台盾构机的第一批技术员，国家不惜花重金将他们送到德国学习了半年，但回国后德方却不让他们接触这台盾构机的核心技术。德方工程师曾在私下场合傲慢地表示，再给中国工程师 100 年的时间他们也无法操作盾构机。这几乎成为当时所有铁路建设工程师心中最大的耻辱。

然而，由于错误估计了秦岭山石的特性，盾构机刀盘上使用的大推力滚刀刀圈经常损坏。一开始德国公司还以工程进度过快为由强词夺理，但在中方指挥部列出的详实数据面前，他们最终答应由中方指挥部组织工程师攻关，找到解决办法。

铁道部认为这是一个了解盾构机并产生配套技术的好机会，于是组织隧道工程局、中铁十八局、中铁一院以及有关科研单位和院校，共同努力展开相应科研工作。最终针对这个问题，联合攻关小组找到了解决方案，生产了有我国自主知识产权的盾构机刀头，并改变了切削刃的截面形态。后期现场施工实验可以看出，在磨准率和使用寿命方面，我国研制的产品都超过德国公司的原配产品，而且价格只是德国公司产品价格的1/3。因为刀头是损耗品，仅刀头国产化一件事就为整个项目施工节省了近3000万美元的外汇。

在秦岭隧道施工过程中，中方技术人员通过逐步了解德国 TBM 盾构机的使用和维护等关键技术，初步锻炼了国内对盾构机研发力量的组织，点燃了我国企业研发、制造、应用隧道盾构机的熊熊烈火。正是受益于对于秦岭隧道的施工，中铁隧道局逐渐掌握了盾构施工技术的相应核心要素，从 2000 年开始进入地铁盾构工程领域。

当时，很多专家纷纷向国家建议，由于交通运输进入高速发展期，盾构机的使用将异常频繁，而这项核心技术已经与国家发展安全紧密相关，不能长期受制于人。

2001 年年底，盾构机研发被列入 863 计划。第二年 10 月，由 18 人组成的中铁隧道集团盾构机研发项目小组，成为中国盾构机研究的冲锋小队。研究小组中，大部分都还是毕业不久的大学生，有人甚至连盾构机是什么都不知道。刚刚毕业的王杜娟就是其中之一。谁都未曾想到的是，就是这个看似文弱的女生，后来居然成了中国盾构机的一流"老专家"。

盾构机是一个十分复杂的系统，被誉为世界工程机械化之王，其零件多达 2 万个，单单一个控制系统就有 2000 多个控制点，相应的控制程序代码超过 40 万行。

2003 年，水利部利用辽宁省大伙房输水渠道施工急需采购三台盾构机的机遇，落地合资模式招标采购，美国罗宾斯公司中标两台，与大连重工合作生产；德国维尔特中标一台，与北方重工合作生产。这成为中国研发盾构机仅有的两个窗口，可以通过合作生产的过程，了解盾构机所有的生产工艺和技术落地实施过程。

为了中国第一台盾构机生产的最终实现，经过国家协调，中铁隧道局 18 人组成的研发小组整体进入辽宁大伙房盾构机项目，王杜娟当时担任整个联合制造项目国内制造互补的结构设计负责人。而根据与美国公司的协议，中方部分负责皮带机、拖车、喷浆机械手等 11 个大项目的建设和安装，需要对美国公司提供的 3500 多张技术图纸进行消化转换。

当时整个团队十分珍惜这一次对国际先进水平盾构机彻底解剖和学习的机会，他们放弃一切节假日休息的机会，白天消化图纸和技术，晚上翻译资料信息。在此过程中，凭借着过硬的专业基础和一丝不苟的态度，王杜娟还在这些图纸中发现了 527 处设计错误。经过三个月的奋战，技术团队不仅完成了图纸的消化转换工作，而且还对总量 950t 共计 278 种不同规格的材料进行了分析，筛选出几十种不常用的材料连接件和大型加工件，在进行充分市场调查的基础上，及时将调查信息反馈给材料供应商和加工车间，最终保证了项目的如期完工。

天道酬勤，经过 6 年不懈的努力，2008 年 4 月，王杜娟和她的同事们终于成功研制出中国第一台拥有大部分自主知识产权的复合式土压平衡盾构机，其整机性能达到国际先进水平，填补了中国在这一领域的空白。这台样机随后便被应用到天津地铁的项目，业主起初以为它是一台进口盾构机，并将这台机器用在施工难度最大的标段，地表以上是张学良故居、瓷房子等历史文化街区。施工验收时发现在各个标段中这个标段的工程成绩最优，不但掘进速度快，而且地表沉降控制在 3mm 以内。这台有重大贡献的盾构机也被命名为中国中铁1号。

2010年，南京纬三路过江隧道的修建，需要使用大直径盾构机，而我国并不能生产，当时外商报价一台需要 7 亿元，最后指挥部决定自己研发。

2012年，"天和一号"横空出世，打破了国外在大直径盾构机领域的垄断。

2013年，国内企业自主研发了首台国产盾构主驱动减速机；盾构机的心脏——主机轴承 2018 年之前全部依赖进口，而今天国产的主轴承已经装在了盾构机上，并且可以连续工作 1300h，工艺丝毫不逊色于国外的产品。

2015年，中铁装备研制的硬岩掘进机走在了世界前列。2020年问世的"京华号"，是我国企业第一次成功制造了 16m 级超大直径盾构机。同年，中铁装备谭顺辉带领团队不断突破，成功研发了世界首台马蹄形盾构机，并将其成功应用于城市地铁建设，一次成型的隧道开挖打造了中铁装备最具竞争力的盾构机产品。

2017年，国产盾构机销量终于拿下世界第一，而实现这个目标，中国企业只用了 15 年的时间。之后，中铁装备更是不断研制出了超大断面矩形盾构机、世界首台联络通道专用盾构机等先进产品，而且不仅在国内销售，还远销海外。

如今国产盾构机已经占据国内 90% 以上的市场份额，并且出口到世界 21 个国家和地区，占据了三分之二的国际市场，成为当之无愧的世界第一。正是由于我国可以定制盾构机的截面，日本奥组委才跨过日本盾构机相应公司向中方递交订单，从中国进口一次成型的地铁盾构机，可以降低日本东京奥运会的筹办成本。此外，1997 年秦岭隧道项目所进口的盾构机的制造商——德国维尔特公司，最终于 2014 年被中铁装备收购。

国产盾构机的发展史也被认为是我国现代科技发展逆袭的一个代表。这是中国全产业链的工业加工能力缔造的奇迹，更是中国不屈民族精神的体现。

习题

4-1 在变量泵-定量马达回路中，已知如下参数：变量泵的最大排量 $V_{pmax} = 164 \times 10^{-6} \, m^3/r$；变量泵的转速 $n_p = 1500r/min$；变量泵的泄漏系数 $\lambda_p = 0.9 \times 10^{-11} \, m^3/(Pa \cdot s)$；变量泵的机械效率 $\eta_{pm} = 0.85$；液压马达的排量 $V_m = 65 \times 10^{-6} \, m^3/r$；液压马达的泄漏系数 $\lambda_m = 0.9 \times 10^{-11} \, m^3/(Pa \cdot s)$；液压马达的机械效率 $\eta_{mm} = 0.85$；液压马达驱动一个纯惯性负载，转动惯量 $J = 1 kg \cdot m^2$；假定液压泵的吸油口压力和液压马达排油口压力等于零，不计管路的压力、容积损失。试求：

(1) 当变量泵的调节参数 $x_p = 0.6$，液压马达的转速 $n_m = 1980r/min$ 时，液压马达的角加速度。

(2) 在上述工况下，驱动变量泵电动机的输出功率。

4-2 在变量泵-定量马达回路中，已知如下参数：变量泵的最大排量 $V_{pmax} = 115 \times 10^{-6} \, m^3/r$；变量泵的转速 $n_p = 1000r/min$；变量泵的机械效率 $\eta_{pm} = 0.9$；变量泵的总效率 $\eta_p = 0.84$；定量马达的排量 $V_m = 148 \times 10^{-6} \, m^3/r$；定量马达的机械效率 $\eta_{mm} = 0.9$；定量马达的总效率 $\eta_m = 0.84$；回路最大允许压力 $p_r = 83 \times 10^5 \, Pa$。不计管路的压力、容积损失。试求：

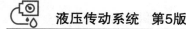

（1）定量马达的最大转速及在该转速下的输出功率。

（2）变量泵的输入转矩。

（3）变量泵和定量马达的泄漏系数。

4-3 在变量泵-定量马达回路中，已知如下参数：变量泵最大输出流量 $q_{pmax} = 0.6 \times 10^{-3} \, \mathrm{m^3/s}$，变量泵的转速 $n_p = 960 \mathrm{r/min}$，电动机输入变量泵的功率 $P_p = 3.75 \mathrm{kW}$，变量泵的总效率 $\eta_p = 0.84$，变量泵的机械效率 $\eta_{pm} = 0.9$，定量马达的机械效率 $\eta_{mm} = 0.9$，定量马达的总效率 $\eta_m = 0.84$，定量马达的排量 $V_m = 33 \times 10^{-6} \, \mathrm{m^3/r}$。不计管路压力、容积损失。试求：

（1）变量泵的最大供油压力。

（2）定量马达的最大转速及在该转速时的转矩。

（3）变量泵的最大排量。

（4）变量泵和定量马达的泄漏系数。

4-4 在图 4-7 所示的变量泵-变量马达回路中，已知如下参数：高压侧管路压力损失是变量泵输出压力的 10%；变量泵和变量马达的最大排量都是 $50 \times 10^{-6} \, \mathrm{m^3/r}$，假定两者的效率都是 100%；变量泵的转速 $n_p = 1000 \mathrm{r/min}$，变量泵驱动一个恒转矩负载 $T = 28 \mathrm{N \cdot m}$，溢流阀 6 的调整压力为 5bar。在运行中是这样调速的：首先使液压马达的调节参数 $x_m = 1$，然后调节液压泵从 $x_p = 0$ 向 $x_p = 1$ 方向变化，一直使 $x_p = 1$，最后再调节液压马达使 x_m 由最大往小调节。试求：

（1）液压马达转速 $n_m = 2500 \mathrm{r/min}$ 时，它的调节参数 x_m。

（2）液压马达的转速 n_m 不大于 5000r/min 时，安全阀 5 或 7 的调整压力。

（3）液压泵的调节参数 $x_p = 0.5$，溢流阀 5 或 7 的调整压力 $p_p = 160 \times 10^5 \mathrm{Pa}$，液压马达的转速 $n_m = 5000 \mathrm{r/min}$ 时，液压马达的输出转矩。

4-5 在变量泵-定量马达回路中，已知如下参数：变量泵的最大排量 $V_{pmax} = 84 \times 10^{-6} \, \mathrm{m^3/r}$，变量泵的转速 $n_p = 1500 \mathrm{r/min}$；定量马达的输出转矩为 15N·m，输出功率为 3kW；此时变量泵的泄漏量 $\Delta q_p = 122 \times 10^{-6} \, \mathrm{m^3/s}$，定量马达的排量 $V_m = 50 \times 10^{-6} \, \mathrm{m^3/r}$，定量马达的机械效率 $\eta_{mm} = 0.8$；变量泵的总效率、泄漏系数与定量马达的对应相等（$\eta_p = \eta_m$，$\lambda_p = \lambda_m$）；管路压力损失为变量泵输出压力的 20%。不计管路容积损失。假定液压泵（马达）进口（出口）压力为零，试求：

（1）液压泵和液压马达的容积效率。

（2）输入液压马达的流量。

（3）变量泵的调节参数。

（4）输入变量泵的转矩和功率。

4-6 在图 4-20 所示的变量泵-定量马达回路中，已知：回路的固有频率 $\omega_h = 30 \mathrm{Hz}$，液压马达的排量 $V_m = 80 \times 10^{-6} \, \mathrm{m^3/r}$，变量泵与液压马达高压侧的封闭总容积 $V_0 = 300 \times 10^{-6} \, \mathrm{m^3}$，油液的等效体积弹性模量 $K = 7000 \times 10^5 \mathrm{Pa}$，且不计摩擦及泄漏。求以变量泵的流量为输入、液压马达转速为输出的回路传递函数及液压马达所能驱动的最大惯性负载的转动惯量。

4-7 在图 4-20 所示的变量泵-定量马达回路中，已知：液压马达轴上的等效转动惯量 $J = 2.5 \mathrm{kg \cdot m^2}$，回路高压侧油液总容积 $V_0 = 2 \times 10^{-3} \, \mathrm{m^3}$，回路总泄漏系数 $\lambda = 1.0 \times 10^{-11} \, \mathrm{m^3/(s \cdot Pa)}$，油液的等效体积弹性模量 $K = 7000 \times 10^5 \mathrm{Pa}$，液压马达的排量 $V_m = 60 \times 10^{-6} \, \mathrm{m^3/r}$，液压马达的机械效率 $\eta_{mm} = 0.9$，不考虑液压泵与液压马达之间的压力损失，求回路的固有频率 ω_h 和阻尼比 ζ。

第五章

蓄能器回路分析

蓄能器是储存液体压力能的能量储存装置。这里将带有这种装置的液压回路称为蓄能器回路。按蓄能器在回路中所起的作用不同，蓄能器回路可分为：蓄能用蓄能器回路、吸收脉动的蓄能器回路和吸收液压冲击的蓄能器回路。本章首先简要地介绍这些蓄能器回路的典型应用，然后对其工作特性进行理论分析。

第一节 蓄能用蓄能器回路

一、蓄能用蓄能器回路分析

1. 蓄能器作为辅助动力源的回路

对于间歇运转的液压机械，当执行元件间歇或低速运动时，蓄能器把液压泵所输出的液压油储存起来，而在工作循环的某段时间，当执行元件需要高速运动时，蓄能器作为液压泵的辅助动力源，可与液压泵同时供出液压油。这样，选用流量较小的液压泵与蓄能器配合就可以使执行元件获得快速运动。

图5-1所示为蓄能器作为辅助动力源的一种蓄能回路，其工作原理如下：当换向阀4处于中位时，液压缸停止不动，液压泵1向蓄能器3充液，这时蓄能器储存能量。当蓄能器压力升高到某一调定值时，卸荷溢流阀2打开，使液压泵1输出的油液经该阀流回油箱，此时该阀中的单向阀将液压泵与蓄能器隔开，液压泵处于卸载状态。当换向阀4的左位或右位接入回路时，液压泵1和蓄能器3同时向液压缸供油，使其快速运动。显然，卸荷溢流阀2调定的压力应高于系统的最高工作压力，以保证工作行程期间液压泵1的流量全部进入系统。

图5-2所示为卸荷溢流阀的结构原理。它与一般先导式溢流阀的主要不同之处，在于其锥阀4除了要受弹簧3和油腔c内油压的作用力之外，还要受柱塞5的作用力。其工作原理如下：接口K、P、O分别接通蓄能器、液压泵和油箱。在开始向蓄能器充液时，卸荷溢流阀中的锥阀4和主阀1都处于关闭状态。油腔a和c中的压力都等于液压泵出口压力，柱塞5两端受力平衡，对锥阀4不产生推力。随着泵向蓄能器充液使蓄能器内油压上升，当油压将锥阀打开时，则c腔的油压小于a腔的油压，此时柱塞5便对锥阀施加一额外的推力，使锥阀迅

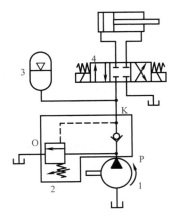

图 5-1 蓄能器作为辅助动力源的一种蓄能回路
1—液压泵 2—卸荷溢流阀
3—蓄能器 4—换向阀

速打开，开口量加大，主阀1相继开启，液压泵开始卸荷。在这种情况下c腔的压力下降到零，柱塞5对锥阀施加的推力达到最大，从而使液压泵的卸荷压力最小。由于柱塞5的油压有效作用面积大于锥阀4的油压有效作用面积，因此，锥阀4闭合的压力要取决于两者有效作用面积之比。通常闭合压力为开启压力的80%~90%，此时液压泵卸荷结束，开始向蓄能器充液。螺钉2用来调定液压泵卸荷前蓄能器的最高充液压力。单向阀6在液压泵卸荷时，将蓄能器与液压泵隔开。

图5-3所示为双泵与蓄能器联合供油的快速运动回路。该回路中的蓄能器作为辅助动力源能够与低压大流量泵2和高压小流量泵1同时供油，满足液压缸活塞快速运动的要求。在图示位置时，低压大流量泵2、高压小流量泵1和蓄能器4所供出的油液通过换向阀5进入液压缸左腔，此时活塞是在低压下快速向右移动。当活塞杆端部的机构接触工件，回路油压升高到使压力继电器6动作时，换向阀3右位接通，低压大流量泵2向蓄能器充液，而高压小流量泵1继续向液压缸供油，使工件加压。加压结束后，换向阀5右位接通，活塞返回，与此同时回路压力降低，压力继电器6复位，进而使换向阀3复位，此时双泵和蓄能器又同时向液压缸供油，活塞快速左移返回。当活塞到达左端后，回路压力又升高，压力继电器6再次动作，换向阀3右位接通，低压大流量泵向蓄能器充液，而高压小流量泵溢流，并使活塞停在左端。可见该回路能够满足液压缸空行程前进和后退时快速运动的要求，缩短了工作循环的时间，减小了液压泵的容量，降低了功率消耗。

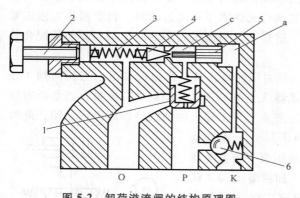

图5-2 卸荷溢流阀的结构原理图
1—主阀 2—螺钉 3—弹簧 4—锥阀
5—柱塞 6—单向阀

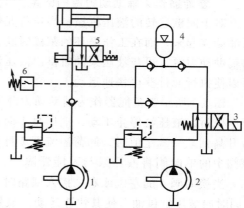

图5-3 双泵与蓄能器联合供油的快速运动回路
1—高压小流量泵 2—低压大流量泵 3、5—换向阀
4—蓄能器 6—压力继电器

2. 保持系统压力的蓄能回路

图5-4所示为用于夹紧装置的保压回路。在保压期间液压泵通过卸荷溢流阀卸荷，由蓄能器补偿泄漏，保持封闭系统的压力，这样液压泵可以间歇工作，从而减少了功率消耗。

3. 蓄能器作应急动力源的安全回路

图5-5所示为蓄能器作应急动力源的安全回路。当二位三通电磁换向阀左位接通时，液压缸的活塞向右移动，并对蓄能器充液蓄能。当压力达到压力继电器调定压力时，压力继电器动作，接通二位二通电磁阀使液压泵卸荷。如果此时电源中断或动力

源发生故障，可使二位三通电磁换向阀复位，靠蓄能器供出压力油使液压缸活塞返回原位，系统处于安全状态。

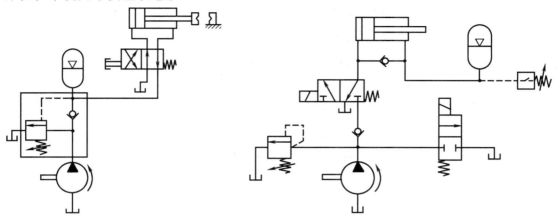

图 5-4　用于夹紧装置的保压回路　　　　图 5-5　蓄能器作应急动力源的安全回路

二、蓄能器容量的计算

蓄能器的容量是指蓄能器工作容积和总容积。下面以囊式蓄能器作为辅助动力源为例来讨论其容量的计算方法。

图 5-6 所示为囊式蓄能器的三种工作状态：图 5-6a 所示为蓄能器充气状态，此时充气压力为 p_1，气体的容积为 V_1，并称它为蓄能器总容积；图 5-6b 所示为蓄能器充液状态，此时气体压力升至最高为 p_2，气体容积为 V_2。图 5-6c 所示为蓄能器供油终了状态，此时气体压力为 p_3，是系统的最低工作压力，气体容积为 V_3。当系统的工作压力从 p_2 降到 p_3 时，气体容积的变化量 $\Delta V = V_3 - V_2$，也是蓄能器向系统供出的油量，该值被称为蓄能器工作容积，以 V_W 表示。它应能满足系统在一个工作循环中任何一个阶段的需要。

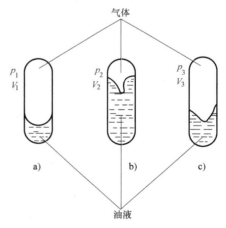

图 5-6　囊式蓄能器的三种工作状态

在确定蓄能器工作容积之前，要根据图 5-7 所示系统的流量-时间工作循环图求出平均流量 q，作为选择液压泵的根据。这可由下式求出

$$q = \frac{\sum q_i \Delta t_i}{\sum \Delta t_i} \tag{5-1}$$

式中　Δt_i——一个工作循环中第 i 段的时间间隔，称为时间段；

　　　q_i——在 Δt_i 内的流量。

从图 5-7 可以看出，超出平均流量 q 的部分是蓄能器要供出的油量，小于 q 的部分是液压泵向蓄能器充进的油量，在一个工作循环中该两部分在流量-时间图上各自形成的面积应该相等。下面就以一例说明蓄能器工作容积的求取方法。

若已知图 5-8 所示的蓄能器回路的流量-时间工作循环图，试确定蓄能器工作容积 V_W。

首先将流量-时间图的横坐标分成若干个时间段 Δt_i，在每一个 Δt_i 内的流量 q_i 认为是常量，则 $q_i \Delta t_i$ 就是回路在 Δt_i 内所需的油量。若以 ΔV_i 表示蓄能器在第 i 个时间段以前（含第 i 个时间段）各时间段的充油和排油量的代数和，则可列出以下诸式

$$
\left.
\begin{aligned}
\Delta V_1 &= (q_1 - q)\Delta t_1 \\
\Delta V_2 &= (q_2 - q)\Delta t_2 + \Delta V_1 \\
\Delta V_3 &= (q_3 - q)\Delta t_3 + \Delta V_2 \\
\Delta V_4 &= (q_4 - q)\Delta t_4 + \Delta V_3 \\
\Delta V_5 &= (q_5 - q)\Delta t_5 + \Delta V_4 \\
\Delta V_6 &= (q_6 - q)\Delta t_6 + \Delta V_5
\end{aligned}
\right\}
\tag{5-2}
$$

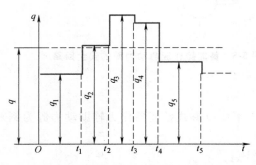

图 5-7　流量-时间工作循环图（一）

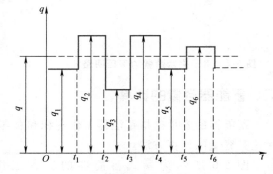

图 5-8　流量-时间工作循环图（二）

若已知 q_1、q_2、$\cdots$、q_6，Δt_1、Δt_2、$\cdots$、Δt_6 和 q，并假设计算出

$$(q_1 - q)\Delta t_1 = -1\,\mathrm{dm}^3, \quad (q_2 - q)\Delta t_2 = +2\,\mathrm{dm}^3$$
$$(q_3 - q)\Delta t_3 = -3\,\mathrm{dm}^3, \quad (q_4 - q)\Delta t_4 = +2\,\mathrm{dm}^3$$
$$(q_5 - q)\Delta t_5 = -1\,\mathrm{dm}^3, \quad (q_6 - q)\Delta t_6 = +1\,\mathrm{dm}^3$$

再将上列各值代入式（5-2）中得

$$
\left.
\begin{aligned}
\Delta V_1 &= -1\,\mathrm{dm}^3 \\
\Delta V_2 &= (+2-1)\,\mathrm{dm}^3 = +1\,\mathrm{dm}^3 \\
\Delta V_3 &= (-3+1)\,\mathrm{dm}^3 = -2\,\mathrm{dm}^3 \\
\Delta V_4 &= (+2-2)\,\mathrm{dm}^3 = 0\,\mathrm{dm}^3 \\
\Delta V_5 &= (-1+0)\,\mathrm{dm}^3 = -1\,\mathrm{dm}^3 \\
\Delta V_6 &= (-1+1)\,\mathrm{dm}^3 = 0\,\mathrm{dm}^3
\end{aligned}
\right\}
\tag{5-3}
$$

从式（5-3）可以看出各 ΔV_i 值有正值和负值，经大量的例证可以得出，蓄能器工作容积应该等于负的 ΔV_i 中绝对值的最大者与正的 ΔV_i 中绝对值的最大者之和，即

$$V_{\mathrm{W}} = \left| -\Delta V_i \right|_{\max} + \left| +\Delta V_i \right|_{\max} \tag{5-4}$$

式中　　　V_{W}——蓄能器工作容积；

$\left| -\Delta V_i \right|_{\max}$——负的 ΔV_i 中绝对值最大者；

$\left|+\Delta V_i\right|_{\max}$——正的 ΔV_i 中绝对值最大者。

本例中 $\left|+\Delta V_i\right|_{\max}=|+1|\,\mathrm{dm^3}=1\,\mathrm{dm^3}$，$\left|-\Delta V_i\right|_{\max}=|-2|\,\mathrm{dm^3}=2\,\mathrm{dm^3}$，故得出蓄能器的工作容积为

$$V_\mathrm{W}=(\,|-2|+|+1|\,)\,\mathrm{dm^3}=3\,\mathrm{dm^3}$$

由公式（5-4）计算出的 V_W，它只考虑蓄能器的容积变化的最大范围，使之包含了最大充油和排油时间段的容积变化量，而不考虑在此范围内其余各时间段的容积变化量和时间段的次数。这样，以蓄能器具有的这种最大容积 V_W，就能和泵的流量 q 一起满足液压回路在工作过程中任何时间段所需的油量，而且蓄能器容量得到了充分的利用。

为了较明了地说明这一点，这里以图 5-9 所示的一个蓄能器回路的流量-时间工作循环图为例。

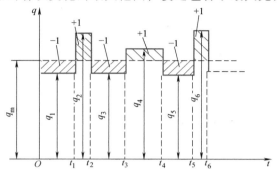

图 5-9　流量-时间工作循环图（三）

若已计算出

$$(q_1-q)\Delta t_1=-1\,\mathrm{dm^3},\quad (q_2-q)\Delta t_2=+1\,\mathrm{dm^3}$$
$$(q_3-q)\Delta t_3=-1\,\mathrm{dm^3},\quad (q_4-q)\Delta t_4=+1\,\mathrm{dm^3}$$
$$(q_5-q)\Delta t_5=-1\,\mathrm{dm^3},\quad (q_6-q)\Delta t_6=+1\,\mathrm{dm^3}$$

则由式（5-2）可得

$$\Delta V_1=-1\,\mathrm{dm^3},\quad \Delta V_2=(+1-1)\,\mathrm{dm^3}=0\,\mathrm{dm^3}$$
$$\Delta V_3=(-1+0)\,\mathrm{dm^3}=-1\,\mathrm{dm^3},\quad \Delta V_4=(+1-1)\,\mathrm{dm^3}=0\,\mathrm{dm^3}$$
$$\Delta V_5=(-1+0)\,\mathrm{dm^3}=-1\,\mathrm{dm^3},\quad \Delta V_6=(+1-1)\,\mathrm{dm^3}=0\,\mathrm{dm^3}$$

再按式（5-4）即可计算出蓄能器工作容积 $V_\mathrm{W}=(\,|-1|+0\,)\,\mathrm{dm^3}=1\,\mathrm{dm^3}$。从图 5-9 可以看出，超出 q 部分的总容积为 $3\,\mathrm{dm^3}$，似乎蓄能器的工作容积选为 $3\,\mathrm{dm^3}$ 为宜，然而，仔细地分析，该值不是蓄能器在同一时间段要供出油量的容积，而是在三个相隔时间段供出油量之和的总容积。因此，若选蓄能器的工作容积为 $3\,\mathrm{dm^3}$，将使蓄能器的工作容积得不到充分的利用。

前面已提到，蓄能器工作容积就是蓄能器中气体容积的变化量，即 $V_\mathrm{W}=\Delta V=V_3-V_2$。下面来讨论该值与系统中最高工作压力 p_2、最低工作压力 p_3 和蓄能器总容积（即充气容积）之间的关系。

由于囊式蓄能器中的气体一般是惰性气体，其性质与理想气体相近，故可用理想气体状态方程来描述其状态变化规律，即

$$p_1V_1^n=p_2V_2^n=p_3V_3^n=pV^n=G=\text{常数} \tag{5-5}$$

式中　p——气体的压力（绝对）；

　　　V——在压力 p 下的容积；

　　　n——指数，不随状态改变的常数。

其他符号意义同前（图 5-6 所示）。

由式（5-5）可得

$$V_3 = \left(\frac{p_1}{p_3}\right)^{\frac{1}{n}} V_1 \tag{5-6}$$

$$V_2 = \left(\frac{p_1}{p_2}\right)^{\frac{1}{n}} V_1 \tag{5-7}$$

则

$$V_W = \Delta V = V_3 - V_2 = V_1 p_1^{\frac{1}{n}} \left[\left(\frac{1}{p_3}\right)^{\frac{1}{n}} - \left(\frac{1}{p_2}\right)^{\frac{1}{n}} \right] \tag{5-8}$$

当蓄能器排油的速度较慢时（3min 以上），例如用于补偿泄漏和补偿压力的情况，可按等温过程来计算，即 $n = 1$，式（5-8）可写成

$$V_W = \Delta V = V_1 p_1 \left(\frac{1}{p_3} - \frac{1}{p_2}\right) \tag{5-9}$$

当蓄能器排油的速度很快时（1min 以内），例如作辅助动力源或应急动力源时，可按绝热过程来计算，即 $n = 1.4$，式（5-8）可写成

$$\Delta V = V_1 p_1^{\frac{1}{1.4}} \left[\left(\frac{1}{p_3}\right)^{\frac{1}{1.4}} - \left(\frac{1}{p_2}\right)^{\frac{1}{1.4}} \right] \tag{5-10}$$

式（5-10）中的 p_1 是充气压力，对囊式蓄能器为减轻其重量，p_1 不能选得过小，一般 $p_1 > 0.25p_2$；为保护气囊，使其在系统最低工作压力下仍未膨胀得与蓄能器的提升阀接触，并使蓄能器仍有油液余量；但 p_1 又不能选得过大，一般 $p_1 < 0.9p_3$；这样充气压力 p_1 则推荐为

$$0.25p_2 < p_1 < 0.9p_3$$

将式（5-8）改写后，可得蓄能器总容积为

$$V_1 = \frac{\Delta V}{p_1^{\frac{1}{n}} \left[\left(\frac{1}{p_3}\right)^{\frac{1}{n}} - \left(\frac{1}{p_2}\right)^{\frac{1}{n}} \right]} \tag{5-11}$$

例 5-1　试确定一蓄能器回路中的蓄能器工作容积和总容积。已知该回路的流量-时间工作循环图如图 5-10 所示。系统的最高工作压力 $p_2 = 15\mathrm{MPa}$，最低工作压力 $p_3 = 12\mathrm{MPa}$，选充气压力 $p_1 = 0.85p_3$，气体按绝热过程变化。

解　1）按式（5-1）求一个工作循环的平均流量

$$q = \frac{\sum q_i \Delta t_i}{\sum \Delta t_i} = \frac{(10\times5 + 30\times5 + 20\times5 + 50\times2 + 0\times3 + 40\times5)\times10^{-5}}{5+5+5+2+3+5}\,\mathrm{m^3/s}$$

$$= 24\times10^{-5}\,\mathrm{m^3/s}$$

2）计算 ΔV_i 值

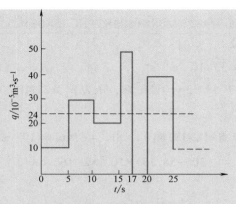

图 5-10　流量-时间工作循环图（四）

$$\Delta V_1 = (q_1-q)\Delta t_1 = \left[\,(10-24)\times10^{-5}\times5\,\right]m^3 = -70\times10^{-5}\,m^3$$

$$\Delta V_2 = (q_2-q)\Delta t_2+\Delta V_1 = \left[\,(30-24)\times10^{-5}\times5-70\times10^{-5}\,\right]m^3 = -40\times10^{-5}\,m^3$$

$$\Delta V_3 = (q_3-q)\Delta t_3+\Delta V_2 = \left[\,(20-24)\times10^{-5}\times5-40\times10^{-5}\,\right]m^3 = -60\times10^{-5}\,m^3$$

$$\Delta V_4 = (q_4-q)\Delta t_4+\Delta V_3 = \left[\,(50-24)\times10^{-5}\times2-60\times10^{-5}\,\right]m^3 = -8\times10^{-5}\,m^3$$

$$\Delta V_5 = (q_5-q)\Delta t_5+\Delta V_4 = \left[\,(0-24)\times10^{-5}\times3-8\times10^{-5}\,\right]m^3 = -80\times10^{-5}\,m^3$$

$$\Delta V_6 = (q_6-q)\Delta t_6+\Delta V_5 = \left[\,(40-24)\times10^{-5}\times5-80\times10^{-5}\,\right]m^3 = 0\,m^3$$

3）蓄能器工作容积

$$V_W = \left|\,-\Delta V_i\,\right|_{max} + \left|\,+\Delta V_i\,\right|_{max}$$

$$= (\,\left|\,-80\times10^{-5}\,\right| + 0\,)\,m^3 = 80\times10^{-5}\,m^3$$

4）蓄能器总容积。由式（5-11）可求

$$V_1 = \frac{\Delta V}{p_1^{\frac{1}{n}}\left[\left(\dfrac{1}{p_3}\right)^{\frac{1}{n}}-\left(\dfrac{1}{p_2}\right)^{\frac{1}{n}}\right]} = \frac{80\times10^{-5}}{(0.85\times12\times10^6)^{\frac{1}{1.4}}\left[\left(\dfrac{1}{12\times10^6}\right)^{\frac{1}{1.4}}-\left(\dfrac{1}{15\times10^6}\right)^{\frac{1}{1.4}}\right]}\,m^3$$

$$= 610.6\times10^{-5}\,m^3$$

例 5-2　设有一压铸机液压系统，其流量-时间工作循环图如图 5-11 所示。在流量高峰时间段时，其系统压力为 14～21MPa。若系统采用蓄能器回路，试确定液压泵的容量、蓄能器工作容积和总容积，并与不采用蓄能器的情况作一节约功率的比较（设 $p_1 = 0.85p_3$）。

解　（1）根据已知参数按式（5-1）求一个工作循环的平均流量

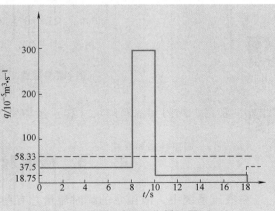

图 5-11　流量-时间工作循环图（五）

$$q = \frac{\sum q_i \Delta t_i}{\sum t_i} = \frac{(37.5 \times 8 + 300 \times 2 + 18.75 \times 8) \times 10^{-5}}{8 + 2 + 8} \, \text{m}^3/\text{s}$$

$$= 58.33 \times 10^{-5} \, \text{m}^3/\text{s}$$

选液压泵的流量稍大于 $58.33 \times 10^{-5} \text{m}^3/\text{s}$，压力 $p_p \geqslant 21\text{MPa}$。

2）计算 ΔV_i 值

$$\Delta V_1 = (q_1 - q)\Delta t_1 = (37.5 - 58.33) \times 10^{-5} \times 8 \, \text{m}^3 = -166.6 \times 10^{-5} \, \text{m}^3$$

$$\Delta V_2 = (q_2 - q)\Delta t_2 + \Delta V_1 = [(300 - 58.33) \times 10^{-5} \times 2 - 166.6 \times 10^{-5}] \, \text{m}^3$$

$$= 316.7 \times 10^{-5} \, \text{m}^3$$

$$\Delta V_3 = (q_3 - q)\Delta t_3 + \Delta V_2 = [(18.75 - 58.33) \times 10^{-5} \times 8 + 316.7 \times 10^{-5}] \, \text{m}^3$$

$$= [-316.7 \times 10^{-5} + 316.7 \times 10^{-5}] \, \text{m}^3 = 0 \, \text{m}^3$$

3）计算蓄能器工作容积

$$V_W = |-\Delta V_i|_{max} + |\Delta V_i|_{max} = (|-166.6 \times 10^{-5}| + |316.7 \times 10^{-5}|) \, \text{m}^3$$

$$= 483.3 \times 10^{-5} \, \text{m}^3$$

4）蓄能器总容积

$$V_1 = \frac{\Delta V}{p_1^{\frac{1}{1.4}}\left[\left(\frac{1}{p_3}\right)^{\frac{1}{1.4}} - \left(\frac{1}{p_2}\right)^{\frac{1}{1.4}}\right]} = \frac{483.3 \times 10^{-5}}{(0.85 \times 14 \times 10^6)^{\frac{1}{1.4}}\left[\left(\frac{1}{14 \times 10^6}\right)^{\frac{1}{1.4}} - \left(\frac{1}{21 \times 10^6}\right)^{\frac{1}{1.4}}\right]} \, \text{m}^3$$

$$= 2159 \times 10^{-5} \, \text{m}^3$$

5）节约功率的比较。当采用蓄能器回路，并选液压泵的流量 $q_p = 60 \times 10^{-5} \text{m}^3/\text{s}$，压力 $p_p = 21\text{MPa}$，液压泵的总效率选 $\eta_p = 0.85$ 时，电动机的功率

$$P_1 = \frac{p_p q_p}{\eta_p} = \frac{21 \times 10^6 \times 60 \times 10^{-5}}{0.85 \times 10^3} \, \text{kW} = 14.8\text{kW}$$

若不采用蓄能器回路，而采用单泵供油回路，则液压泵的流量要按最大流量 $q_{max} = 300 \times 10^{-5} \text{m}^3/\text{s}$ 来取，此时电动机的功率为

$$P_2 = \frac{p_p q_p}{\eta_p} = \frac{21 \times 10^6 \times 300 \times 10^{-5}}{0.85 \times 10^3} \, \text{kW} = 74.1\text{kW}$$

可见

$$\frac{P_1}{P_2} = \frac{14.8}{74.1} \approx \frac{1}{5}$$

此外，管路、阀门和油箱的尺寸和重量均要大大增加，成本也要随之增加。

第二节 吸收脉动的蓄能器回路

在液压系统中，液压泵的瞬时流量总有些脉动，加之系统中有些阀在工作中总存在一定程度的振动，这就使液压系统的压力、流量等参数也随之产生脉动。它对系统的工作质量有

影响，严重时可能使系统产生较为强烈的振动，甚至使系统不能正常工作。在系统中装设蓄能器是消除或减轻压力脉动的有效方法之一。

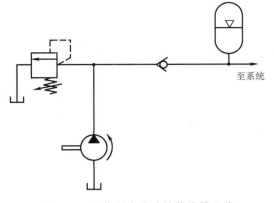

图 5-12 所示为吸收压力脉动的蓄能器回路。

压力脉动往往是由流量脉动引起的。蓄能器之所以能够消除压力脉动就在于蓄能器可将瞬时流量高于平均流量的部分吸收，而当瞬时流量低于平均流量时由蓄能器供油。然而，实际上由于蓄能器在吸收脉动的同时，

图 5-12　吸收压力脉动的蓄能器回路

对囊式蓄能器，其气体的容积和压力都发生变化，所以系统的压力脉动不能完全消除。显然，蓄能器气体容积的相对变化量直接影响着系统压力脉动的程度。下面就来讨论这个问题。

为了得到较简单的近似的关系，这里首先进行下面几点假设：

1）由于蓄能器在吸收脉动流量时，气体的体积变化较快，在变化过程中来不及与外界有热量交换，因此气体状态的变化规律可按绝热过程考虑，即

$$pV^{1.4} = G = 常数$$

2）系统的压力脉动仅由液压泵的流量脉动引起。在一个脉动周期内高于平均流量的部分被蓄能器吸收，低于平均流量的部分由蓄能器供给。

3）蓄能器气体的压力等于管路内液体的压力，不考虑液体的质量、流量脉动的频率和其他元件对蓄能器吸收脉动效果的影响。

以 ΔV 表示蓄能器吸收液体的容积，即气体容积变化量，再以 σ 表示压力脉动系数，并定义

$$\sigma = \frac{p_{\max} - p_{\min}}{p} \tag{5-12}$$

式中　$p_{\max}$——脉动压力的最大值；

　　　$p_{\min}$——脉动压力的最小值；

　　　p——脉动压力的平均值，其值为

$$p = \frac{p_{\max} + p_{\min}}{2} \tag{5-13}$$

再以 V_1 表示在压力 $p_{\min}$ 下的气体的容积，它是蓄能器必需的容积。这样，按气体状态方程可有

$$p_{\min} V_1^{1.4} = p_{\max}(V_1 - \Delta V)^{1.4}$$

将上式整理成

$$\frac{\Delta V}{V_1} = 1 - \left(\frac{p_{\min}}{p_{\max}}\right)^{\frac{1}{1.4}} \tag{5-14}$$

由式（5-12）和式（5-13）可得

$$\frac{p_{\min}}{p_{\max}} = \frac{2-\sigma}{2+\sigma}$$

将上式代入式（5-14），可得

$$\frac{\Delta V}{V_1} = 1 - \left(\frac{2-\sigma}{2+\sigma}\right)^{\frac{1}{1.4}} \tag{5-15}$$

式（5-15）表明了蓄能器气体容积相对变化量 $\Delta V/V_1$ 与压力脉动系数的关系。此式又可写成

$$V_1 = \frac{\Delta V}{1 - \left(\dfrac{2-\sigma}{2+\sigma}\right)^{\frac{1}{1.4}}} \tag{5-16}$$

显然，若已知 σ 或 $p_{\max}$ 和 $p_{\min}$ 及 ΔV，则蓄能器所必需的容积 V_1 就可确定了。如果欲使压力完全没有脉动，即 $\sigma = 0$，则要 $V_1 = \infty$，显然这是做不到的。

这里要注意，ΔV 是在流量脉动的一个周期内，瞬时流量高于或低于平均流量的部分。它可由流量脉动曲线图获得，如图 5-13 所示。图中 T 为脉动周期，q 为平均流量。

上面讨论的结果是在一种理想情况下获得的。实际上蓄能器在系统中吸收脉动的效果与很多因素有关，如蓄能器和管路中油液的质量、蓄能器的结构参数和状态参数、管路的特性、回路中元件的特性和流量脉动频率等。因此欲使回路能得到比较好的吸收脉动的效果，需要针对具体的回路进行动态特性分析，从而为设计和分析回路找出依据。下面对图 5-14 所示的回路简图进行动态分析。

128

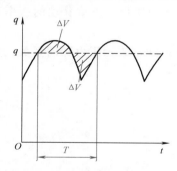

图 5-13　流量脉动曲线图

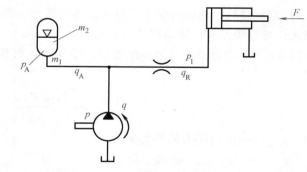

图 5-14　吸收脉动蓄能器回路简图

这里对回路进行如下考虑：

1）油流经固定式节流阀的流量特性方程

$$q_R = K_t\sqrt{p - p_1} \tag{5-17}$$

式中　q_R——通过节流阀的流量；

　　　p_1——节流阀出口压力；

　　　K_t——比例常数；

　　　p——液压泵出口压力。

2）液压泵出口的平均流量 q 等于通过节流阀的平均流量 q_R，即

$$q = q_R \tag{5-18}$$

通向蓄能器的平均流量 $q_A = 0$，此时蓄能器的容积为 V，蓄能器中的气体压力为 p_A。

3）蓄能器前管路中油流运动按层流计算。

4）蓄能器中气体的状态变化规律按绝热过程考虑，即

$$p_A V^n = G = 常数 \tag{5-19}$$

5）图 5-14 中 m_1 为蓄能器前管路中油液的质量，m_2 为蓄能器中油液的质量。

6）考虑回路参数间关系的非线性，这里采用在给定平衡点附近取小增量线性化方法来研究非线性问题。

基于上述几点考虑，对该回路列写如下方程：

1）连续性方程（增量形式）

$$\delta q = \delta q_R + \delta q_A \tag{5-20}$$

对式（5-20）进行拉氏变换，并令其初始条件为零，可得

$$\Delta q = \Delta q_R + \Delta q_A \tag{5-21}$$

2）节流阀的流量特性方程。将式（5-17）线性化处理，有

$$\delta q_R = \left. \frac{\partial q_R}{\partial p} \right|_{p=p_0} \delta p \tag{5-22}$$

其中，p_0 为泵出口压力的稳态值，而

$$\left. \frac{\partial q_R}{\partial p} \right|_{p=p_0} = \frac{1}{2} \frac{K_t}{\sqrt{p_0 - p_1}} = \frac{q_{R0}}{2(p_0 - p_1)} \tag{5-23}$$

将式（5-23）代入式（5-22）得

$$\delta q_R = \frac{q_{R0}}{2(p_0 - p_1)} \delta p = \frac{q_0}{2(p_0 - p_1)} \delta p \tag{5-24}$$

其中，$p_1 = \dfrac{F}{A_0}$，A_0 为液压缸活塞有效作用面积，F 为恒定负载，q_{R0} 和 q_0 为流量稳态值。

将式（5-24）进行拉氏变换，得

$$\Delta q_R = \frac{q}{2(p_0 - p_1)} \Delta p \tag{5-25}$$

3）蓄能器前管路中液流力平衡方程

$$\left[(p + \delta p) - (p + \delta p_A') \right] A_T = m_1 \frac{dv_1}{dt} + A_T R_f \delta q_A \tag{5-26}$$

式中　m_1——蓄能器前管路中油液的质量；

A_T——管路通流面积；

R_f——管路液阻，$R_f = \dfrac{128 \mu l}{\pi d^4}$，其中 μ 为油液动力黏度，l 为管长，d 为管道内径；

v_1——管路中液流的速度，$v_1 = \dfrac{\delta q_A}{A_T}$，并有

$$\frac{dv_1}{dt} = \frac{1}{A_T} \frac{d}{dt}(\delta q_A) \tag{5-27}$$

将式（5-27）代入式（5-26），并整理可得

$$\delta p - \delta p_A' = \frac{m_1}{A_T^2} \frac{\mathrm{d}}{\mathrm{d}t}(\delta q_A) + R_f \delta q_A \tag{5-28}$$

4）蓄能器中油液力平衡方程

$$(\delta p_A' - \delta p_A) A = m_2 \frac{\mathrm{d}v_2}{\mathrm{d}t} \tag{5-29}$$

式中　m_2——蓄能器中油液的质量；

A——蓄能器中油液的截面积；

v_2——油液在蓄能器中的流动速度，$v_2 = \dfrac{\delta q_A}{A}$，并有

$$\frac{\mathrm{d}v_2}{\mathrm{d}t} = \frac{1}{A} \frac{\mathrm{d}}{\mathrm{d}t}(\delta q_A) \tag{5-30}$$

将式（5-30）代入式（5-29）并整理可得

$$\delta p_A' - \delta p_A = \frac{m_2}{A^2} \frac{\mathrm{d}}{\mathrm{d}t}(\delta q_A) \tag{5-31}$$

显然该方程忽略了在蓄能器中液流的阻力。

比较式（5-28）和式（5-31），消去 $\delta p_A'$ 得

$$\delta p - \delta p_A = \left(m_1 \frac{A^2}{A_T^2} + m_2 \right) \frac{1}{A^2} \frac{\mathrm{d}}{\mathrm{d}t}(\delta q_A) + R_f \delta q_A \tag{5-32}$$

令 $m_A = m_1 \dfrac{A^2}{A_T^2} + m_2$，称为等效质量，式（5-32）可写成

$$\delta p - \delta p_A = \frac{m_A}{A^2} \frac{\mathrm{d}}{\mathrm{d}t}(\delta q_A) + R_f \delta q_A \tag{5-33}$$

对式（5-33）进行拉氏变换，则得

$$\Delta p - \Delta p_A = \frac{m_A}{A^2} s \Delta q_A + R_f \Delta q_A \tag{5-34}$$

5）蓄能器中气体状态变化方程

$$p_A V^n = G = 常数$$

对该式线性化处理，即

$$\delta V = \left. \frac{\partial V}{\partial p_A} \right|_{p_A = p_{A0}} \delta p_A$$

则有

$$\left. \frac{\partial V}{\partial p_A} \right|_{p_A = p_{A0}} = -\frac{V_0}{n p_{A0}}$$

将此式代入前式得

$$\delta V = -\frac{V_0}{np_{A0}}\delta p_A \tag{5-35}$$

式（5-35）中的 V_0 和 p_{A0} 是气体容积和压力的稳态值，即平衡点的值。稳态时，由于流向蓄能器的流量 $q_A = 0$，则 $p_{A0} = p_0$，由于

$$\delta q_A = -\frac{d}{dt}(\delta V)$$

将式（5-35）代入上式，得

$$\delta q_A = \frac{V_0}{np_0}\frac{d}{dt}(\delta p_A)$$

将上式进行拉氏变换，可得

$$\Delta q_A = \frac{V_0}{np_0}s\Delta p_A \tag{5-36}$$

联立解式（5-21）、式（5-25）、式（5-34）和式（5-36），并假设 $F = 0$，$p_1 = 0$，经整理得出

$$\Delta q = \frac{s\Delta p}{\dfrac{m_A}{A^2}s^2 + R_f s + \dfrac{np_0}{V_0}} + \frac{q_0}{2p_0}\Delta p$$

即

$$\frac{\Delta p}{\Delta q} = \frac{\dfrac{m_A}{A^2}s^2 + R_f s + \dfrac{np_0}{V_0}}{\dfrac{q_0}{2p_0}\dfrac{m_A}{A^2}s^2 + \left(1 + \dfrac{R_f q_0}{2p_0}\right)s + \dfrac{q_0 n}{2V_0}}$$

$$= \frac{2p_0}{q_0}\frac{T_1^2 s^2 + 2\zeta_1 T_1 s + 1}{T_1^2 s^2 + 2\zeta_2 T_1 s + 1}$$

将上式写成无量纲传递函数的形式为

$$W(s) = \frac{\dfrac{\Delta p}{p_0}}{\dfrac{\Delta q}{q_0}} = 2\frac{T_1^2 s^2 + 2\zeta_1 T_1 s + 1}{T_1^2 s^2 + 2\zeta_2 T_1 s + 1} \tag{5-37}$$

$$T_1 = \sqrt{\frac{m_A V_0}{A^2 np_0}} = \frac{1}{\omega_n}$$

式中　ω_n——振荡环节的固有频率；

ζ_1——微分环节的阻尼比，$\zeta_1 = \dfrac{1}{2}\dfrac{V_0 R_f}{np_0}\sqrt{\dfrac{A^2 np_0}{m_A V_0}} = \dfrac{1}{2}\dfrac{V_0 R_f}{np_0}\omega_n$；

ζ_2——振荡环节的阻尼比，$\xi_2 = \dfrac{1}{2}\left(\dfrac{V_0 R_f}{np_0} + \dfrac{2V_0}{nq_0}\right)\sqrt{\dfrac{A^2 np_0}{m_A V_0}} = \zeta_1 + \dfrac{V_0}{nq_0}\omega_n$。

由式（5-37）可以看出，该回路是由一个放大环节、一个振荡环节和一个二阶微分环节组

131

成的。将该式中的 s 以 $j\omega$ 代替，则得出回路的频率特性为

$$W(j\omega) = 2\frac{1+2\zeta_1 T_1\omega j - T_1^2\omega^2}{1+2\zeta_2 T_1\omega j - T_1^2\omega^2} \qquad (5\text{-}38)$$

通过绘制对数幅频特性曲线（伯德图）的办法，可以找出回路吸收脉动效果最好的条件。图 5-15 表示了该系统的对数幅频特性。

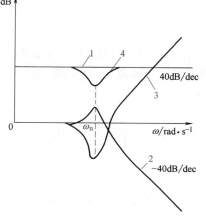

图 5-15　吸收脉动蓄能器回路伯德图
1—放大环节曲线　2—振荡环节曲线
3—二阶微分环节曲线　4—叠加曲线

图中纵坐标 $L(\omega) = 20\lg|W(j\omega)|$，横坐标 ω 采用对数分度。曲线 1 为放大环节曲线，为一水平线，曲线 2 为振荡环节曲线，其斜线段的斜率为 -40dB/dec，曲线 3 为二阶微分环节曲线，其斜线段的斜率为 40dB/dec，曲线 4 为上三条曲线的叠加曲线。从图中可以看出，曲线 2 和 3 的转角频率相同，均为 $1/T_1 = \omega_n$，由于 $\zeta_2 > \zeta_1$，因此，在频率 $\omega = \omega_n$ 时叠加曲线出现了最小值，这就意味着此时回路吸收脉动的效果最好，压力脉动衰减的效果最佳。由

$$\begin{aligned}
L(\omega) &= 20\lg|W(j\omega)| \\
&= 20\lg 2 + 20\lg\sqrt{(1-T_1^2\omega^2)^2 + (2\zeta_1 T_1\omega)^2} - \\
&\quad 20\lg\sqrt{(1-T_2^2\omega^2)^2 + (2\zeta_2 T_1\omega)^2} \qquad (5\text{-}39)
\end{aligned}$$

当 $\omega = \dfrac{1}{T_1} = \omega_n$ 时，$L(\omega) = L(\omega)_{\min}$，则将 $\omega = \dfrac{1}{T_1}$、$\zeta_1 = \dfrac{1}{2}\dfrac{V_0 R_f}{np_0}\omega_n$ 及 $\zeta_2 = \zeta_1 + \dfrac{V_0}{nq_0}\omega_n$ 代入式（5-39）中，经整理，最后获得 $L(\omega)$ 的最小值

$$L(\omega)_{\min} = 20\lg\frac{2}{1+\dfrac{2p_0}{q_0 R_f}}$$

由上式可见，蓄能器前管路的液阻 R_f 越小，则压力脉动的幅值就越小，蓄能器回路吸收脉动的效果也越好。这样，为使图 5-14 所示回路得到吸收脉动最好的效果，在泵的脉动频率 ω 已知的情况下，就应该合理选择 V_0、m_A 和 A 代入 $\omega_n = \sqrt{A^2 np_0/m_A V_0}$ 式中，使 $\omega_n = \omega$，并且要使 $R_f = 128\mu l/(\pi d^4)$ 尽可能的小。l 越小 R_f 越小，这意味着蓄能器越靠近液压泵，其消除压力脉动的效果越好。

第三节　吸收液压冲击的蓄能器回路

液体在管路内流动时，由于控制阀突然关闭等原因，液流突然停止流动，液体的动能变成压力能，在阀前产生高压。高压以压力波的形式在管路内传播，这在液压系统中称为液压冲击。其压力升高值可能高出正常压力几倍以上，并有可能危及液压系统中的仪表、元件和密封装置等，从而影响系统的正常工作，此外还会使系统产生噪声和振动。在系统中产生液

压冲击的部位装设蓄能器是减轻液压冲击的有效措施之一。由于液压冲击压力的大小取决于管路中液体的动量对时间的变化率，当压力升高时，蓄能器可以吸收液体，这就减慢了管路中液体动量变化的速度，从而降低了冲击压力。

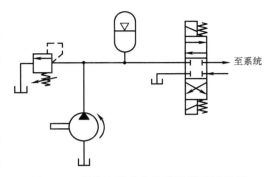

图 5-16 所示为吸收液压冲击的蓄能器回路简图。这里主要讨论当换向阀突然恢复至中位时，阀前压力升高的最大值与蓄能器总容积之间的关系。

图 5-16　吸收液压冲击的蓄能器回路简图

假设液体的摩擦阻力及惯性力都很小，可以忽略，并且认为由于液体的可压缩性及管子的膨胀所吸收的能量与蓄能器吸收的能量相比可以忽略不计。当阀突然关闭时，若液流的动能 E_k 全部变成势能 E_p，使蓄能器内气体受压缩，对其做压缩功，即在数值上 $E_k = E_p$。在阀关闭前，阀前管路中液流具有的动能可表示为

$$E_k = \frac{\rho A_T l v^2}{2} \tag{5-40}$$

式中　ρ——油液的密度；

$\quad\quad A_T$——管子的通流面积；

$\quad\quad l$——管路的长度；

$\quad\quad v$——阀关闭前液流的速度。

若蓄能器气体被压缩过程按绝热过程变化，则

$$E_p = -\int_{V_m}^{V_{min}} p\mathrm{d}V \tag{5-41}$$

式中　"–"号——对气体做压缩功；

$\quad\quad V_m$——阀关闭前蓄能器气体的容积；

$\quad\quad V_{min}$——蓄能器吸收液压冲击后其气体的容积。

由气体状态方程 $pV^n = G = $ 常数（$n = 1.4$）可得

$$p_m V_m^n = p_{max} V_{min}^n = G = 常数$$

式中　p_m——阀关闭前蓄能器中气体的压力（绝对）；

$\quad\quad p_{max}$——蓄能器吸收液压冲击后气体的压力（绝对）。

于是可得

$$E_p = -\int_{V_m}^{V_{min}} p\mathrm{d}V = -\int_{V_m}^{V_{min}} \frac{G}{V^n}\mathrm{d}V$$

$$= -\int_{V_m}^{V_{min}} \frac{p_m V_m^n}{V^n}\mathrm{d}V = -p_m V_m^n \int_{V_m}^{V_{min}} \frac{\mathrm{d}V}{V^n}$$

$$= \frac{p_m V_m}{n-1}\left[\left(\frac{p_{max}}{p_m}\right)^{\frac{n-1}{n}} - 1\right]$$

由于 $E_k = E_p$，因此

133

$$\frac{\rho A_{\mathrm{T}} l v^2}{2} = \frac{p_{\mathrm{m}} V_{\mathrm{m}}}{n-1}\left[\left(\frac{p_{\max}}{p_{\mathrm{m}}}\right)^{\frac{n-1}{n}} - 1\right]$$

整理后得

$$\frac{p_{\max}}{p_{\mathrm{m}}} = \left[1 + \frac{(n-1)\rho A_{\mathrm{T}} l v^2}{2 p_{\mathrm{m}} V_{\mathrm{m}}}\right]^{\frac{n}{n-1}} \tag{5-42}$$

式（5-42）表示了在系统处于某一工作状态时，突然关闭了阀门而引起的液压冲击的压力最高值与蓄能器的气体容积之间的关系。

如果将式（5-42）中的 p_{m}、V_{m} 分别以蓄能器的充气压力 p_1 和蓄能器总容积 V_1 代替，而 $p_{\max}$ 以最大容许的冲击压力代替，经整理就可以得出蓄能器容积计算公式为

$$V_1 = \frac{\rho A_{\mathrm{T}} l v^2 (n-1)}{2 p_1}\left[\frac{1}{\left(\dfrac{p_{\max}}{p_1}\right)^{\frac{n-1}{n}} - 1}\right] \tag{5-43}$$

式中　p_1——蓄能器的充气压力，一般常取系统工作压力的 90%。

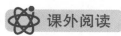 **课外阅读**

液压蓄能器的工程应用

蓄能器是一个储存和释放能量的压力容器，其主要作用有存储能量、动力源、辅助能源、吸收冲击、消除脉动、平衡重量、辅助安全油源和液气分离传送等，在工业领域到处可见蓄能器的身影。现在流行的蓄能器主要有气囊式、隔膜式和活塞式三种形式，要依据用途选用不同形式的蓄能器。气囊式和隔膜式蓄能器反应速度快，用于消除脉动和冲击的效果好；活塞式蓄能器的失效形式是渐进性的，用于辅助安全油源。

液压蓄能器的工程应用主要有以下几方面。

（1）风电领域中的应用　蓄能器将风能转化为液压能，运用液压蓄能器来进行风能的存储。

1）蓄能器作用：存储能量。

2）类似应用：液压挖掘机动臂下降时，用蓄能器将势能转化为压力能，回收能量，达到节能降耗的目的。蓄能器还被应用在风力发电装置的叶片方向控制及风车制动系统上。

（2）无人机弹射器中的应用　液压蓄能器作为无人机液压弹射装置的动力源，可以为无人机弹射起飞提供动力。使用蓄能器的液压弹射起飞装置体积小，具有良好的机动灵活性。

1）蓄能器作用：动力源。

2）类似应用：钢厂炼钢炉的倾转液压系统。

（3）用于地面模拟飞行的专用装置　给六自由度运动平台作动油缸瞬间起动提供大流量。

1）蓄能器作用：辅助能源。

2）类似应用：注塑机和压铸机应用蓄能器可以补充液压泵瞬间流量的不足，提高注射油缸的速度，减小泵的流量，节省能源。

（4）工程机械的转向和制动方面的应用　保证突发事故时能安全作业。应配置活塞式蓄能器，而不宜选用气囊式蓄能器，因为气囊式蓄能器若瞬间失效会造成严重事故。特别重要的场合中应采用蓄能器并联。

蓄能器作用：安全保障。

（5）用于吸收脉动　选用惯性小、反应灵敏的蓄能器，尽可能安装在靠近发生冲击的地方。

类似应用：蓄能器中的胶囊若充满气体可起到气体弹簧的作用，可吸收来自汽车、提升机、移动吊车驱动和悬挂系统的机械振动，保持车辆的平稳性。

（6）机床行业中的应用　用蓄能器来平衡机械的重量。

（7）用于液体或液气分离传送　使用蓄能器可实现两种不相容的液体或液体与气体之间的能量传递，进行隔绝输送。

类似应用：伺服系统油箱或封闭油箱的气囊。

（8）用于高速冲击试验台　主要用于某些设备的抗冲击实验，如泥炮工作时存在的液压冲击，还有船体、船舰用设备和其他抗冲击设备等。液压系统采用液压泵和蓄能器共同供油、蓄能器储存并瞬间释放能量的方法，使系统在短时间内受到瞬态激励，确保位置、速度和加速度瞬间发生变化，模拟出准确的正波冲击；同时可减少泵的排量，实现节能减排。

习题

5-1　在蓄能用蓄能器回路中，液压缸每一工作循环要由蓄能器供油 $5 \times 10^{-3} \mathrm{m}^3$，蓄能器气体最高工作压力（绝对）$p_2 = 15 \mathrm{MPa}$，最低工作压力（绝对）$p_3 = 10 \mathrm{MPa}$，设蓄能器充气压力 $p_1 = 0.9 p_3$，试分别确定当气体按等温和绝热过程变化时蓄能器总容积 V_1。

5-2　一台液压机最大挤压力 $F = 1000 \mathrm{kN}$，液压机柱塞的行程 $s = 250 \mathrm{mm}$，柱塞的速度 $v = 60 \mathrm{mm/s}$，每间歇 2min 完成一次工作行程；液压泵的最高供油压力 $p_{\max} = 20 \mathrm{MPa}$，液压泵的总效率 $\eta_\mathrm{p} = 90\%$；柱塞式液压缸的机械效率 $\eta_\mathrm{e} = 90\%$。当采用蓄能器回路时，试计算：

（1）液压泵的流量。

（2）蓄能器总容积。

（3）与不采用蓄能器只用单泵供油的情况作一节约功率的比较（设 $p_1 = 0.8 p_3$，$p_3 = 0.85 p_2$）。

5-3　图 5-17 所示为一单缸液压机液压系统的流量-时间工作循环图，其所对应的液压缸的工作循环为：快速下行、慢速加压、保压、快速上行返回。若该系统采用蓄能器回路，试计算：

（1）蓄能器工作容积。

（2）蓄能器总容积。

（3）与不采用蓄能器只用单泵供油的情况作一节约功率的比较（已知 $p_2 = 20 \mathrm{MPa}$，$p_3 = 18 \mathrm{MPa}$，$p_1 = 0.8 p_2$）。

5-4　欲将一个单缸双作用柱塞泵的压力脉动限制在 29~31MPa 之间，求蓄能器的总容积（已知泵在一个流量脉动周期内瞬时流量高于平均流量部分的油液体积为 $0.19 \times 10^{-3} \mathrm{m}^3$）。

5-5　在图 5-16 所示的吸收液压冲击的蓄能器回路中，阀门突然关闭前的工作压力 $p_1 = 75 \times 10^5 \mathrm{Pa}$。若阀门突然关闭后最大允许的冲击压力 $p_{\max} = 80 \times 10^5 \mathrm{Pa}$，试计算蓄能器总容积 V_1（已知管路长 $L = 10 \mathrm{m}$，管内流量 $q = 3.33 \times$

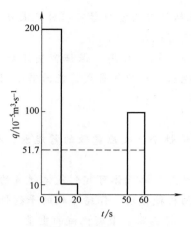

图 5-17　题 5-3 图

$10^{-3}\,\mathrm{m}^3/\mathrm{s}$，管内径 $d=25\mathrm{mm}$，油液密度 $\rho=900\mathrm{kg/m}^3$ ）。

5-6　某间歇用油液压系统，采用一台流量为 $0.4\times10^{-3}\,\mathrm{m}^3/\mathrm{s}$、最大供油压力为 $70\times10^5\,\mathrm{Pa}$（表压）的定量泵作为油源。系统每隔一段时间，有持续 $0.1\mathrm{s}$ 的需油时间，需油量为 $0.8\times10^{-3}\,\mathrm{m}^3$，两次需油时间的最小间隔时间为 $30\mathrm{s}$；系统使用压力可在 $0\sim10\times10^5\,\mathrm{Pa}$ 范围内变动，充液前压力为最低使用压力的 90%，充液过程认为是等温过程。试计算囊式蓄能器总容积和定量泵向蓄能器充液的时间。

5-7　有一采用囊式蓄能器来吸收液压冲击的液压回路。换向阀前管路长 $l=5\mathrm{m}$，内径 $d=35\mathrm{mm}$，管内流量 $q=5\times10^{-3}\,\mathrm{m}^3/\mathrm{s}$，回路工作压力 $p=50\times10^5\,\mathrm{Pa}$。若在瞬时关闭换向阀时，其冲击压力不应超过回路工作压力的 5%，试确定蓄能器的容积（油液密度 $\rho=900\mathrm{kg/m}^3$ ）。

第六章

典型液压系统分析

目前液压传动在机械制造、冶金、工程机械、农业机械、轻工机械、航空、船舶等各个部门均有广泛应用，液压系统种类繁多，不能一一列举。本章选择四种机械的液压系统，介绍机器的工况要求和特点，以及液压系统如何将元件和回路有机地组合起来满足机器的工况要求。通过对这些液压系统的分析，一方面为液压系统设计和应用提供典型例子，另一方面可举一反三，了解系统组成的规律，便于分析和设计其他液压系统。当然，多熟悉一些机器的液压系统，尤其是有些具有独特回路的液压系统，对从事液压技术的工程技术人员来说是必要的，这需要在学习和工作中逐步加以积累。

第一节　液压机液压系统

液压机是用来对金属、塑料、木材等材料进行压力加工的机械，也是最早应用液压传动的机械之一。液压传动目前已成为压力加工机械的主要传动形式。液压机液压传动系统是以压力控制为主的系统，由于液压传动用于机器的主传动，系统压力高、流量大、功率大，因此特别要注意提高系统的效率，而且要防止泄压时产生压力冲击。

一、液压系统的特点

液压机的典型工作循环如图 6-1 所示。液压机根据其工作循环要求有快降、减速接近工件及加压、保压延时、泄压、快速回程及保持活塞停留在行程的任意位置等基本动作。当有辅助缸时，如要求顶料，则有顶料缸活塞上升、停止和退回等动作；薄板拉伸则要求有液压垫上升、停止和压力回程等动作；有时还需用压边缸将料压紧。

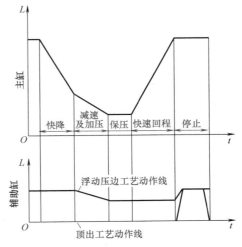

图 6-1　液压机的典型工作循环

液压机液压系统的工作压力要满足主运动执行机构最大输出力的要求，选择较大的工作压力，可显著地减小缸径，使液压机尺寸减小，液压系统流量相应也减小。目前液压机液压系统工作压力常采用 20~30MPa，有的液压机甚至采用超高压，压力可达 100~150MPa。

液压系统流量要满足工作速度要求，工作速度按工艺试验所取得的最佳速度范围、生产率要求和现实可能性而确定。一般由液压泵直接供油的液压系统中，主缸的工作速度不超过 50mm/s；快进速度不超过 300mm/s，快退速度与快进速度大体相等。

液压机工作循环中，压力、工作速度和流量变化较大，液压泵的输出功率也较大，如何既满足液压机工作循环的要求，又使液压泵的功率最小，是高压大流量液压系统要考虑的主要问题。通常有两种供油方案：一种是采用高低压泵组，用一个高压小流量柱塞泵和一个低压大流量泵组合起来向系统供油；另一种是采用恒功率变量柱塞泵向系统供油，以满足低压快速行程和高压慢速行程的要求。快速行程可采用增速回路，在不增加液压泵流量的前提下，提高活塞的运动速度。在快速行程转为慢速工作行程时，为了避免冲击，可通过减速回路减速。为使立式液压机滑块可靠地停留在任何位置，须采用平衡回路。另外尽量减少电液换向阀控制油路的功率损失，可通过对功率损失、系统复杂程度、设备成本和可靠性综合比较，来决定选用从主油路直接控制、主油路减压或辅助泵供油三种控制油路中最合适的一种。

液压机工作循环中的保压过程与制品质量密切相关，很多液压机均要求具有好的保压性能。高压系统保压时，由于主机和液压缸的弹性变形、油液的压缩和管道的膨胀而储存了一部分能量，故保压后必须泄压，将这部分储存的弹性能释放，如果泄压过快，将引起液压系统剧烈的冲击、振动和噪声，甚至导致管路和阀门的破裂，因此，保压和泄压是液压机液压系统必须考虑的两个问题。

二、典型液压系统

1. 2500kN 粉末制品液压机液压系统

粉末冶金工艺的主要要求为工件压制成型后达到规定的密度和尺寸精度，压制力和速度应能在较大范围内精确调节，能持续加压和实现双面压制，有足够的顶出力和较高的生产率。图 6-2 所示为该机液压系统，其工作原理如下。

（1）液压源 液压源由低压泵 1、高压泵 2、卸荷阀 4、换向阀 6、节流阀 5 和溢流阀 22 组成。液压机不工作时，高压泵 2 和低压泵 1 经换向阀 6 中位卸荷。主缸快速接近工件和粉末制品压实前，负载压力较低并缓慢上升，高、低压泵同时供油，当压实工件时，负载压力急剧上升，超过卸荷阀 4 的调定压力，卸荷阀 4 打开，低压泵 1 卸荷，高压泵 2 继续向系统供油，并随着压力升高流量自动减小。主油路最大工作压力由溢流阀 22 调定，压制速度由节流阀 5 调节，也可用调速阀 3 旁路节流调节。

（2）主缸回路 电磁铁 7YA 和 2YA 通电，两液压泵输出油液经换向阀 6 和 9 进入主缸的增速缸，推动活塞快速下降，下腔回油一部分回油箱，另一部分经单向阀 10 进入增速缸，同时充液阀 13 由于负压被打开，上置油箱给主缸工作腔充液。当主缸活塞下降接触工件后负载压力升高，压力继电器 12 发讯，使电磁铁 7YA 断电，6YA 通电，液压泵输出的压力油只能经节流阀 5 进入系统，同时由于压力升高卸荷阀 4 打开，低压泵 1 卸荷，单向顺序阀 11 打开，高压泵 2 输出的高压油经单向顺序阀 11 进入主缸工作腔进行压制。制品压实后高压泵 2 继续工作，压力油由溢流阀 22 溢流，实现高压泵保压，保压时间为 0～15s，由压力继电器 12 高压触点和时间继电器来控制。保压完毕，增速缸上腔通过换向阀 9 中位泄压，延时后 3YA 通电，活塞回程，在压力油作用下，充液阀 13 打开，活塞上腔回油经充液阀 13 和换向阀 9 回上置油箱和油箱。

（3）顶出缸回路 顶出缸活塞升降由换向阀 20 控制。当活塞上升到规定位置时，挡圈 17 碰到限位螺母 16，将缸底的限位阀 18 提起，打开阀孔，使下腔的来油流回油箱，活塞

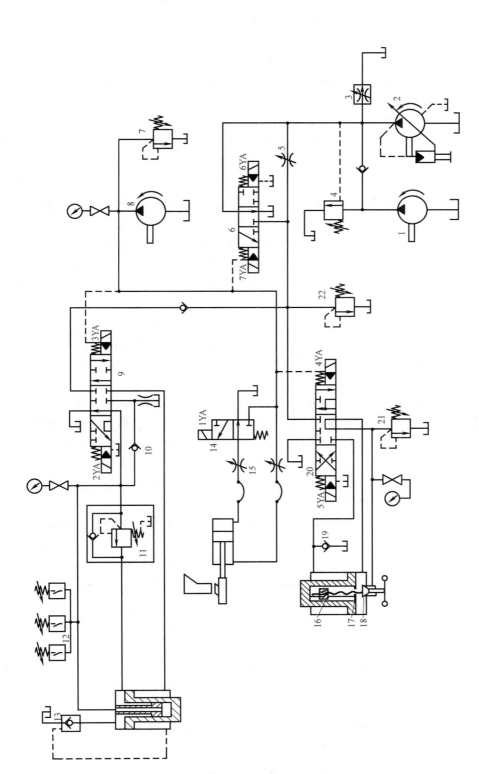

图 6-2　2500kN 粉末制品液压机液压系统

1—低压泵　2—高压泵　3—调速阀　4—卸荷阀　5、15—节流阀　6、9、14、20—换向阀　7、21、22—溢流阀　8—小流量叶片泵
10、19—单向阀　11—单向顺序阀　12—压力继电器　13—充液阀　16—限位阀　17—挡圈　18—限位阀

便停止上升。旋转手轮可调整限位螺母16的位置。换向阀20在中位时，活塞可向下浮动，浮动压力通过溢流阀21来调节。浮动时活塞上部形成真空，通过单向阀19从油箱中吸入油液。

（4）控制油路　控制压力油由小流量叶片泵8单独供给，压力由溢流阀7调整，除用作换向阀6、9和20的控制油源外，还作为主缸回路不工作时送料缸的油源。送料缸由换向阀14控制，送料时差动连接，其运动速度由节流阀15调节。

2. 液压机二通插装阀液压系统

二通插装阀液压系统为大流量液压系统开辟了一条途径，它可使整个液压系统结构紧凑，体积和质量大为减小，在压力加工机械中得到广泛应用。

图6-3所示为DYZ630-3型液压站二通插装阀液压系统。该液压站可使液压机实现锻压工艺要求的最常用的典型工作循环（图6-1）。它采用二通插装阀液压集成系统，公称压力为32MPa，公称流量为100L/min，油箱容量为630L。63YCY14-1B压力补偿变量轴向柱塞泵从油箱吸油，通过高压纸质滤油器向系统供油。液压系统采用集成系统，由四个集成块组成：

1）为进油调压集成块，其中插装阀1为单向阀，用以防止系统中的油液倒流。插装阀2、调压阀9和换向阀8构成一个电磁溢流阀，用来调整液压泵的最大工作压力，控制液压泵的工作和卸荷。

2）为辅助缸集成块，控制辅助缸的动作和压力。用滑阀机能为J型的换向阀20来控制辅助缸的运动方向。插装阀3和调压阀11构成一个溢流阀，用来调整辅助缸活塞腔的最大工作压力，插装阀3的控制油路还与油箱前面的仪表板上的远程调压阀10相通，便于工作时经常调整辅助缸液压垫的工作压力。

3）为主缸下腔集成块，插装阀7和换向阀19构成一个二位二通换向阀，控制主缸下腔的进油和回油，中间的梭阀用以防止主缸下腔中的油从插装阀7流出，使插装阀7兼起液控单向阀的作用。插装阀4、调压阀14、卸荷阀12和换向阀13构成一复合机能的调压阀，它的作用有：

① 无压放油。当主缸活塞带动滑块靠自重快速下行时，换向阀13的电磁铁6YA通电，插装阀4开启，主缸下腔的油无阻力地流回油箱。

② 平衡滑块自重。6YA断电，通过调压阀14使下腔回路上产生一个背压，用来支承滑块自重或在下行空行程时减速。

③ 节能加压下行。滑块加压下行时，从与主缸上腔相连的C点引来的控制压力油的压力超过卸荷12的调压压力时，插装阀4作为卸荷阀，使下腔再次没有背压，降低了加压工作时的能量消耗。

④ 回程时缓冲。当上腔加压完毕，主缸回程时，只要上腔压力未泄压到卸荷阀12的调定压力，下腔就不能升压回程，可以减小换向时的液压冲击。

4）为主缸上腔集成块，用以控制主缸上腔的进、回油和调整工作压力。单向阀18的作用是防止主缸上腔中的油从相关液压阀中泄漏，起到保压作用，充液阀17用于滑块快速空行程下行时对主缸上腔充液。

现以主缸加压和辅助缸作顶出动作的自动工作循环为例说明液压系统的工作原理。

（1）主缸快速下行　按双手工作按钮，电磁铁1YA、2YA、6YA通电。1YA通电，液压泵从卸荷状态转为工作状态，向系统供压力油；2YA通电，换向阀16油口A→O相通，插装阀6打开，系统压力油进入主缸上腔；6YA通电，主缸下腔通过插装阀4快速回油，于是液压机滑块在自重作用下快速下行，主缸上腔产生负压，通过充液阀 17 从上置油箱对上腔充液。

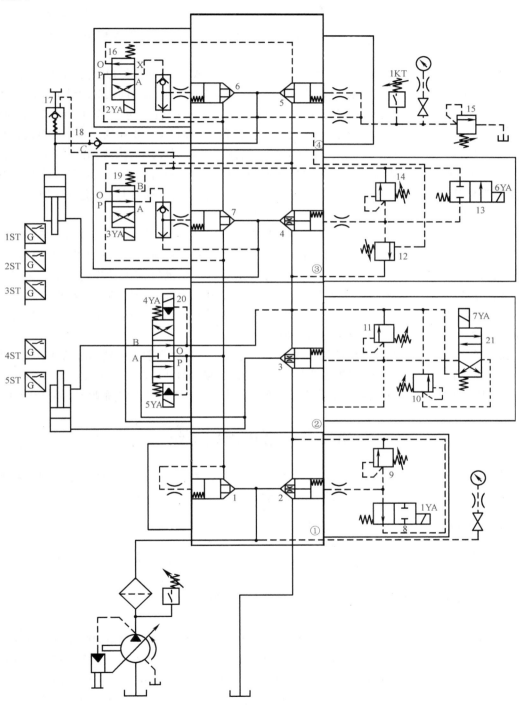

图 6-3 DYZ630-3 型液压站二通插装阀液压系统

1~7—插装阀 8、13、16、19、20—换向阀 9~11、14、15—调压阀

12—卸荷阀 17—充液阀 18—单向阀

（2）减速 滑块上的挡铁触动行程开关 2ST 后，电磁铁 6YA 断电，主缸下腔产生由调压阀 14 调定的背压，使滑块减速。充液阀 17 由于上腔压力升高而关闭。

（3）工作行程 当滑块接触工件后，开始加压工作行程，系统压力升高，压力补偿变量泵流量自动减小，同时主缸上腔压力油打开卸荷阀 12，使下腔在无背压下经插装阀 4 回油，上腔全部压力作用在工件上。

（4）保压 加压工作行程完毕，触动限位开关 3ST，或者主缸内压力升高，压力继电器 1KT 发讯，转为保压，所有电磁铁均断电，液压泵卸荷，系统保压，保压时间由时间继电器调定。

（5）泄压回程 保压后，时间继电器发信转入泄压回程，电磁铁 1YA、3YA 通电。1YA 通电，液压泵转入工作状态；3YA 通电，换向阀 19 油口 P→B 相通，A→O 相通，打开插装阀 7 和充液阀 17 的卸荷阀芯，主缸上腔开始泄压，在上腔压力未降到卸荷阀 12 的调定压力前，插装阀 4 保持开启，因而下腔回路不能升压回程，只有当主缸上腔压力降低到卸荷阀 12 的调定压力以下时，卸荷阀 12 关闭，插装阀 4 也关闭，下腔回路才能升压回程，实现先泄压后回程。

（6）辅助缸顶出动作 主缸回程碰到 1ST 后发信，电磁铁 3YA 断电，1YA、5YA 通电。3YA 断电，插装阀 7 关闭，使主缸停留在上方；5YA 通电，换向阀 20 油口 P→A 相通，B→O 相通，系统向辅助缸下腔供油，实现辅助缸顶出动作。辅助缸顶出动作完成后，碰到 4ST 后发讯，使 4YA 通电，辅助缸活塞下降，直至碰到 5ST，全部电磁铁断电，辅助缸活塞停止在下方，液压机回到初始位置。顶出动作完成后，如需要辅助缸液压垫停留在上部位置一段时间，可通过时间继电器延缓 4YA 通电来达到。

在薄板拉伸时，辅助缸作为液压垫工作。7YA 通电，主缸加压前先将辅助缸活塞升起，停留在上方；在主缸加压时，换向阀 20 处于中位，辅助缸下腔的回油以调压阀 10 调定的背压经插装阀 3 回油箱，辅助缸活塞随主缸活塞的下行而下降，辅助缸上腔通过换向阀 20 从油箱中吸油。

第二节 磨床液压系统

磨床工作台的运动是一种连续往复直线运动，它对调速、运动平稳性、换向精度和换向频率都有较高的要求，因而广泛采用液压传动。

一、磨床工作台对液压系统的要求

磨床是一种精密加工机床，为保证加工精度和提高生产率，液压系统应满足以下要求。

1. 调速范围广运动平稳

要求速度低于 0.02m/min 时无爬行，速度高于 30m/min 时无冲击。

2. 换向时制动与起步应平稳、换向精度高

为防止惯性引起的冲击影响机床的加工精度和表面粗糙度，工作台换向时制动与起步应平稳。内、外圆磨床为了适应加工阶梯轴和不通孔的需要，工作台应有准确的换向点。在速度不变的情况下换向点误差，即同速换向精度应小于 0.02mm；在全部速度范围内换向点误差，即异速换向精度应小于 0.2mm。平面磨床对换向精度要求比较低，但要求换向时无冲击。

3. 端点停留时间

平面磨床对工作台换向时端点停留时间几乎等于零，内、外圆磨床要求有一定的端点停留时间，应能在 0~5s 内调整。

4. 微量抖动

内、外圆磨床在磨削工件长度与砂轮宽度相近的较短的工件或作切入磨削时，为了提高磨削效率、降低工作表面粗糙度和提高砂轮耐用度，工作台应能作每分钟约 100 次以上的短距离（1~3mm）往复运动。

5. 系统温升低

为了防止产生热变形而影响机床精度，磨床对液压系统温升的要求较严。一般要求为 10~20℃，精度高的磨床在 5℃ 以下。

二、液压系统的特点

1. 系统主要设计参数

因为磨床是精密加工机床，磨削力及其变化量均较小，主要负载是运动部件的摩擦力和起动时的惯性力。为保证运动平稳和工作可靠，一般都采用低压系统，压力在 2MPa 以下。液压系统流量根据工作台速度选定，一般在 50L/min 以下。

2. 工作台的自动直线往复运动

根据磨床工作台的要求，磨床工作台应能实现直线往复运动、自动换向、端点停留、无级调速和在换向端点作磨头进给等多种动作，换向精度要求较高。传统的液压阀的机能已不能满足它的要求。为此要用由机动先导阀、液动换向阀和节流器等几个液压阀组成的机液联合控制的液压操纵箱来完成，磨床工作台液压操纵箱按制动方式分为时间控制和行程控制两类。其回路的组成和工作原理已在第二章第三节中讲述。

3. 工作台的抖动

工作台抖动即为工作台短行程换向，工作台挡铁之间距离很小，差不多夹持拨杆，使先导阀处于中间对称位置，作左右高频换向。用普通的行程控制制动液压操纵箱已不能完成高频换向，需要对先导阀加以改进。当先导阀对工作台完成预制动后，将先导阀控制的控制压力油反过来直接作用于先导阀，使先导阀也产生快跳，迅速完成换向的整个过程。有快跳动作的先导阀的液压操纵箱称为快跳操纵箱。快跳操纵箱能使工作台高频换向，不仅可以在切入磨削时降低磨削表面粗糙度、提高磨削效率和砂轮耐用度，也可消除工作台低速换向时端点停留时间过长的现象，提高异速换向精度，还给准确对刀带来方便。

4. 工作台的调速和液压系统的温升

磨床工作台液压系统由于其低速、轻载和小功率的特点，大多采用节流阀回油节流调速，能满足系统刚性要求，并在液压缸后腔形成一定的背压，增加运动的平稳性。对负载变化较大的断续磨削，可采用调速阀节流调速，以保证速度稳定。

磨床液压系统一般置于机床床身内，系统的发热使油液温度升高，机床产生热变形，影响机床加工精度。为减小系统发热，控制温升，可根据磨床的精度等级采取下列措施：

1）普通磨床在装卸工件等辅助时间内，可使系统卸荷。为此，系统应设置卸荷阀或采用其他卸荷措施。

2）功率较大、精度较高的磨床（如精密平面磨床）宜采用变量泵容积调速闭式系统。为了改善散热条件，对闭式系统可增设辅助油箱和风冷式冷却器。

3）大型磨床可采用静压导轨，减小摩擦阻力，降低系统压力。

三、典型液压系统

1. 平面磨床液压系统

平面磨床属于精加工机床，切削力及其变化量均不大，工作台往复运动速度较大，调速范围较广，要求换向频繁迅速、冲击小、系统发热小，但换向精度要求不高。

图 6-4 所示为 M7120A 型平面磨床液压系统。它能实现工作台往复运动、磨头进给运动及导轨润滑。该系统主要由齿轮泵 25、工作台操纵箱 I、磨头进给操纵箱 II 及溢流阀 26 等组成。

工作台往复运动是靠开停阀 21 和工作台操纵箱联合作用实现的。操纵箱内换向阀 19 跟先导阀 18 和进给阀 20 左右移动而移动，使工作台实现往复运动。工作台的开动、停止和系统卸荷是根据开停阀 21 的位置来决定的。

开停阀 21 是一个转阀，它有 A、B 和 C 三个截面，三个截面通过轴向槽互通，图中用虚线相连表示互通。开停阀 21 处于图示"开"的位置，从齿轮泵 25 输出的压力油→C 截面→管 1→换向阀 19→管 2→工作台液压缸 C_1 左腔；工作台液压缸 C_1 右腔回油→管 3→换向阀 19→管 4→A 截面中心孔→油箱，工作台向右运动。开停阀 21 手柄位于垂直位置，A 和 C 截面的偏心三角节流槽处于最大开度，工作台运动速度最高；如果开停阀 21 的手柄逆时针旋转，A、B 和 C 截面同轴旋转，关小三角节流槽开度，工作台速度随之降低，调节开停阀 21 手柄的角度，可调节工作台直线往复运动的速度。当工作台向右运动时，工作台上挡铁碰到换向拨杆，推动先导阀 18 向左移动，控制压力油经过滤器→管 1→先导阀 18→管 9→单向阀 I_4→进给阀 20 右端，推动进给阀 20 左移；进给阀 20 左端回油→管 7→先导阀 18→油箱；由于回油无阻力，进给阀 20 快移。当进给阀 20 左移到阀芯左端正好将管 8 堵死，阀芯右端环形油槽将管 9 和管 10 接通，进给阀 20 左端回油→节流阀 J_3→先导阀 18→油箱，进给阀 20 向左慢移；此时，控制压力油→管 9→进给阀 20 右环形槽→管 10→单向阀 I_2→换向阀 19 右端，推动换向阀 19 向左移动；换向阀 19 左端回油→管 8→先导阀 18→油箱，由于回油无阻力，换向阀 19 快跳，其制动锥迅速切断管 1 至管 2 的油路，工作台制动。换向阀 19 快跳到中间位置后，工作台液压缸 C_1 的油路开始换向，但换向阀 19 的阀芯正好将油口 8 堵死，换向阀 19 左端回油→节流阀 J_1→先导阀 18→油箱，换向阀 19 向左慢移，这时工作台也开始起步向左运动。调节节流阀 J_1 的开度，可调节工作台起步时间，使工作台起步平稳。同理，工作台从左端点向右反向运动的油路与上述相似。

工作台往复运动时，压力油经开停阀 21 的截面 A 和 C 的轴向槽流向截面 B，经管 6 通向工作台手摇机构液压缸 C_4，使齿轮脱开，手摇机构不起作用，避免工作台运动时带动手轮旋转伤人。

将开停阀 21 的手柄从图示位置逆时针旋转 120°，置于停车位置，此时从液压泵来的压力油被截面 C 和 A 堵死，工作台停止运动。而管 1 和 5 通过开停阀 21 的轴向槽接通，使液压缸 C_1 左右两腔互通。这时手摇机构液压缸 C_4 回油→管 6→截面 B→截面 B 和 A 的中心孔→油箱，手摇机构齿轮啮合，于是可通过手轮、齿轮和齿条摇动工作台。开停阀 21 处于停车位置时，液压系统仍保持压力，以供其他机构运动，如使磨头往复动作修整砂轮或调整行程。

当开停阀 21 的手柄从图示位置逆时时旋转 180°，手柄朝下置于卸荷位置时，从液压泵输出的油液和工作台液压缸 C_1 两腔都通过开停阀 21 与油箱接通，系统卸荷，一切运动均停止。

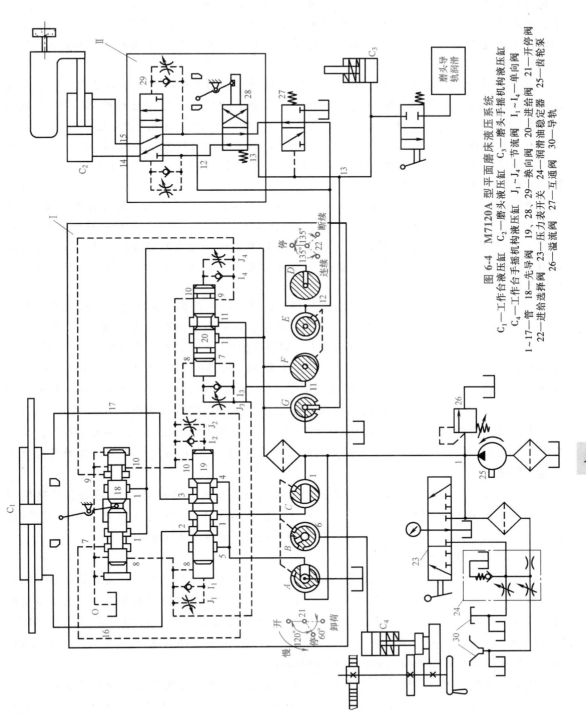

图 6-4　M7120A 型平面磨床液压系统

C₁—工作台液压缸　C₂—磨头液压缸　C₃—磨头手摇机构液压缸
C₄—工作台手摇机构液压缸　J₁~J₄—磨头手摇阀　I₁~I₄—单向阀
1~17—管　18—先导阀　19、28、29—换向阀　20—进给阀　21—开停阀
22—进给选择阀　23—压力表开关　24—润滑稳定器　25—齿轮泵
26—溢流阀　27—互通阀

　　平面磨床工作台往复运动采用进、回油双重节流调速，这样在开停机床时，即使操作过猛，也不致引起工作台缸中的压力突然变化。而且通常在双重节流中以回油节流为主，其做法是将截面 A 回油节流三角槽做得比截面 C 进油节流三角槽短一些，这样使回油路产生一定的背压，可以提高运动平稳性。工作台往复运动速度可在 $1\sim18\mathrm{m/min}$ 范围内无级调整。

　　磨头的横向进给是靠进给阀20和磨头操纵箱联合作用而实现的，其运动由进给选择阀22所示的连续运动、断续进给和停止进给三个位置来决定。在进给选择阀22的四个截面中，截面 D 和 G 通过中心孔相通，中心孔通回油，截面 E 和 F 用轴向槽互通。

　　进给选择阀22手柄置于中间"停"的位置，磨头手摇机构液压缸 C_3 回油→管13→截面 G →油箱，互通阀27在弹簧作用下恢复原位，磨头液压缸 C_2 左、右两腔互通，均接回油箱。此时，可手摇磨头作横向运动。

　　进给选择阀22手柄向左扳至"连续"位置，压力油通过截面 F 的三角节流槽→截面 E →磨头操纵箱→磨头液压缸 C_2；同时，压力油经截面 G →管13→磨头手摇机构液压缸 C_3 和互通阀27左端，磨头手摇机构脱开，互通阀27切断互通油路接通回油通道，使磨头在压力油作用下连续运动。操作换向阀28的拨杆（手动或机动），使换向阀29向左或向右移动，于是磨头前进或后退。

　　进给选择阀22手柄向右扳至"断续"位置，压力油只有通过进给阀20，接通管1和管11的通路后，才能进入磨头操纵箱。工作台在左、右端点换向时，进给阀20左移或右移中，管1和11才能接通，使磨头断续进给。调节进给阀20两端单向节流阀的调节螺钉，以控制进给阀20阀芯的移动速度，也即控制管1和11的接通时间，可改变磨头横向进给量。先导阀18的换向，使进给阀20和换向阀19换向，如前所述，进给阀20换向动作领先换向阀19一段时间，在工作台未换向之前就开始进给，把进给动作分配在工作台换向的前后，对于工作台在行程端点无停留的平面磨床来说，可以减少工作台在端点进给的空行程，扩大磨削加工范围，提高生产率。进给系统利用进给选择阀22的 F 截面上三角节流槽进行节流调速，调速范围为 $0.3\sim3\mathrm{m/min}$。

　　工作台和磨头导轨的润滑是从主油路引入压力油，经润滑油稳定器24输往各导轨供润滑之用。为确保磨头主轴充分润滑，平面磨床单独设置了能自动控制磨头转动的润滑系统，使磨头在润滑不足的情况下不能转动。磨头主轴润滑系统在图中未画出。

　　2. 外圆磨床液压系统

　　万能外圆磨床用于内、外圆柱形或圆锥形工件的精加工。外圆磨床所需要的运动，除砂轮旋转和工件旋转运动外，工作台直线往复运动、砂轮架横向快速进退及周期进给等运动都是由液压系统来完成的。工作台直线往复运动要求有稳定的低速，一般最低速度在 $0.05\sim0.02\mathrm{m/min}$ 范围或更低，最高速度不超过 $6\mathrm{m/min}$，换向时要求平稳无冲击、换向精度高、在换向两端点有可调的停留时间和微量抖动动作。

　　图 6-5 所示为 M1432A 型万能外圆磨床液压系统，它主要能实现工作台直线往复运动和砂轮架快速进退等运动。系统采用流量为 $16\mathrm{L/min}$ 的液压泵2供给工作台液压缸 C_2、砂轮架进退液压缸 C_3、尾架液压缸 C_4、闸缸7和导轨润滑等用油。溢流阀1用来调节系统压力在 $0.9\sim1.1\mathrm{MPa}$ 范围内。

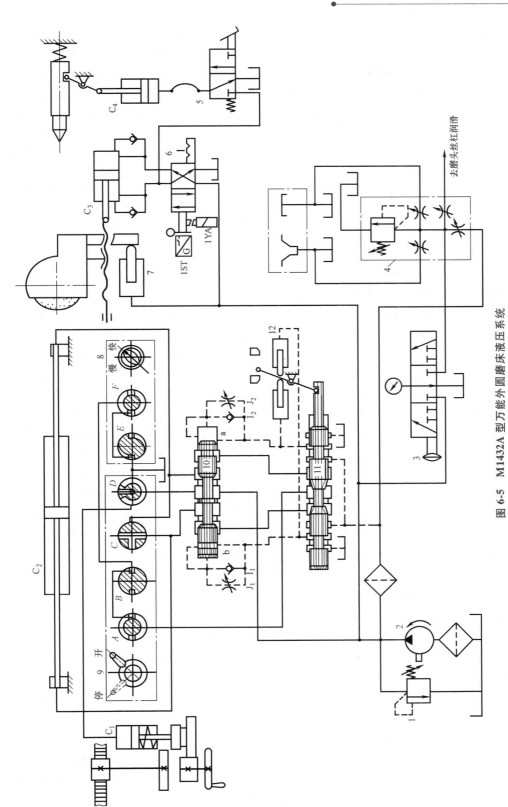

图 6-5 M1432A 型万能外圆磨床液压系统

1—溢流阀 2—液压泵 3—压力表开关 4—润滑油稳定器 5、6、10—换向阀 7—闸缸 8—节流阀 9—开停阀 11—先导阀 12—抖动缸
I_1、J_2—节流阀 I_1、I_2—单向阀 C_1—工作台手摇机构液压缸 C_2—工作台液压缸 C_3—砂轮架液压缸 C_4—尾架液压缸 去磨头丝杠润滑

147

液压操纵箱包括开停阀9、节流阀8、先导阀11、换向阀10和抖动缸12，用来实现工作台纵向直线往复运动的开停、调速、换向、换向端点停留及抖动等动作。开停阀9有 A、B、C、D 四个截面，A、B 两截面用轴向槽连通，用来控制工作台的开和停，并实现工作台液动与手动的联锁。当开停阀9处于图示"开"的位置时，工作台液压缸 C_2 的回油经换向阀10、先导阀11、开停阀9的 A、B 截面和节流阀8的 E、F 截面流回油箱，工作台"开动"。当开停阀逆时针方和旋转90°后，回油路被开停阀9的 B 截面切断，工作台"停止"。工作台开动的同时，压力油经开停阀9的 D 截面进入工作台手摇机构液压缸 C_1，使齿轮脱开啮合，手摇机构不起作用。工作台停止时，手摇机构液压缸 C_1 的回油经 D 截面中心孔通油箱，手摇机构齿轮啮合，工作台液压缸 C_2 两腔通过 C 截面互通，这时，用手即可摇动工作台。节流阀8用来调节工作台运动速度。节流阀8和开停阀9分开，节流阀8只负责改变主回油通道的大小，保持成批生产中每一工件加工时工作台速度不变，为磨削加工带来方便。

工作台的直线往复运动、换向的制动—停留—起步过程和抖动动作，由带预制动的先导阀11—换向阀10—抖动缸12等组成的液压操纵箱来实现。图示位置控制压力油经先导阀11到左抖动缸12左端和换向阀10右端，使先导阀11和换向阀10处于左端位置，液压泵输出的压力油经换向阀10进入工作台液压缸 C_2 右侧的空心活塞杆到工作台液压缸 C_2 的右腔，由于活塞杆固定，压力油推动工作台液压缸 C_2 使工作台向右运动；工作台液压缸 C_2 左腔回油经换向阀10→先导阀11→开停阀9 A、B 截面→节流阀8 F、E 截面回油箱。当工作台上右挡铁碰上拨杆，拨动先导阀11阀芯向右移动时，它的左制动锥逐渐关小回油通道，使工作台减速，实现预先制动，同时打开左端的控制压力油通道，一路进入右抖动缸12，使先导阀11快跳到右端，另一路进入换向阀10的左端，换向阀10开始向右移动换向。换向阀10右端回油三次变换通道：先是直接经快跳孔 a 无阻力回油箱，阀芯快跳至中间，接通压力油与工作台液压缸 C_2 两腔，工作台迅速停止；当阀芯遮盖快跳孔 a 后，回油须经节流阀 J_2 回油箱，阀芯慢移，工作台停留在换向端点；最后阀芯右侧环形油槽接通右端回油和快跳孔的通路，换向阀10阀芯再次快跳，使工作台迅速反向起步，最终完成全部换向过程。这样，换向阀换向过程中经历三个阶段：第一次快跳—慢移—第二次快跳，正好对应于工作台换向时三个阶段：制动—停留—反向起步。调节换向阀两端节流阀 J_2、J_1 的开度，能改变换向阀移动速度，亦即能改变工作台在端点的停留时间。节流阀开至最大时，停留时间接近于零。工作台在左端换向情况和上述相似。

工作台抖动动作是在工作台挡铁之间距离很小，差不多夹持先导阀11拨杆时发生的。这时先导阀拨杆处于垂直位置，严格控制先导阀阀芯和阀体沟槽的轴向尺寸，使它控制的主回油通道和控制压力油通道处在左右开闭的极限状态，只要挡铁推动拨杆向左或向右偏移，控制压力油迅速接通，反过来作用于抖动缸，使先导阀换向过程迅速完成，随之左右高频换向。一般情况下，抖动频率在 $1.6\mathrm{Hz}$ 以上。将控制工作台运动速度的节流阀8关小，可以降低抖动频率。

砂轮架的快速进退运动由换向阀6来控制，在砂轮架液压缸 C_3 的行程端点设置缓冲。油路中设有尾架和砂轮架的互锁装置，只有砂轮架液压缸 C_3 的有杆腔通压力油时，砂轮架退出，换向阀5才能使尾架退出，卸下工件。在工件磨削时，即使不慎脚踏尾架换向阀5踏板，尾架液压缸 C_4 下腔与回油相通，尾架不能退出，防止工件飞出，发生伤人事故。操纵换向阀 6 使砂轮架快速前进时，手柄压下行程开关 1ST，使砂轮和冷却液泵的电动机开动。砂轮架后退同时，砂轮和冷却液泵电动机停车。闸缸 7 用来消除砂轮架进给丝杠和螺母间的间隙，以保证进给的准确性。

在进行内圆磨削时，放下内圆磨具同时，电磁铁 1YA 吸合，锁住换向阀 6，使砂轮架不能快速进退。

液压泵输出的油液有一部分经精过滤器到润滑油稳定器 4，经压力调节和分流后，送至导轨、丝杠螺母和轴承等处进行润滑。

由于液压进给系统进给量不均匀，在精磨时不能满足微量进给的要求，有的磨床取消了砂轮架横向自动进给系统，采用了手动进给，简化了机床的结构。

3. 平面磨床电液比例容积调速系统

图 6-6 所示为平面磨床电液比例容积调速系统原理图，磨床工作台的往返运动通过行程开关控制，电液比例控制阀控制变量泵输出液流的大小和方向。

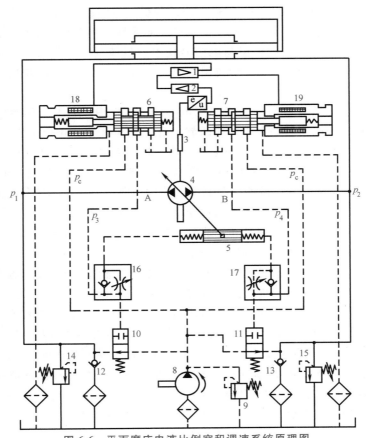

图 6-6　平面磨床电液比例容积调速系统原理图
1、2—放大器　3—位移传感器　4—双和变量泵　5—变量泵控制活塞　6、7—电液比例阀
8—辅助泵　9、14、15—溢流阀　10、11—液控换向阀　12、13—单向阀
16、17—单向节流阀　18、19—比例电磁铁

图中，变量泵控制活塞 5 两端压力为零，活塞在两端对中弹簧力的作用下，处于中间位置，变量泵的定子和转子的偏心为零，泵无流量输出。

149

若放大器 1 有电信号输入给比例电磁铁 18，比例电磁铁得电推动电液比例阀 6 的阀芯向右移，开起阀口，控制压力油 p_c 与 p_3 连通，然后经单向节流阀 16 进入变量泵控制活塞 5 的左端，变量泵控制活塞 5 的右端油液经单向节流阀 17 的可调液阻至 p_4，然后经电液比例阀 7 回油箱，$p_4 = 0$。由于变量泵控制活塞两端存在压差，因此作用在活塞上的液压力克服弹簧力推动变量泵控制活塞右移，双向变量泵的定子偏移，相对转子出现偏心，双向变量泵 4 经油口 A 向磨床液压缸左腔供油，活塞杆带动工作台向右运动，磨床液压缸右腔的回油 p_2 则进入双向变量泵 4 的吸油口 B，形成闭式回路。在双向变量泵定子偏移时，位移量经位移传感器 3 转换为电信号反馈作用在电控器上，与输入电信号相比较，当两者相等时，双向变量泵的定子停止偏移，稳定在某一偏心距上工作，输出与输入电信号相对应的流量 q_p。改变电信号的大小，可以改变双向变量泵输出的流量。由于此流量全部进入液压缸，因此可以实现磨床工作台的速度调节。变量泵出口旁接的溢流阀 14 对双向变量泵的 A 口起安全保护作用。

若电信号输入给比例电磁铁 19，类似上面的分析，控制压力油 p_c 经电液比例阀 7 进入变量泵控制活塞 5 的右端，双向变量泵 4 的定子反向偏移，相对转子出现反向偏心，变量泵改为经油口 B 向磨床液压缸右腔输出与电信号相对应的流量，工作台向左运动。工作台左腔回油进入双向变量泵的吸油口 A，形成闭式回路。溢流阀 15 对双向变量泵的 B 口起安全保护作用。

综上所述，交替变换电信号输入给比例电磁铁 18 和 19，磨床工作台即可实现往复运动，运动速度通过改变电信号的大小实现调节，系统为容积调速闭式回路。

辅助泵 8 的出口压力由溢流阀 9 确定为定值，辅助泵的出口压力油 p_c 不仅被直接引到电液比例阀 6、7 的进口，而且经液控换向阀 10、11 被引到双向变量泵 4 的进、出油口 A、B 及磨床工作台活塞缸的左、右两腔。引到电液比例阀的压力油用于控制双向变量泵的变量活塞，引到双向变量泵进、出口的压力油对变量泵容积调速闭式回路起到强制补油的作用，因此辅助泵 8 在系统中同时作控制泵和补油泵。另外，在磨床工作台不工作时，引到液压缸左、右腔的压力油一方面对液压缸起锁紧作用，一方面防止空气进入系统。

由于闭式回路工作时不可避免地存在泄漏，因此需要强制补油，本系统的补油任务由辅助泵 8 来完成。因双向变量泵的进、出油口交替变换，为此系统设置了两个液控换向阀 10、11 来交替变换油路：若 A 口为双向变量泵的压油口，液控换向阀 10 被控制压力油压下，液控换向阀 11 为常位，于是辅助泵 8 通往双向变量泵 A 口的通路被切断，控制压力油经液控换向阀 11 强制向双向变量泵的 B 口补油；若 B 口为双向变量泵的压油口，液控换向阀 11 被控制压力油压下，液控换向阀 10 为常位，辅助泵 8 通往变量泵 B 口的通路被切断，控制压力油经液控换向阀 10 向双向变量泵的 A 口强制补油。油箱的油液可经单向阀 12 或 13 向回路补油，以防止出现空穴现象。

第三节　单斗挖掘机液压系统

单斗挖掘机在工业与民用建筑、交通运输、水利施工、露天采矿及现代化军事工程中都有广泛的应用，是各种土石方施工中不可缺少的机械设备。

图 6-7 所示为单斗挖掘机组成简图。由柴油机驱动液压油源，向工作装置、转台回转机

构和行走装置的执行元件输送液压油。工作装置由动臂 1、斗杆 2 和铲斗 3 组成，分别由液压缸驱动，回转机构和行走装置由液压马达驱动。它的工作循环是以铲斗切削土壤，装满后提升，回转到卸土位置，卸空后的铲斗再回到挖掘位置，开始下一次作业。液压挖掘机的工作特点是工作循环时间短，各执行机构起动和制动频繁，负载变化大、振动冲击大，野外作业工作环境温度变化大、维护条件差；要求主要执行机构能实现复合动作（如挖掘、提升和回转等），有足够的可靠性和较完善的安全保护措施，能充分利用发动机功率和提高传动效率。

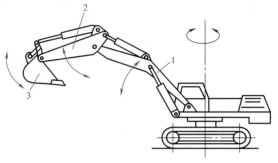

图 6-7　单斗挖掘机组成简图

1—动臂　2—斗杆　3—铲斗

一、液压系统的特点

1. 液压系统的类型

单斗挖掘机液压系统大多数采用开式系统，因为单斗挖掘机的执行机构工作频繁，流量变化大，系统发热量大，而开式系统结构简单，油箱容积大，散热条件好。有些挖掘机的回转机构专用一个液压泵单独供油，它与回转液压马达组成闭式回路，可以做到制动时的能量回收，减少系统发热。为了弥补闭式回路的泄漏，往往还要设置补油泵和辅助油箱，系统较为复杂。

挖掘机液压系统常常按液压泵和回路的数量、变量和功率调节方式来分类。在单斗挖掘机挖掘过程中，要求铲斗缸与斗杆缸同时动作；在满斗提升及回转过程中又要求动臂缸与回转马达同时动作，以提高生产率。为保证同时动作的执行机构各自的独立性，采用双泵双回路系统，即用两个同功率的液压泵分别向两个回路供油：一个泵供铲斗缸、动臂缸和左行走马达；另一个泵供斗杆缸、回转马达和右行走马达。而动臂或斗杆单独动作时，可使双泵合流供油，提高工作速度。小型挖掘机常采用单泵单回路系统，不便作复合动作，也不能充分利用发动机功率。对于复合动作较多、各执行机构动作独立性较强的大型挖掘机，多采用多泵多回路系统。

2. 变量和功率调节方式

定量泵系统中泵的流量恒定，外负载随着不同工况而变化，发动机功率以最大负载压力来确定，功率的利用率仅达设计功率的 60%。双泵双回路能实现合流的定量泵系统，每个泵的功率不能超过发动机功率的 50%，当某一回路执行机构不工作时，可使双泵合流向另一回路执行机构供油，发动机功率能得到较好的利用，但液压泵不始终在满载下工作，仍要求配置有较大功率的发动机。

液压挖掘机通常采用恒功率变量泵与定量马达等组成的变量系统，它能随负载变化而自动改变泵的流量和压力，使发动机经常接近于其设计功率工作。变量泵系统一般为双液压泵双回路，它可以分为分功率调节和全功率调节两个基本类型。

分功率调节变量系统（图 6-8a）中两个液压泵各有一个恒功率调节器。每个液压泵的流量只受液压泵所在回路负载压力的影响。每个液压泵只能传递发动机有效功率的 50%，而且只有当每台液压泵都在压力调节范围 $p_0 \leqslant p \leqslant p_{max}$ 内工作时，才能利用全部功率。由于每个回路中负载压力一般是不相等的，因此液压泵的输出流量不相等。

全功率调节变量系统工作原理如图 6-8b 所示。用一个直接作用调节器来同时调节两个液压泵的摆角，两液压泵输出流量相等，可使两个规格相同且又同时动作的执行机构保持同步关系。决定液压泵流量变化的压力是两个液压泵工作压力之和 $p_\Sigma = p_1 + p_2$，只要满足 $2p_0 \leqslant p_\Sigma \leqslant 2p_{max}$，两个液压泵功率总和始终保持恒定，不超过发动机的驱动功率，但每台液压泵的功率与其工作压力成正比，其中某个液压泵有时在超载下运行。

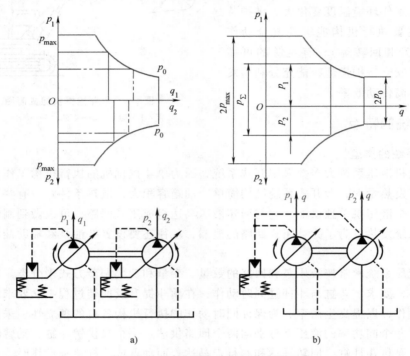

图 6-8　分功率和全功率调节变量系统

采用全功率与恒压组合调节变量系统可防止液压泵压力超载时系统溢流损失，工作原理如图 6-9a 所示，当 $2p_0 \leqslant p_\Sigma \leqslant 2p_{max}$ 时，系统按全功率调节；而任一泵超载时，高压油打开顺序阀 1，进入恒压调节缸 2，使液压泵按恒压调节，此时液压泵流量接近于零，无溢流损失。图 6-9c 所示为这种调节方式的压力流量特性曲线。

变量系统实现了恒功率调节，液压泵流量按系统的工作压力进行调节，即主油路工作压力是系统的调节参量。这是一种间接的恒功率控制方式。近年来出现的以发动机转速作为调节参量的调节系统，工作原理如图 6-9b 所示。系统中流量调节是通过控制油路上减压阀 3 和离心调速器 6 控制的调压阀 7 进行的。当主泵油路里的压力升高时，发动机转速降低，离心调速器 6 使调压阀 7 的开口量开大，进入调节缸 5 的控制油压增加，主泵的摆角和流量减小，使发动机的输出转矩和功率与外负载恢复平衡。油路工作压力 $p \leqslant p_{max}$ 时，主泵的排量按发动机转速作全功率调节（图 6-9c 曲线的 A 段）；当任一泵的工作压力 $p > p_{max}$ 时，高压油经顺序阀 4 进入调节缸 5，使主泵按恒压调节（图 6-9c 曲线的 B 段）。这种直线控制的调节系统的优点是能在很大转速范围内充分利用发动机转速和功率，而且泵的效率和发动机实际输出转矩的差别均对发动机功率的利用无影响。

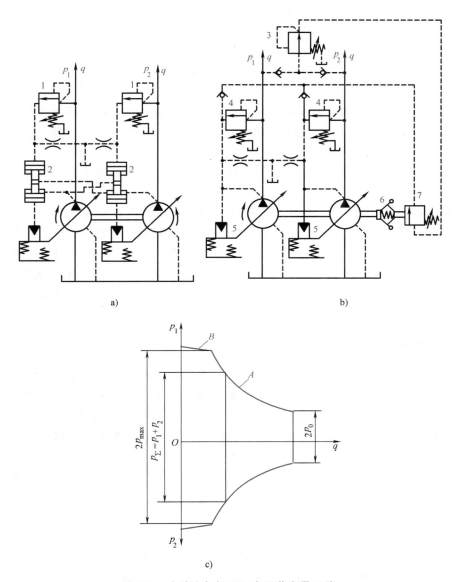

图 6-9 全功率与恒压组合调节变量系统

a）液压控制工作原理 b）转速控制工作原理 c）压力流量特性曲线

1、4—顺序阀 2、5—调节缸 3—减压阀 6—离心调速器 7—调压阀

3. 回路组合和合流方式

液压挖掘机的执行机构数目较多，为了便于集中操纵和安装，简化油路连接和减少所占的空间，往往将若干个单路换向阀、安全溢流阀、过载阀和单向阀等组合成多路换向阀。挖掘机回路组合方式按多路换向阀的连接方式分为串联、并联、顺序单动和复合四种。

（1）串联油路 多路换向阀内第一个滑阀的回油为下一滑阀的进油，依次下去直到最后一个滑阀。它可以实现两个以上执行机构的复合动作，液压泵的工作压力是同时工作的执行机构负载压力的总和。外负载较大时，互相串联的执行机构复合动作很难实现，故只适用于高压系统。

（2）并联油路 多路换向阀中各换向阀进油口与总的压力油路相连，各回油口与总的回油路相连。进油和回油互不干扰。其特点是几个执行机构可以同时工作，但当几个换向阀同时处于换向位置时，负载小的执行机构先动，负载大的执行机构后动，因此作复合动作较困难。

（3）顺序单动油路 多路换向阀内各换向阀之间，进油路串联，回油路并联。当一个执行机构工作时，后面的执行机构的供油被切断，各执行机构动作只能按顺序进行。各执行机构均能以最大能力工作，但不能实现复合动作。

（4）复合油路 复合油路为上述三种油路的任何两种或三种的组合。组合方式视所设计挖掘机的作业要求而定。

为提高挖掘机各个动作（如动臂提升、斗杆收放和铲斗转动等动作）的工作速度，要求双回路系统的流量能实现合流，输入一个执行机构中。合流的方式有两类：一类是设置一个专用的合流阀（图 6-10 中阀 16），使两个回路在任何动作上均能合流；另一类是针对需要合流的执行机构，使两个回路中相应的换向阀同步动作，分机械式（图 6-18）和液压式（图 6-11）两种，这两种合流方式在换向阀换向时，一定是合流状态，无法将两回路断开。

二、典型液压系统

图 6-10 所示为铲斗容量为 $1m^3$ 的 WY-100 型液压挖掘机的液压系统原理图。液压系统是双泵双回路定量系统，串联油路，手控合流。回路的配置是：液压泵 1 向回转液压马达 6、左行走液压马达 9、铲斗缸 22 和调幅缸 20 供油；液压泵 2 向动臂缸 19、斗杆缸 21、右行走液压马达 8 和推土板升降缸 11 供油。通过合流阀 16 可以实现某一执行机构的快速动作，一般用于动臂缸和斗杆缸的合流。各执行机构进、出油口均配有过载阀，其中与回转液压马达相配的过载阀调定压力为 25MPa，低于系统安全阀调定压力 27MPa，其余的均调为 30～32MPa。

液压系统的工作原理说明如下。

1. 一般操作回路

单个执行机构动作时，操纵某一换向阀，切断卸荷回路，使液压油进入相应的执行机构。回油通过多路换向阀、限速阀 12（阀组 15 的回油还需通过合流阀 16）回到回油总管 B。

串联供油时，同时操纵几个换向阀，液压油进入第一个执行机构，其回油就成了后一个执行机构的进油，依此类推，最后一个执行机构的回油排到回油总管。

2. 合流回路

合流阀 16 在正常情况下不通电，两液压泵分别向各自的多路换向阀组供油。需要合流时，手动接通合流阀 16 的电磁铁，液压泵 1 输出的油经阀组 15 中的合流阀 16 导入阀组 13，使两液压泵合流，提高执行机构的工作速度，同时也充分利用发动机功率。

3. 限速与调速回路

阀组 15 和 13 的回油经限速阀 12 到回油总管 B，在挖掘机下坡时可自动控制行走速度，防止超速溜坡。限速阀 12 是一个液控节流阀，其控制压力油通过装在阀组上的梭阀 14 取自

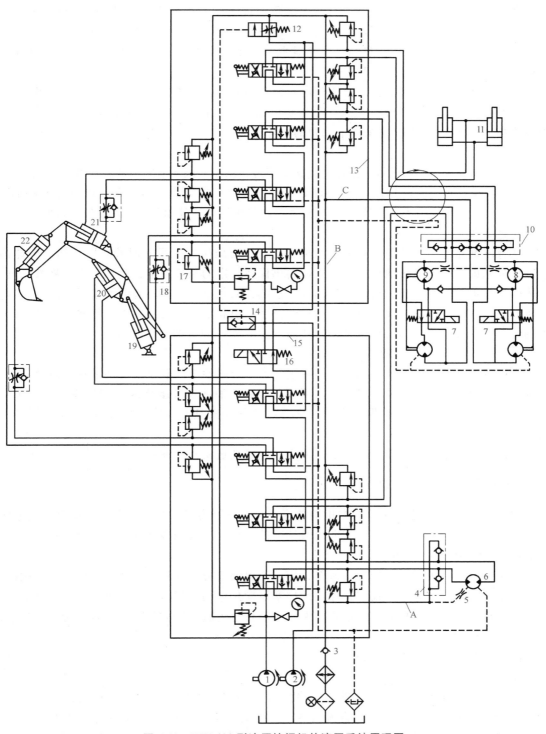

图 6-10　WY-100 型液压挖掘机的液压系统原理图

1、2—液压泵　3—单向阀　4、10—补油阀　5—阻尼孔　6—回转液压马达　7—双速阀　8—右行走液压马达

9—左行走液压马达　11—推土板升降缸　12—限速阀　13、15—阀组　14—梭阀　16—合流阀

17—溢流阀　18—单向节流阀　19—动臂缸　20—调幅缸　21—斗杆缸　22—铲斗缸

两组多路阀组 13 和 15 的进油口，当两个回路的进油压力均低于 0.8MPa 时，限速阀 12 自动对回油进行节流，增加回油阻力，实现自动限制速度的作用。由于梭阀的选择作用，当两个回路中有一个压力高于 0.8MPa 时，限速阀不起节流作用，因此限速阀只有行走下坡时起限速作用，而在挖掘作业时不起作用。

左行走液压马达 9 和右行走液压马达 8 为双排变量内曲线径向柱塞马达，采用串并联液压马达回路。一般情况下行走液压马达并联供油，为低速档。操纵双速阀 7，则串联供油，为高速档。单向节流阀 18 用来调节动臂的下降速度。

4. 背压回路

为使内曲线液压马达的柱塞滚轮始终接触滚道，从单向阀 3 前的回油总管 B 上引出管路 C 和 A，分别经双向补油阀 10 和 4 向行走液压马达 8、9 和回转液压马达 6 强制补油。单向阀 3 作背压阀，其调节压力为 0.8MPa，这个压力是保证液压马达补油和实现液控所必需的。

5. 加热回路

从背压油路上引出的低压热油，经阻尼孔 5 节流减压后，通向回转液压马达 6 壳体内，使液压马达即使在不运转的情况下，壳体内仍保持一定的循环油量，其目的是：将液压马达壳体内的磨损颗粒冲洗掉；对液压马达进行预热，防止由于外界环境温度过低、液压马达温度较低时，往主油路通入温度较高的工作油液后，引起配油轴及柱塞副等精密配合部位局部不均匀的热膨胀，使液压马达卡住或咬死而产生故障（即所谓的热冲击）。

6. 回油和泄漏油路的过滤

主回油路经冷却后，通过油箱上的主过滤器，经磁性纸质双重过滤回油箱。过滤器设堵塞溢流和报警措施，当过滤器堵塞时内部压力升高，油液顶开纸质滤芯和顶盖之间的密封，实现溢流，并通过压力传感器将信号反映到驾驶室仪表盘上，使司机及时发现，对其进行清洗。

各液压马达和阀组均单独引出泄漏油管，经磁性过滤器回油箱。

156

三、双泵双回路全功率调节变量系统

图 6-11 所示为中小型单斗挖掘机的液压系统，系统为双泵双回路全功率调节变量系统。它由一对双联轴向柱塞泵、一组双向对流油路的三位六通液控多路换向阀、液压缸、回转与行走液压马达等液压元件组成。

主泵为一对斜轴式变量轴向柱塞泵，用一个以液压方式互相联系的两个调节器组成的全功率恒压组合调节装置 3 来控制，保证两柱塞泵摆角相同。油路以顺序单动和并联方式相组合，能实现两个执行机构的复合动作和左、右履带行走时斗杆的收缩，后者可帮助挖掘机自救出坑和跨越障碍。

液压系统的工作原理说明如下。

1. 一般操作回路

采用四个先导阀 22~25 操纵液控多路换向阀组 27，来控制各执行机构的换向。斗杆缸 19 动作时，通过换向阀 32 和 35 合流供油，提高动作速度。铲斗缸 18 转斗铲土时，通过换向阀 29 和二位三通合流阀 26 与换向阀 33 实现自动合流，回斗卸土时只通过换向阀 29 单泵供油。同样，动臂缸 20 提升时，通过换向阀 30 和 33 自动合流供油，提高上升速度，动臂下降时只通过换向阀 30 单独供油，以减少节流发热损失。

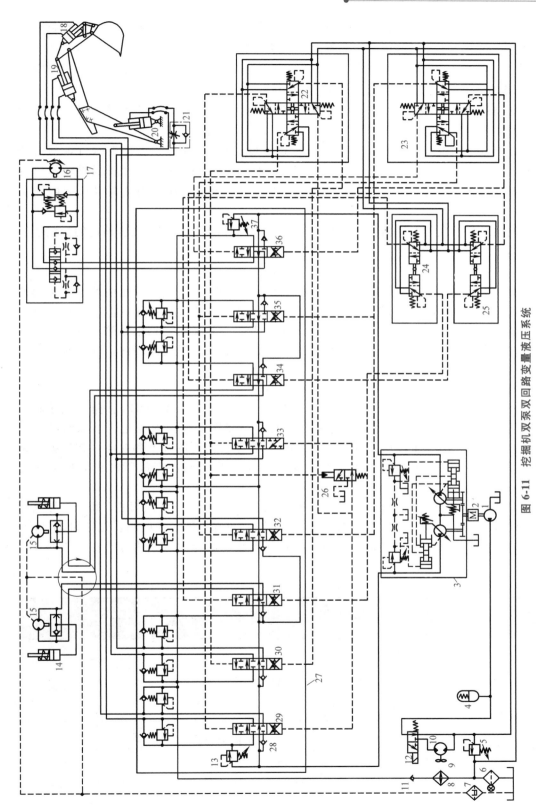

图 6-11　挖掘机双泵双回路变量液压系统

1—齿轮泵　2—发动机　3—调节装置　4—蓄能器　5、13、37—溢流阀　6、7—过滤器　8—冷却器　9—风扇　10—齿轮马达　11、28—单向阀　12、29~36—换向阀

14—制动缸　15—行走马达　16—回转马达　17—液压制动装置　18—铲斗缸　19—斗杆缸　20—动臂缸　21—单向节流阀　22~25—先导阀　26—合流阀　27—多路换向阀

在两个主泵的供油路上，各有一个能通过其全部流量的溢流阀 13 和 37，同时在每个执行机构油路上均旁接小流量的过载阀和单向阀，以防止执行机构换向或突然停止时的压力冲击，一腔出现高压打开过载阀溢流时，另一腔出现负压通过单向阀补油。溢流阀 13 和 37 调定压力为 25MPa，10 个过载阀调定压力均为 30MPa。

在回转马达 16 的油路上，装有液压制动装置 17，可实现液压马达制动和补油，防止起动和制动开始时液压冲击。

在行走马达 15 上装有制动缸 14，通过梭阀与行走马达 15 连锁，行走时行走马达任一侧的油压超过 3.5MPa，制动缸 14 完全松开；而在停车或挖掘作业时液压制动器对行走马达实现制动；在行驶过程超速时，行走马达进油口出现负压，制动器又可起限速制动的作用。

系统回油总管上装有过滤器 6，在驾驶室中有过滤器污染指示灯。液压马达的泄漏油路上有过滤器 7。

2. 冷却回路

回油总管上装有冷却器 8，风扇 9 由齿轮马达 10 带动，它由装在油箱内的温度传感器及油路上的换向阀 12 控制，用齿轮泵 1 供油，组成单独的冷却回路。当油温超过规定值时，温度传感器发讯使换向阀 12 通电，接通齿轮马达，带动风扇旋转，回油总管的回油被强制冷却。反之，电磁阀断电，风扇停转，使液压油保持在适当的温度范围内，以节省风扇功率，并能缩短冬季预热起动时间。

3. 先导阀操纵回路

先导阀操纵回路和油冷却回路共用一个齿轮泵 1，压力为 1.4~3MPa。操纵先导阀手柄的不同方向和位置，可使其输出控制压力油在 0~2.5MPa 范围内变化，手柄的操纵力不大于 30N，有力和位置的感觉，有效地控制液控多路换向阀的开度和换向。在操纵回路中设置一蓄能器 4，作为应急动力源，使发动机 2 不工作时或出现故障时仍能操纵执行机构。

先导阀 22 和 23 操纵手柄为万向铰式，每个手柄可操纵四个先导阀阀芯，每个先导阀阀芯控制换向阀的一个单向动作，因此先导阀 22 和 23 均可操纵两个换向阀。先导阀 24 和 25 操纵行走机构的两个液压马达。清晰起见，将各先导阀控制换向阀和执行机构动作列表说明，见表 6-1。

表 6-1　先导阀控制换向阀和执行机构动作表

先导阀	手柄位置	被控对象				合流情况
		换向阀	阀位置	执行机构	工作腔	
22	向下	29、33	下位	铲斗缸 18	大腔	合流
	向上	29	上位		小腔	
	向左	30、33	上位	动臂缸 20	大腔	合流
	向右	30	下位		小腔	
23	向下	36	下位	回转马达 16	下腔	
	向上		上位		上腔	
	向左	35、32	上位	斗杆缸 19	小腔	合流
	向右		下位		大腔	

（续）

先导阀	手柄位置	被控对象				合流情况
		换向阀	阀位置	执行机构	工作腔	
24	向左	31	下位	行走马达15（左）	左腔	
	向右		上位		右腔	
25	向左	34	下位	行走马达15（右）	右腔	
	向右		上位		左腔	

第四节 塑料注射成型机液压系统

塑料注射成型机主要用于热塑性塑料制品的成型加工。塑料颗粒在注射机的粒筒内加热熔化至流动状态，以很高的压力和较快的速度注入温度较低的闭合模具内，保压一段时间，经冷却凝固而成型为制品。图 6-12 所示为塑料注射成型机的组成和注塑工作程序。

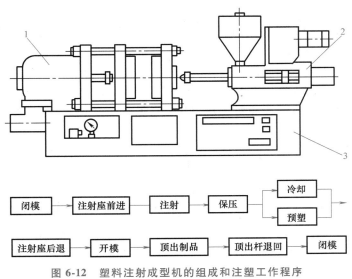

图 6-12 塑料注射成型机的组成和注塑工作程序
1—合模部件 2—注射部件 3—床身

塑料注射成型机由下列几部分组成：

（1）合模部件 它是安装模具用的成型部件，主要由定模板、动模板、合模机构、合模液压缸和顶出装置等组成。

（2）注射部件 它是注射成型机的塑化部件，主要由加料装置、料筒、螺杆、喷嘴、预塑装置、注射液压缸和注射座移动液压缸等组成。

（3）床身 装有液压传动及电气控制系统，它是注射机的动力操纵控制部件，主要由液压泵、各种阀类、电动机、电气元件和控制仪表等组成。

塑料注射成型工艺是一个按照预定顺序的周期性动作过程，工艺顺序动作多、成型周期短、需要很大的注射力和合模力，塑料注射成型机采用液压传动，在电气控制配合下，完成闭模、注射、保压和开模等周期性动作，实现了自动化操作，改善了劳动条件，而且动作平稳。

一、液压系统的特点

1）塑料注射成型机（以下简称注塑机）液压系统压力级按其注射能力可选用中、高压级，压力一般在7~32MPa范围内。一般一次注射量小于1000g的中小型注塑机采用单级或双级叶片泵作为动力源，压力为7~14MPa，大中型注塑机往往采用轴向柱塞泵作为动力源，压力为32MPa。对中压或中高压液压系统的注塑机，为保证足够的模具合模力，往往还需采用液压—机械组合式三连杆锁模机构或增压回路进行增力。

2）根据塑料注射成型工艺，模具在开闭过程中和塑料注射时各个阶段的速度不一样，而且快速和慢速比值较大，这是因为要照顾到模具寿命、制品质量和生产率。为此，通常采用双泵或多泵分级容积调速回路，有时还兼用差动增速或充液增速的方法，以充分利用液压系统功率，具有效率高、发热少的优点。

3）在机器整个动作循环过程中，按闭模、注射、保压等各动作的要求，液压系统需有不同的压力，为此利用先导式溢流阀外部压力控制原理实现多级调压。

4）常用液压马达来代替电动机驱动螺杆进行预塑，并采用调速阀旁路节流调速和远程调压，使螺杆速度和转矩得到无级调整，充分利用液压传动的优点。

注塑机采用电液开关控制方式的多缸顺序动作、多级压力调节和速度转换的液压传动系统，对各种塑料制品的加工适应性强，自动化程度高，但整个系统所需的液压元件较多，系统复杂，而且在压力和速度转换过程中易产生冲击现象，系统稳定性较差。近年来，随着液压技术的发展和自动化水平的提高，注塑机采用数控或微机控制电液比例系统和电液伺服系统来取代传统的开关式液压传动系统，优化其注塑工艺，进一步提高系统效率、减少发热。

二、典型液压系统

1. SZ-250A 型注塑机液压系统

图6-13所示为SZ-250A型注塑机液压系统，该机一次注射量为250g。系统采用了液压-机械组合式三连杆锁模机构，具有增力和自锁作用，合模液压缸直径小，易于实现高速，但锁模机构复杂，对材料和制造精度要求较高，调整模板距离比较麻烦。

（1）液压系统的组成和元件的作用　液压系统采用三个液压泵组成有级容积调速回路。液压泵1为双级叶片泵，额定工作压力为14MPa，额定流量为25L/min；液压泵2和3为双联叶片泵，额定工作压力为7MPa，液压泵2的额定流量为75L/min，液压泵3为100L/min。注塑机采用液压马达4驱动预塑装置，液压马达为叶片式，在压力为6MPa时，转矩为70.6N·m，液压马达最高转速为2000r/min，最低转速为100r/min，通过齿轮减速箱驱动螺杆进行预塑。

液压系统中阀组Ⅰ、Ⅱ和Ⅲ分别作为液压泵1、2和3的安全阀和卸荷阀，并且通过远程调压阀V_{24}、V_{25}、V_{26}和V_{27}来调节系统多级工作压力，分别用于控制模具低压保护（V_{24}）、注射压力和保压压力（V_{25}）、注射座移动缸C_3的压力（V_{26}）以及预塑液压马达的工作压力（V_{27}）。V_7为背压阀，用来控制预塑时塑料熔融和混合程度，防止熔融塑料中混入空气。压力继电器K用以限定顶出缸C_2的最高工作压力，并作为顶出结束的发讯装置。系统中采用一个单向节流阀V_{18}，用于控制顶出制品的速度。换向阀根据通过的流量来选择电磁控制或电液控制方式，V_{16}可实现闭模时移模缸C_1差动连接增速，V_{19}为行程阀，用于

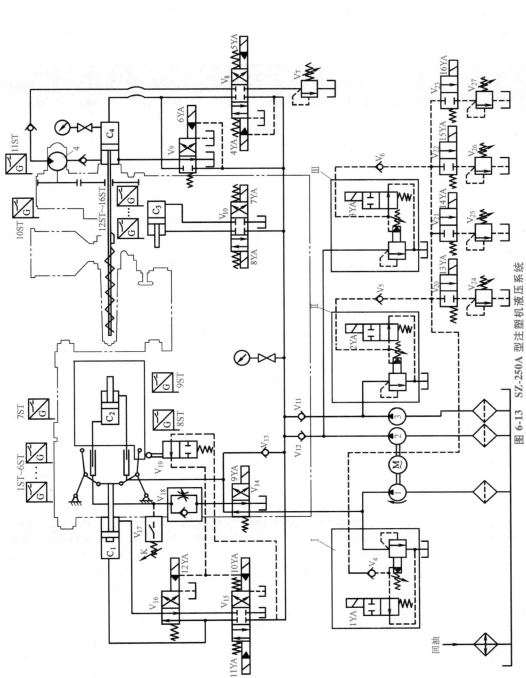

图 6-13 SZ-250A 型注塑机液压系统

1~3—液压泵 4—液压马达 Ⅰ~Ⅲ—阀组 V₄~V₆, V₁₁~V₁₃—单向阀 V₇—背压阀 V₈~V₁₀, V₁₄~V₁₆, V₂₀~V₂₃—换向阀 V₁₇—继电器 V₁₈—单向节流阀
V₁₉—行程阀 V₂₄~V₂₇—行程阀 1ST~16ST—行程开关 C₁—移模缸 C₂—顶出缸 C₃—注射座移动缸 C₄—注射缸 V₂₇—远程调压阀

安全门液压-电气联锁。单向阀 V_{11}、V_{12} 和 V_{13} 用以防止压力油倒罐。其中 V_{13} 的阀芯中心有阻尼孔，可使液压泵停止运转时压力表指针迅速回零位。

（2）液压系统的工作原理　表 6-2 和表 6-3 分别表示 SZ-250A 型注塑机液压系统各个换向阀电磁铁动作顺序和各个行程开关的作用。液压系统的工作原理用表 6-4 来说明。

表 6-2　SZ-250A 型注塑机电磁铁动作顺序表

动作	1YA	2YA	3YA	4YA	5YA	6YA	7YA	8YA	9YA	10YA	11YA	12YA	13YA	14YA	15YA	16YA
闭模　慢速闭模	+										+					
闭模　快速闭模	⊕	⊕	⊕								+	⊕				
闭模　低压慢速闭模		+									+		+			
闭模　高压闭模	+										+					
注射座整体前进	+						+							+		
注射　注射速度 I	⊕	⊕	⊕	+			(+)							+		
注射　注射速度 II	⊕	⊕	⊕	+			(+)							+		
注射　注射速度 III	⊕	⊕	⊕	+			(+)							+		
注射　保压	+				+		(+)							+		
预塑	⊕	⊕	⊕			+	+*									+
防流涎	+	+	+			+								+		
注射座整体后退	+							+						+		
开模　慢速开模 I	+									+						
开模　快速开模	⊕	⊕	⊕							+						
开模　慢速开模 II		+								+						
制品顶出	+								+							
螺杆后退	+					+								+		

注：1. +表示电磁铁通电。

2. ⊕表示电磁铁选择性通电。

3. （+）表示电磁铁仅在自动、半自动操作时通电。

4. +* 表示仅在固定加料和加料退回时通电。

表 6-3　SZ-250A 型注塑机行程开关作用说明

代　号	工作状态	作　用	代　号	工作状态	作　用
1ST	瞬压下	低压慢速闭模开始	10ST	常压下	半自动、自动操作预备注射
2ST	常压下	开模结束	11ST	常压下	注射座后退结束
3ST	常压下	慢速开、闭模	12ST	常压下	注射结束，保压开始
4ST	常压下	慢速开模	13ST	常压下	注射速度 II 结束，注射速度 III 开始
1ST、3ST、4ST	脱开	快速开、闭模			
5ST	瞬压下	顶出开始	14ST	脱开	注射速度 I 结束，注射速度 II 开始
6ST	常压下	慢速闭模			
7ST	常压下	高压闭模结束	15ST	常压下	预塑结束，防流涎开始
8ST、9ST	常压下	半自动操作闭模开始	16ST	常压下	防流涎结束
8ST、9ST	脱开	开闭模动作停止（安全门打开）	K	压下	顶出结束

表 6-4　SZ-250A 型注塑机液压系统的工作原理

动　作	工　作　原　理	附　注
高压、慢速闭模	液压泵 1 → V$_{14}$ ┬→ 顶出缸 C$_2$ 右腔，左腔回油 → V$_{18}$ 的单向阀 → V$_{14}$ ┐ └→ V$_{13}$ → V$_{15}$ → 移模缸 C$_1$ 左腔，右腔回油 → V$_{16}$ → V$_{15}$ ┘→ *	液压泵 2、3 卸荷，系统压力由 V$_1$ 控制，顶出杆退回
快速闭模	液压泵 1 → V$_{14}$ → V$_{13}$ ┐ 液压泵 2 → V$_{12}$ ┼→ V$_{15}$ → 移模缸 C$_1$ 左腔，右腔回油 → V$_{16}$ ┐ 液压泵 3 → V$_{11}$ ┘　　　　　　　　　　　　　　　　　└────┘	三个泵同时供油，移模缸差动连接，快速闭模
低压慢速闭模	液压泵 3 → V$_{11}$ → V$_{15}$ → 移模缸 C$_1$ 左腔，右腔回油 → V$_{16}$ → V$_{15}$ → *	系统压力由 V$_{24}$ 控制
注射座整体前进	液压泵 1 → V$_{14}$ → V$_{13}$ → V$_{10}$ → 注射座移动缸 C$_3$ 右腔，左腔回油 → V$_{10}$ → *	系统压力由 V$_{26}$ 控制
注射	液压泵 ① → V$_{14}$ → V$_{13}$ ┬→ V$_{10}$ → 注射座移动缸 C$_3$ 右腔 液压泵 ② → V$_{12}$ ┼→ V$_8$ → 注射缸 C$_4$ 右腔，左腔回油 → V$_9$ → * 液压泵 ③ → V$_{11}$ ┘	液压泵 1、2、3 选择性供油，可获得多种速度，注射座在注射时移至左端
保压	液压泵 1 → V$_{14}$ → V$_{13}$ ┬→ V$_{10}$ → 注射座移动缸 C$_3$ 右腔 └→ V$_8$ → 注射缸 C$_4$ 右腔	系统压力油 V$_{25}$ 控制
预塑	液压泵 ① → V$_{14}$ → V$_{13}$ ┬→ V$_8$ → 预塑马达 4，马达回油 → C$_4$ 左腔 → V$_9$ → * 液压泵 ② → V$_{12}$ ┼→ 螺杆反推力使注射缸 C$_4$ 右腔回油 → V$_8$ → V$_7$ → * 液压泵 ③ → V$_{11}$ ┘	马达转矩（系统压力）由 V$_{27}$ 控制，V$_7$ 为背压阀，用以防止熔融塑料内卷入空气
防流涎	液压泵 1 → V$_{14}$ → V$_{13}$ ┐ 液压泵 2 → V$_{12}$ ┼→ V$_9$ → 注射缸 C$_4$ 左腔，右腔回油 → V$_9$ → * 液压泵 3 → V$_{11}$ ┘	使注射缸快速后退一距离，防止流涎，后退距离由 16ST 控制
注射座整体后退	液压泵 1 → V$_{14}$ → V$_{13}$ → V$_{10}$ → 注射座移动缸 C$_3$ 左腔，右腔回油 → V$_{10}$ → *	
慢速开模 Ⅰ	液压泵 1 → V$_{14}$ → V$_{13}$ → V$_{15}$ → V$_{16}$ → 移模缸 C$_1$ 右腔，左腔回油 → V$_{15}$ → *	
快速开模	液压泵 ① → V$_{14}$ → V$_{13}$ ┐ 液压泵 ② → V$_{12}$ ┼→ V$_{15}$ → V$_{16}$ → 移模缸 C$_1$ 右腔，左腔回油 → V$_{15}$ → * 液压泵 ③ → V$_{11}$ ┘	
慢速开模 Ⅱ	液压泵 2 → V$_{12}$ → V$_{15}$ → V$_{16}$ → 移模缸 C$_1$ 右腔，左腔回油 → V$_{15}$ → *	
制品顶出	液压泵 1 → V$_{14}$ → V$_{18}$ 的节流阀 → 顶出缸 C$_2$ 左腔，右腔回油 → V$_{14}$ → *	
螺杆后退	液压泵 1 → V$_{14}$ → V$_{13}$ → V$_9$ → 注射缸 C$_4$ 左腔，右腔回油 → V$_9$ → *	用于拆卸螺杆和清除螺杆包料
安全操作（V$_{19}$ 压下）	V$_{15}$ 前的控制压力油 → V$_{19}$ ┬→ V$_{15}$ └→ V$_{16}$	安全门关好，V$_{19}$、8ST、9ST 压下，才能使 V$_{15}$、V$_{16}$ 动作

注：1. * 表示经冷却器回油箱。

　　2. ①、②、③表示泵选择性供油。

2. SZ-1000 型注塑机液压系统

图 6-14 所示为 SZ-1000 型注塑机液压系统。该机一次注射量为 1000g，最大注射压力为 120MPa，锁模力为 4000kN。液压系统的动力是 22kW 和 10kW 电动机带动的双联叶片泵和单

164

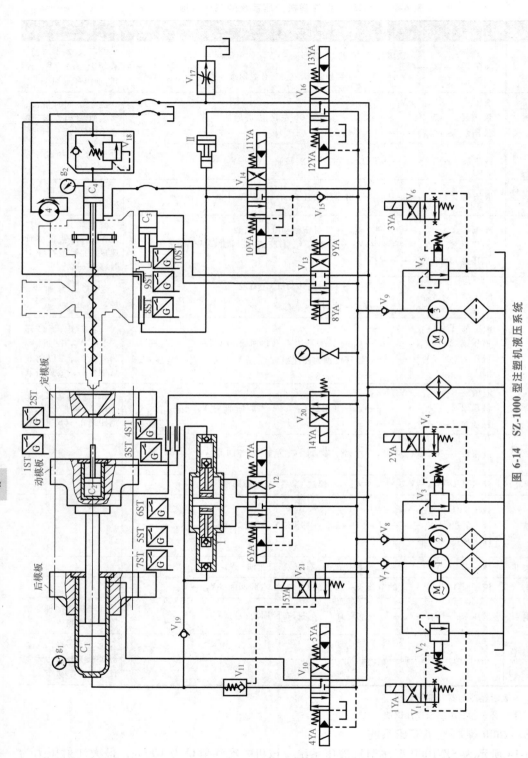

图 6-14　SZ-1000 型注塑机液压系统

1~3—液压泵　4—液压马达　Ⅰ、Ⅱ—增压缸　C_1—移模缸　C_2—顶出缸　C_3—注射座移动缸　C_4—注射缸　g_1、g_2—电接点压力表　g_1、g_2—电接点压力表
V_1、V_4、V_6、V_{10}、V_{12}~V_{14}、V_{16}、V_{20}、V_{21}—换向阀　V_2、V_3、V_5、V_{15}—先导式溢流阀　V_7~V_9、V_{15}—单向阀　V_{11}—液控单向阀　V_{17}—旁路调速阀　V_{18}—溢流阀　V_{19}—单向阀

级叶片泵。YYB-AC194/36B 双联叶片泵额定工作压力为 7MPa，液压泵 1 额定流量为 194L/min，液压泵 2 额定流量为 36L/min，HY02-100×65 单级叶片泵（液压泵 3）额定工作压力为 6.5MPa，额定流量为 100L/min。三个液压泵可以分别或同时向各主油路供油，以满足不同工况对速度的要求。

系统工作压力由溢流阀 V_2、V_3、V_5 分别调节。锁模和注射分别采用增压比 1：9.7 的增压器 I 和增压比 1：1.8 的增压器 II 进行增压，以获得很大的锁模力和注射压力，锁模增压和注射增压压力的起点，分别由电接点压力表 g_1 和 g_2 进行控制。采用全液压锁模，结构简单，开模距离大，模具安装时不用调整距离，操作方便。用液压马达 4 带动螺杆进行预塑，并通过旁路调速阀 V_{17} 进行旁路节流调速，无级变速方便，简化了齿轮减速箱，不用预塑电动机，减轻了整机的重量。

SZ-1000 型注塑机电磁铁动作顺序表、压力表和行程开关作用分别见表 6-5 和表 6-6，液压系统的工作原理见表 6-7。

表 6-5　SZ-1000 型注塑机电磁铁动作顺序表

动　作	电磁铁														
	1YA	2YA	3YA	4YA	5YA	6YA	7YA	8YA	9YA	10YA	11YA	12YA	13YA	14YA	15YA
快速闭模	+	+	+	+											
慢速闭模		+	+	+											
注射座整体前进		+		+				+							
锁模增压		+	+	+		(+)	(+)	+							
注射	+	+						+		+					
注射增压	+	+	+	+				+		+					
保压		+		+				+		+					
保压增压		+		+				+		+		+			
预塑	+	+											+		
注射座整体后退		+							+						
释压		+													+
慢速开模		+	+		+										+
快速开模	+	+	+		+										+
慢速开模		+	+		+										+
制品顶出		+												+	+
螺杆后退		+									+	+			

注：1．+表示电磁铁通电。
2．（+）表示电磁铁连续交替通电。

表 6-6　SZ-1000 型注塑机压力表和行程开关作用

代　号	作　用	代　号	作　用
g_1	调节锁模增压开始压力和增压结束发讯	6ST	顶出开始
g_2	调节注射增压开始压力和增压结束发讯	7ST	开模停止，顶出杆退回
1ST、2ST	安全门，常压下，闭模开始	8ST	注射开始
3ST	慢速开模中止，快速开模开始	9ST	注射座后退结束
4ST	快速闭模中止，慢速闭模开始	10ST	注射速度转换
5ST	快速开模中止，慢速开模开始		

表 6-7 SZ-1000 型注塑机液压系统的工作原理

动作	工作原理	附注
快速闭模	液压泵 1 → V$_7$ ┐ 液压泵 2 → V$_8$ ┼→ V$_{20}$ → 顶出缸 C$_2$ 右腔,左腔回油 → V$_{20}$ → * 液压泵 3 → V$_9$ ┘ → V$_{10}$ → V$_{11}$ → 移模缸 C$_1$ 左腔,右腔回油 → V$_{10}$ → *	顶出杆退回
慢速闭模	液压泵 2 → V$_8$ ┐ 液压泵 3 → V$_9$ ┘→ V$_{10}$ → V$_{11}$ → 移模缸 C$_1$ 左腔,右腔回油 → V$_{10}$ → *	
注射座整体前进	液压泵 2→V$_8$→V$_{13}$→注射座移动缸 C$_3$ 右腔,左腔回油→V$_{13}$→ *	
锁模增压	液压泵 2 → V$_8$ ┐ 液压泵 3 → V$_9$ ┘→ V$_{12}$ → 增压缸 I 大缸右腔(左腔), 左腔(右腔)回油→V$_{12}$→ * 小缸高压油→V$_{19}$→移模缸 C$_1$ 左腔	液压泵 1 卸荷,增压缸 I 活塞往复运动,压力由压力表 g$_1$ 调节
注射	液压泵 1 → V$_7$ ┐→ V$_{13}$ → 注射座移动缸 C$_3$ 右腔 液压泵 2 → V$_8$ ┼→ V$_{15}$ → V$_{14}$ ┬增压缸 II 左腔,右腔回油 → V$_{16}$ → * 液压泵 3 → V$_9$ ┘ └→ V$_{18}$ → 注射缸 C$_4$ 右腔,左腔回油 → V$_{14}$ → *	增压缸 II 活塞退回右端,为下一次增压做好准备
注射增压	液压泵 1 → V$_7$ ┐→ V$_{13}$ → 注射座移动缸 C$_3$ 右腔 液压泵 2 → V$_8$ ┼→ V$_{16}$ → 增压缸 II 右腔,左腔高压油 → V$_{18}$ → 注射缸 C$_4$ 右腔, 液压泵 3 → V$_9$ ┘ 左腔回油 → V$_{14}$ → *	此动作与"注射"联系在一起,当注射缸压力达到电接点压力表 g$_2$ 调定值时 12YA 通电
保压	液压泵 2 → V$_8$ ┬V$_{13}$ → 注射座移动缸 C$_3$ 右腔 └→ V$_{15}$ → V$_{14}$ → V$_{18}$ → 注射缸 C$_4$ 右腔	此动作与"注射"相同,只是液压泵 1、3 卸荷
保压增压	液压泵 2 → V$_8$ ┬V$_{13}$ → 注射座移动缸 C$_3$ 右腔 └→ V$_{16}$ → 增压缸 II 右腔,左腔高压油 → V$_{18}$ → 注射缸 C$_4$ 右腔	与"注射增压"动作相同,液压泵 1、3 卸荷
预塑	液压泵 1 → V$_7$ ┐ 液压泵 2 → V$_8$ ┘→V$_{16}$ ┬V$_{17}$ → * └→ 预塑马达 4,其回油 → * 螺杆反推力使注射缸 C$_4$ 右腔回油→V$_{18}$→V$_{14}$→ *	通过旁路调速阀 V$_{17}$ 节流调速,调节预塑马达 4 的转速
注射座整体后退	液压泵 2→V$_8$→V$_{13}$→注射座移动缸 C$_3$ 左腔,右腔回油→V$_{13}$→ *	
释压	液压泵 2 → V$_8$ → V$_{21}$ ↓ 移模缸 C$_1$ 左腔高压油 → V$_{11}$ → V$_{10}$ → *	
慢速开模	液压泵 2 → V$_8$ ┬→V$_{21}$ ─────────┐ 液压泵 3 → V$_9$ ┴→V$_{10}$ → 移模缸 C$_1$ 右腔,左腔回油 → V$_{11}$ → V$_{10}$ → *	

（续）

动作	工作原理	附　注
快速开模	液压泵 1 → V_7 液压泵 2 → V_8 液压泵 3 → V_9 → V_{21} ———————————— → V_{10} → 移模缸 C_1 右腔，左腔回油 → V_{11} → V_{10} → *	
制品顶出	液压泵 2 → V_8 液压泵 3 → V_9 → V_{20} → 顶出缸 C_2 左腔，右腔回油 → V_{20} → *	
螺杆后退	液压泵 2 → V_8 → V_{15} → V_{14} → 注射缸 C_4 左腔，右腔回油 → V_{18} → V_{14} → * → V_{16} → 增压缸 Ⅱ 右腔	

注：*表示回油经冷却器回油箱。

3. SZ-400 型注塑机电液比例控制系统

图 6-15 所示为 SZ-400 型注塑机液压系统原理图。该系统采用了电液比例控制技术对多级压力（开模、合模、注射座前进、注射、顶出、螺杆后退时的压力）和多种速度（开模、合模、注射时的速度）进行控制，系统简单、效率高，压力及速度变化时冲击小，噪声低，能实现远程和自动控制。

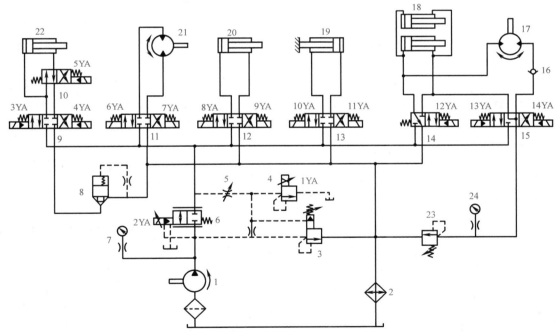

图 6-15　SZ-400 型注塑机液压系统原理图

1—液压泵　2—冷却器　3—先导溢流阀　4—比例溢流阀　5—节流阀　6—比例换向阀　7、24—压力表
8—单向阀　9、10、14、15—电液换向阀　11、12、13—电磁换向阀　16—单向阀　17—螺杆旋转马达
18—注射缸　19—注射座移动缸　20—顶出缸　21—调模马达　22—合模缸　23—背压阀

按起动按钮时，所有电磁铁均失电，比例溢流阀 4 处于畅通卸荷状态，先导溢流阀 3 控制口压力很低，先导溢流阀 3 打开，液压泵 1 输出的全部油液经先导溢流阀 3 以很低的压力经冷却器 2 回油箱，液压泵空载起动。

（1）合模　合模过程是动模板向定模板移动，动模板由合模缸 22 驱动，合模过程包括

以下几个步骤:

1) 慢速合模。比例电磁铁 1YA、2YA 和电磁铁 3YA 得电,先导溢流阀 3 关闭,比例换向阀 6 左位工作,电液换向阀 9 左位工作,液压泵 1 输出的压力油经比例换向阀 6、电液换向阀 9 进入合模缸 22 的左腔,右腔油液经电液换向阀 10、9 及单向阀 8、冷却器 2 回油箱,实现慢速合模。

2) 快速合模。延时后,使 5YA 得电,电液换向阀 10 在右位工作,合模缸形成差动连接实现快速合模。

3) 慢速低压合模。当模板移至接近锁模位置时,电磁铁 5YA 失电,切断差动连接,使合模缸速度降低,并使比例溢流阀 4 的调定压力降低,实现低压合模。这时合模缸推力较小,若在两模板间有异物,合模缸不能合拢,超过预定时间后,机器自动换向并发出报警信号,起低压护模作用。

4) 慢速高压合模。若模板顺利合模,使比例溢流阀 4 的压力升高,合模机构转入高压锁模。单向阀 8 的作用是使合模缸运动时存在一定背压,防止开、合模动作产生液压冲击而损坏制品和模具。

(2) 注射座前进 合模动作完成后,电磁铁 3YA 失电,电液换向阀 9 处于中位,合模机构依靠合模缸左腔液体弹性和肘杆机构的弹性锁模。电磁铁 10YA 得电,电磁换向阀 13 在左位工作,液压泵输出的油液经比例换向阀 6、电磁换向阀 13 进入注射座移动缸 19 左腔,推动缸体前进,缸右腔的油液经电磁换向阀 13 和冷却器 2 回油箱。注射座左移,使喷嘴与模具贴紧。

(3) 注射 电磁换向阀 13 保持左位,保持喷嘴和模具间的压力。电磁铁 13YA 得电,电液换向阀 15 左位工作。压力油进入注射缸 18 右腔,缸左腔油经电液换向阀 14 和冷却器 2 回油箱。注射缸活塞推动注射螺杆将料筒前端的熔料经喷嘴快速注入模腔。注射速度由比例换向阀 6 调节,注射压力由比例溢流阀 4 调节。

(4) 保压 注射结束后,各阀的状态保持不变。注射缸对模腔内的熔料实施保压补塑时,其活塞位移量较小,只需少量油液即可,保压压力由比例溢流阀 4 调节,并将多余油液通过先导溢流阀 3 溢流回油箱。

(5) 预塑 保压完毕,电磁铁 10YA、13YA 失电,14YA 得电,电液换向阀 15 在右位工作,压力油经比例换向阀 6、电液换向阀 15、单向阀 16 进入螺杆旋转马达 17,回油经电液换向阀 14 和冷却器 2 回油箱,马达带动螺杆旋转开始塑化,螺杆旋转带动塑料至料筒前端,同时逐渐加热熔化,并在螺杆头部逐渐建立起一定压力。当此压力足以克服注射缸活塞退回的背压阻力时,螺杆开始后退。其背压由背压阀 23 调节,由压力表 24 显示压力。同时注射液压缸左腔形成真空,依靠电液换向阀 14 补油。后退到预定位置,即螺杆头部熔料达到所需注射量时,螺杆停止后退和转动,准备下一次注射。与此同时,模腔内的制品冷却成型。

(6) 注射座后退 电磁铁 11YA 得电,14YA 失电,电磁换向阀 13 右位工作。压力油经比例换向阀 6、电磁换向阀 13 进入注射座移动缸 19 右腔,缸左腔油液经电磁换向阀 13 回油箱,使注射座慢速后退。

(7) 开模 电磁铁 11YA 失电,4YA 得电,电液换向阀 9 右位工作。压力油进入合模缸 22 右腔,推动合模活塞后退,模具打开,开模过程分高压慢速开模、快速开模、慢速开模三个阶段,各阶段开模速度由比例换向阀 6 调节,各阶段位置转换由行程开关确定。

（8）顶出　电磁铁 8YA 得电，电磁换向阀 12 左位工作。压力油进入顶出缸 20 左腔，缸右腔油经冷却器 2 回油箱，顶出杆前进，将成品顶出，速度由比例换向阀 6 调节。电磁铁 8YA 失电，9YA 得电，电磁换向阀 12 右位工作。压力油进入顶出缸 20 右腔，使顶出杆退回。

（9）调模　当需要更换新模具或调整模板间距时，就需要调整拉杆螺母的位置。向前调模时，电磁铁 6YA 得电，压力油进入调模马达 21，马达带动调模装置驱动四根拉杆上的螺母同步旋转，定模板前移。反之 7YA 得电，定模板后移。

（10）螺杆后退　若需螺杆后退以便拆卸或清洗螺杆时，只要电磁铁 12YA 得电，压力油进入注射缸左腔，推动活塞带动螺杆后退。注塑机各执行元件的动作循环主要依靠行程开关切换电磁换向阀来实现。表 6-8 所列为电磁铁动作顺序表。

表 6-8　SZ-400 型注塑机液压系统电磁铁动作顺序表

动作		电磁铁												
		1YA	2YA	3YA	4YA	5YA	6YA	7YA	8YA	9YA	10YA	11YA	12YA	13YA	14YA
合模	慢速合模	+	+	+											
	快速合模	+	+	+		+									
	慢速低压合模	+	+	+											
	慢速高压合模	+	+	+											
	注射座前进	+	+								+				
	注射	+	+								+			+	
	保压	+	+								+			+	
	预塑	+	+												+
	注射座后退	+	+									+			
开模	高压慢速开模	+	+	+	+										
	快速开模	+	+	+	+										
	慢速开模	+	+	+	+										
顶出	顶针顶出	+	+						+						
	顶针退回	+	+							+					
调模	向前调模	+	+				+								
	向后调模	+	+					+							
	螺杆后退	+	+										+		

三、技术特点

1）系统执行元件数量多，压力和速度的变化较多，利用电液比例阀进行控制，系统简单。由于注塑机对压力和速度的控制精度要求不高，采用电液比例开环控制即可以满足要求。

2）自动工作循环主要靠行程开关来实现。如用 PLC 和微型计算机控制就可以成为微型计算机控制注塑机。

3）在系统保压阶段，多余的油液要经过溢流阀流回油箱，所以有部分能量损耗。若采用节能型油源，使系统的输出与负载完全匹配，则系统效率会提高。

 课外阅读

汽车起重机液压系统

（1）功能与特点　汽车起重机的机动性好，能以较快速度行走，因承载能力大，可在

有冲击、振动和环境较差的条件下工作。其执行元件
需要完成的动作较为简单，位置精度较低，大部分采
用手动操纵，液压系统的工作压力较高。因为它是起
重机械，所以保证安全是至关重要的。图6-16所示为
汽车起重机工作机构，由以下五个部分构成：

1）支腿：起重作业时，使汽车轮胎离开地面，
架起整车，不使负载压在轮胎上，并可调节整车的
水平位置。

2）回转机构：使吊臂回转。

3）伸缩机构：用于改变吊臂的长度。

4）变幅机构：用于改变吊臂的倾角。

5）起降机构：使重物升降。

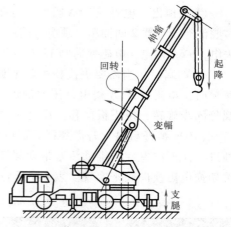

图 6-16　汽车起重机工作机构

（2）工作原理　汽车起重机是一种中小型起重机，其液压系统原理图如图6-17所示，

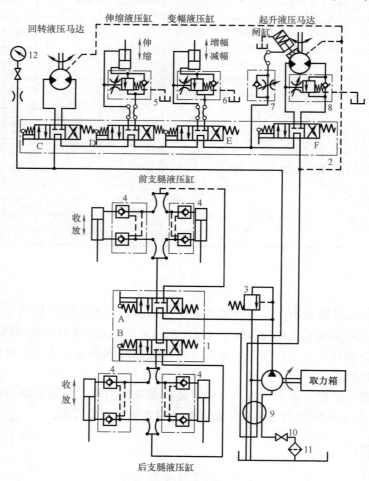

图 6-17　汽车起重机的液压系统原理图

1、2—多路阀　3—安全阀　4—双向液压锁　5、6、8—平衡阀　7—单向节流阀　9—中心回转接头
10—开关　11—过滤器　12—压力表　A、B、C、D、E、F—手动换向阀

170

这是一种通过手动操作来实现多缸各自动作的系统，为简化结构，系统用一个液压泵给各执行元件串联供油。在轻载的情况下，各串联的执行元件可任意组合，使几个执行元件同时动作，如伸缩和回转、伸缩和变幅同时进行等。

该系统液压泵的动力由汽车发动机通过装在底盘变速器上的取力箱提供。液压泵的额定压力为 21MPa，排量为 40mL/r，转速为 1500r/min，液压泵通过中心回转接头 9、开关 10 和过滤器 11 从油箱吸油；输出的压力油经多路阀 1 和 2 串联地输送到各执行元件。手动换向阀位置与系统工作情况的关系见表 6-9。

表 6-9 手动换向阀位置与系统工作情况的关系

| 手动换向阀位置 | | | | | | 系统工作情况 | | | | | | |
阀A	阀B	阀C	阀D	阀E	阀F	前支腿液压缸	后支腿液压缸	回转液压马达	伸缩液压缸	变幅液压缸	起升液压马达	制动液压缸
左位	中位	中位	中位	中位	中位	伸出	不动	不动	不动	不动	不动	制动
右位						缩回						
中位	左位					不动	伸出					
	右位						缩回					
	中位	左位					不动	正转				
		右位						反转				
		中位	左位					不动	缩回			
			右位						伸出			
			中位	左位					不动	减幅		
				右位						增幅		
				中位	左位					不动	正转	松开
					右位						反转	松开

1）支腿回路。汽车起重机的底盘前后各有两条支腿，每一条支腿由一个液压缸驱动。两条前支腿和两条后支腿分别由三位四通手动换向阀 A 和 B 控制其伸出和缩回。换向阀均采用 M 型中位机能，且油路是串联的。每个液压缸的油路上均设有双向锁紧回路，以保证支腿被可靠地锁住，防止在起重机作业时，发生"软腿"现象或行车过程中支腿自行滑落。

2）回转回路。回转机构采用液压马达作为执行元件。液压马达通过蜗轮蜗杆减速箱和一对内啮合的齿轮来驱动转盘。转盘转速较低，每分钟仅为 1~3 转，故液压马达的转速也不高，没有必要设置液压马达制动回路。系统中只采用一个三位四通手动换向阀 C 来控制转盘的正转、反转和不动三种工况。

3）伸缩回路。起重机的吊臂由基本臂和伸缩臂组成，伸缩臂套在基本臂之中，用一个由三位四通手动换向阀 D 控制的伸缩液压缸来驱动吊臂的伸出和缩回，为防止因自重而使吊臂下落，油路中设有平衡回路。

4）变幅回路。吊臂变幅就是用一个液压缸来改变起重臂的角度。变幅液压缸由三位四通手动换向阀 E 控制。为防止在变幅作业时因自重而使吊臂下落，在油路中设有平衡回路。

5）起降回路。起降机构是汽车起重机的主要工作机构，它是一个由大转矩液压马达带动的卷扬机。液压马达的正、反转由三位四通手动换向阀 F 控制。起重机起升速度的调节是通过改变汽车发动机的转速，从而改变液压泵的输出流量和液压马达的输入流量来实现的。在液压马达的回油路上设有平衡回路，以防止重物自由下落。此外，在液压马达上还设有由单向节流阀和单作用闸缸组成的制动回路，使制动器张开延时而紧闭迅速，以避免卷扬机起停时发生溜车下滑现象。

（3）技术特点　该液压系统由调压、调速、锁紧、平衡、多缸卸荷、制动等回路组成，其性能特点如下。

1）在调压回路中，用安全阀限制系统最高压力，安全可靠。

2）在调速回路中，用手动调节换向阀的开度大小来调整工作机构（起降机构除外）的速度，方便灵活，但劳动强度较大。

3）在锁紧回路中，采用由液控单向阀构成的双向液压锁将前后支腿锁定在一定位置上，工作可靠，且有效时间长。

4）在平衡回路中，采用经过改进的单向液控顺序阀做平衡阀，以防止在提升、吊臂伸缩和变幅作业过程中因自重而下降，工作可靠，但在一个方向有背压，会造成一定的功率损耗。

5）在多缸卸荷回路中，采用三位换向阀 M 型中位机能并将油路串联起来，使任何一个工作机构既可单独动作，也可在轻载下任意组合地同时动作。但 6 个换向阀串接，会使液压泵的卸荷压力加大。

6）在制动回路中，采用由单向节流阀和单作用闸缸构成的制动器，工作可靠，且制动动作快，松开动作慢，可确保安全。

 习题

172

6-1　试说明图 6-2 所示的液压系统中，使主缸快速下降的主要措施，并指明溢流阀 7、21 和 22 的作用。

6-2　图 6-18 所示为 4500kN 双动薄板冲压机液压系统。整个系统用一台大流量恒功率变量泵供油，电液换向阀均为自控形式。主机包括拉伸滑块、压边滑块和液压垫三部分。表 6-10 为工作循环电磁铁动作顺序表。试分析该液压系统油路和各液压元件的作用。

表 6-10　工作循环电磁铁动作顺序表

拉伸滑块	压边滑块	液压垫	电磁铁						手动单向阀 23
			1YA	2YA	3YA	4YA	5YA	6YA	
快速下降	快速下降		+			+		+	
减速	减速		+			+	+		
拉伸	压紧工作		+			+	+	+	
回程	回程		+		+				
		上升	+	+					左位
		下降	+						右位
	液压泵卸荷								

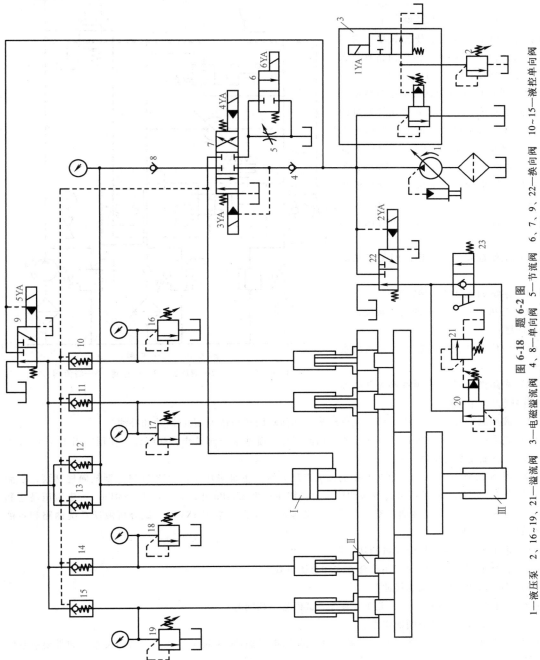

图 6-18　题 6-2 图

1—液压泵　2、16~19、21—溢流阀　3—电磁溢流阀　4、8—单向阀　5—节流阀　6、7、9、22—换向阀　10~15—液控单向阀
20—先导型溢流阀　23—手动单向阀　Ⅰ~Ⅲ—液压缸

173

6-3 画出图 6-3 中二通插装阀集成块①所对应的传统液压阀液压回路图,使其工作机能相同。

6-4 结合图 6-4 和图 6-5 所示的液压系统,说明平面磨床和外圆磨床工作台换向时采用哪种制动方式液压操纵箱。它们与图 2-32 和图 2-33 所示的液压回路有什么不同之处,增加了哪些特殊措施?

6-5 图 6-19 所示为某卧轴矩台精密平面磨床液压系统。系统用手动调节流量的双向变量液压泵 1 供油,最大工作压力由溢流阀 5 调节为 1.8~2MPa,辅助压力油由液压泵 4 供给,压力为 0.3~0.5MPa,工作台换向靠行程阀 3 来完成。试分析液压系统油路和各液压元件的作用,并回答:

（1）回路采用什么形式,如何调速和卸荷?

（2）工作台液压缸 2 换向时怎样消除冲击?

（3）系统如何补油和冷却?

6-6 分析图 6-11 所示的液压系统,回答下列问题:

（1）为什么过载阀调定压力要高出主溢流阀?

（2）多路换向阀 27 中哪些阀为并联连接,哪些阀为顺序单动?

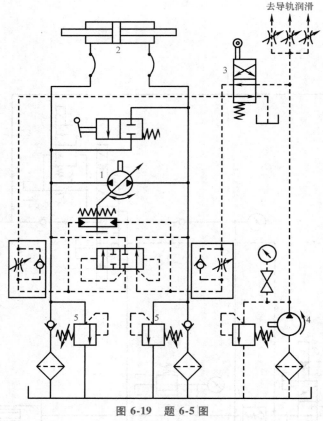

图 6-19 题 6-5 图
1、4—液压泵 2—液压缸 3—行程阀 5—溢流阀

（3）液压制动装置 17 由哪些液压元件组成? 如何对回转马达 16 进行制动和补油?

（4）先导阀 22 手柄向左时,其输出压力油同时控制哪些液压阀动作? 起到什么作用? 当先导阀 22 手柄向右时,情况又变成怎样?

6-7 图 6-20 所示为 $0.6m^3$ 单斗液压挖掘机液压系统。主泵采用了两台 YCY14-1 型轴向柱塞泵,溢流阀调整压力为 25MPa,各液压缸过载阀调整压力除铲斗缸为 25MPa 外,其他均为 28MPa。行走液压马达和回转液压马达采用 ZM75 型径向柱塞马达,其制动溢流阀压力调整到 18MPa。试分析液压系统油路和各液压元件的作用,并回答:

（1）系统采用了什么样的变量和功率调节方式?

（2）系统采用了什么样的回路组合方式和合流方式?

（3）液压马达如何制动和缓冲?

6-8 分析图 6-13 所示的注塑机液压系统,试回答下列问题:

（1）叙述系统中各单向阀的作用。

（2）液压泵 1 能输出几种压力? 阀组 I 中的溢流阀与远程调压阀 V_{24}~V_{27} 应有何关系? 如果要求系统能有无级调压,应采用什么样的调压回路?

（3）假设移模缸 C_1 的活塞面积与活塞杆面积比为 2,不计系统容积损失,移模缸 C_1 在闭模过程中有几种可能的输出速度?

（4）欲提高液压马达 4 的输出转矩,可采取哪些措施?

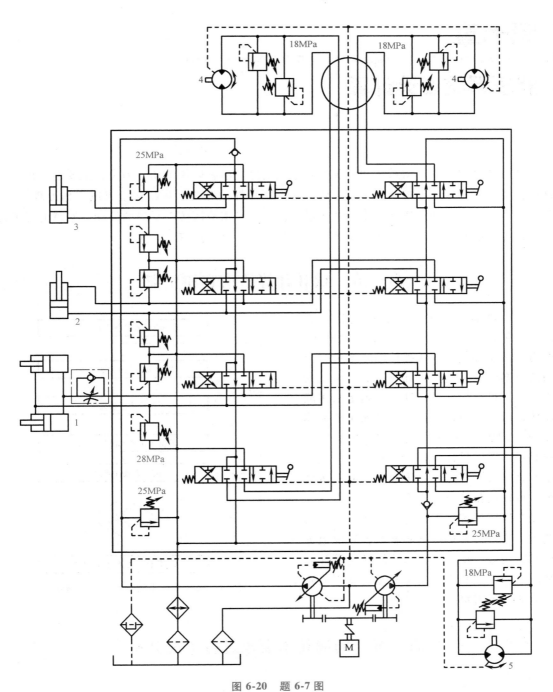

图 6-20 题 6-7 图

1—动臂缸 2—斗杆缸 3—铲斗缸 4—行走液压马达 5—回转液压马达

第七章

液压系统设计计算

液压系统有液压传动系统和液压控制系统之分。前者以传递动力为主，主要追求传动特性的完善；后者以实施控制为主，主要追求控制特性的完善。从结构组成或工作原理上说，两者无本质上的差别。通常所说的液压系统设计，是指液压传动系统的设计。本章的任务是在前述各章的基础上讨论液压传动系统的设计计算程序、内容和方法。

第一节　设计计算的内容和步骤

一台机器究竟采用什么样的传动方式，必须根据机器的工作要求，对机械、电力、液压和气压等各种传动方案进行全面的方案论证，正确估计应用液压传动的必要性、可行性和经济性。当确定采用液压传动后，其设计的基本内容和步骤大体如图 7-1 所示。这里所说的设计内容和步骤只是一般的设计流程，在实际设计过程中不是一成不变的，对于较简单的液压系统，可以简化其设计程序；对于重大工程的复杂液压系统，往往还需在初步设计的基础上进行计算机仿真实验或者局部地进行实物实验，反复修改，才能确定设计方案。另外，这些步骤又是相互关联、彼此影响的，常需穿插交叉进行。

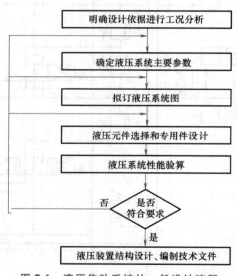

图 7-1　液压传动系统的一般设计流程

第二节　明确技术要求进行工况分析

一、明确技术要求

为了能够设计出工作可靠、结构简单、性能好、成本低、效率高、维护使用方便的液压系统，必须通过调查研究，明确下述几方面问题。

1. 全面了解主机的结构和总体布局

这是合理确定液压执行元件的类型、工作范围、安装位置及空间尺寸所必需的。液压系统中的执行元件大体可分为液压缸和液压马达。前者实现直线运动，后者实现回转运动，两者的结构特点及应用场合见表 7-1。

表 7-1 液压执行元件类型、特点及适用场合

类 型	特 点	适用场合
双活塞杆液压缸	双向对称	双向工作的往复运动
单活塞杆液压缸	有效工作面积大、双向不对称	往返不对称的直线运动。差动连接可实现快进，当 $A_1 = 2A_2$ 时往返速度相等
柱塞缸	结构简单、制造工艺性好	单向工作，靠重力或其他外力返回
摆动缸	单叶片式，转角小于 360° 双叶片式，转角小于 180°	小于 360° 的摆动运动 小于 180° 的摆动运动
齿轮马达	结构简单、价格便宜	高转速，低转矩的回转运动
叶片马达	体积小，转动惯量小	高速低转矩，动作灵敏的回转运动
摆线齿轮马达	体积小，输出转矩大	低速、小功率、大扭矩的回转运动
轴向柱塞马达	运动平稳、转矩大、转速范围宽	大转矩回转运动
径向柱塞马达	转速低，结构复杂，输出转矩大	低速大转矩回转运动

注：A_1—无杆腔活塞面积；A_2—有杆腔活塞面积。

现代液压机械的工作机构越来越复杂。对于工作机构运动形式比较复杂的情况，如能采用经济适用的液压执行元件，并巧妙地使之与其他机构相配合，不仅能简化液压系统，降低设备造价，而且能改善液压执行元件的负载状况和运动机构的性能。

图 7-2 所示为几种常用的液压-机械工作机构：其中图 7-2a、b 所示为扩程机构，同时也可实现增速，常用于高低位升降台、电弧炉电极的升降等液压设备；图 7-2c、d 所示为增力机构，可用较小推力的液压缸实现较大的压紧力，同时还具有锁紧作用；图 7-2e、f 所示为运动转换机构，小角度的回转运动用液压缸来实现，其运动比较平稳，长行程的直线运动可以用液压马达来实现。

这一步骤也是对主机采用液压传动是否合理或在多大程度上合理，是否可同其他传动方式结合起来，发挥各自的长处，以形成更合理的组合传动方式，进行复核和校验。

2. 了解机器对性能的要求

通常应了解如下几方面：

（1）机器对负载特性、运动方式和精度的要求 例如了解机器工作负载的类型是阻力负载还是超越负载，是恒值、变值负载还是冲击负载，以及这些负载的大小。运动方式是直线运动、回转运动还是摆动，以及运动量（位移、速度、加速度）的大小和范围。精度要求包括定位精度、同步精度等。

（2）控制方式及自动化程度 要了解机器的操作方式是手动、半自动还是全自动；信号处理方式采用的是触点继电器控制电路、逻辑电路、可编程控制器，还是微型计算机。

（3）驱动方式 需了解原动机的类型、功率、转速和转矩特性等。

（4）循环周期 系统中各执行元件的动作顺序、动作时间及相互关系。

3. 明确液压系统的使用条件和环境情况

需了解机器设置场所是室内还是室外；工作时间是一班制、两班制还是三班制；环境的

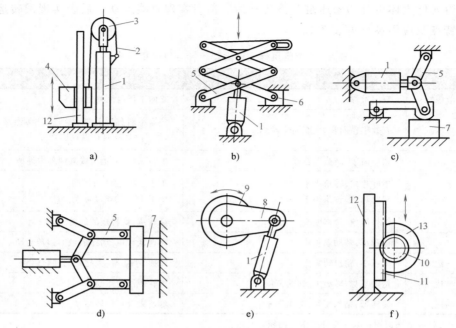

图 7-2 常用的液压-机械工作机构

a)、b) 扩程机构 c)、d) 增力机构 e)、f) 运动转换机构

1—液压缸 2—链条 3—链轮 4—提升物 5—连杆机构 6—滑块 7—工件
8—曲柄 9—回转体 10—齿轮 11—齿条 12—导柱 13—液压马达

温度、湿度、污染物，以及对防爆、振动、噪声的限制情况；维护周期、维护空间等情况。

4. 查明机器在安全可靠性和经济性方面对液压系统的要求

弄清用户在安全可靠性方面有哪些具体要求；明确保用期和保用条件。在经济性方面，不能只考虑投资费用，还要考虑能源消耗、维护保养等运行费用。

5. 了解、搜集同类型机器的有关技术资料

除了要了解液压系统的组成、工作原理、工作特性、系统主要参数外，还要了解使用情况及存在的问题。

在上述工作的基础上，便可对主机进行工况分析，即运动和动力分析，并绘制运动循环图和负载循环图，作为设计液压系统的基本依据。

二、负载分析及负载循环图

负载分析就是研究一部机器在工作过程中，它的执行机构的受力情况。对液压系统来说，也就是液压缸或液压马达的负载随时间的变化情况。

1. 液压缸的负载及其负载循环图

工作机构作直线往复运动时，液压缸必须克服的外负载

$$F = F_e + F_f + F_i \tag{7-1}$$

式中　F_e——工作负载；

　　　　F_f——摩擦负载；

F_i——惯性负载。

（1）工作负载　工作负载与机器的工作性质有关，有恒值负载与变值负载。例如液压机，在镦粗、延伸等工艺过程中，其负载随时间平稳地增长；而在挤压、拉拔等工艺过程中，其负载几乎不变。

工作负载又可以分为阻力负载和超越负载，阻止液压缸运动的负载称为阻力负载，又称正值负载；助长液压缸运动的负载称为超越负载，也称负值负载。例如液压缸在提升重物时为阻力负载，重物下降时为超越负载（图7-3）。

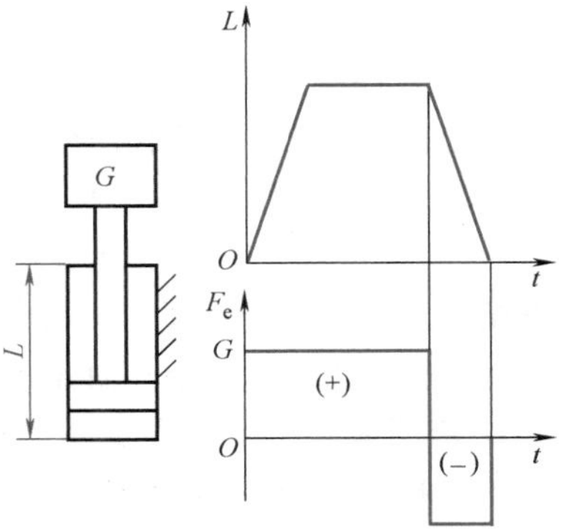

（2）摩擦负载　摩擦负载，即液压缸驱动工作机构工作时所要克服的机械摩擦阻力。对于机床来说，即导轨的摩擦阻力。起动时为静摩擦阻力，可按下式计算

$$F_{fs} = \mu_s (G + F_n) \tag{7-2}$$

起动后变为动摩擦阻力，可按下式计算

$$F_{fd} = \mu_d (G + F_n) \tag{7-3}$$

图 7-3　负载特性

式中　G——运动部件所受重力；

$\quad\quad F_n$——垂直于导轨的作用力；

F_{fs}、F_{fd}——静、动摩擦阻力；

μ_s、μ_d——静、动摩擦因数。

（3）惯性负载　惯性负载即运动部件在起动和制动过程中的惯性力，其平均惯性力可按下式进行计算

$$F_i = \frac{G \Delta v}{g \Delta t} \tag{7-4}$$

式中　F_i——惯性力；

$\quad\quad G$——运动部件所受重力；

$\quad\quad g$——重力加速度；

$\quad\quad \Delta v$——Δt 时间内的速度变化值；

$\quad\quad \Delta t$——起动或制动时间。

一般机床可取 $\Delta t = 0.1 \sim 0.5 s$，轻载低速运动部件取较小值，重载高速运动部件取较大值。行走机械可取 $\Delta v / \Delta t = 0.5 \sim 1.5 \mathrm{m/s}^2$。

液压缸工作时还必须克服其内部密封摩擦阻力，其大小同密封的类型、液压缸制造的质量和油液工作压力有关。详细计算比较繁琐，一般将它算入液压缸的机械效率 η_{cm} 中考虑。

液压缸在一个工作循环中，一般情况，要经历以下四种负载工况：

起动阶段

$$F = \pm F_e + \mu_s (G + F_n) \tag{7-5}$$

加速阶段

$$F = \pm F_e + \mu_d (G + F_n) + \frac{G}{g} \frac{\Delta v}{\Delta t} \tag{7-6}$$

179

恒速阶段

$$F = \pm F_e + \mu_d(G + F_n) \qquad (7\text{-}7)$$

制动阶段

$$F = \pm F_e + \mu_d(G + F_n) - \frac{G}{g}\frac{\Delta v}{\Delta t} \qquad (7\text{-}8)$$

根据上述各个阶段内的负载和它所经历的时间，便能绘制负载循环图（$F\text{-}t$ 或 $F\text{-}L$ 图）。图 7-4 就是一部机器的负载循环图，其中：$0 \sim t_1$ 为起动过程；$t_1 \sim t_2$ 为加速过程；$t_2 \sim t_3$ 为恒速过程；$t_3 \sim t_4$ 为制动过程。它清楚地表明了液压缸在整个工作循环内负载的变化规律。图中最大负载是初选液压缸工作压力和确定液压缸结构尺寸的依据。

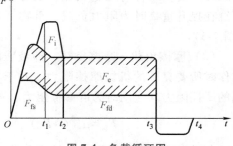

图 7-4　负载循环图

2. 液压马达的负载及其负载循环图

工作机构做旋转运动时，液压马达必须克服的负载转矩

$$T = T_e + T_f + T_i \qquad (7\text{-}9)$$

（1）工作负载转矩 T_e　工作负载转矩可能是定值，也可能是随时间变化的，也有阻力负载与超越负载两种形式，应根据机器工作性质进行具体分析。

（2）摩擦转矩 T_f　旋转部件轴颈处的摩擦转矩，其计算公式为

$$T_f = G\mu R \qquad (7\text{-}10)$$

式中　T_f——摩擦转矩；

R——轴颈半径；

μ——摩擦因数，起动时为静摩擦因数 μ_s，起动后为动摩擦因数 μ_d；

G——旋转部件所受重力。

（3）惯性转矩 T_i　旋转部件加速或减速时产生的惯性转矩，其计算公式为

$$T_i = J\varepsilon = J\frac{\Delta\omega}{\Delta t} \qquad (7\text{-}11)$$

式中　ε——角加速度；

$\Delta\omega$——角速度的变化值；

Δt——加速或减速时间；

J——旋转部件的转动惯量，$J = GD^2/(4g)$；

GD^2——回转部件的飞轮效应，各种回转体的 GD^2 可查《机械设计手册》。

根据式（7-9），分别算出液压马达在一个工作循环内各阶段的负载大小，便可绘制液压马达的负载循环图即 $T\text{-}t$ 图。

在实际工程计算中，往往把起动、加速过程统称为起动过程。因为起动时间很短，此时工作部件加速阶段有可能仍处于静摩擦状态。因此，计算加速摩擦负载往往按起动摩擦阻力考虑。

例 7-1　在离心机、轧辊机以及质量较大的其他回转传动装置中，液压马达的负载实际上是一个飞轮。已知：铸铁飞轮的外径 $D = 1\text{m}$，宽度 $B = 200\text{mm}$，轴颈半径 $R = 100\text{mm}$，

其所受重力 $G = 12.5\mathrm{kN}$；齿轮增速机构的传动比 $i = \dfrac{n_1}{n_2} = 0.2$（图7-5a），飞轮的稳定转速 $n = 200\mathrm{r/min}$。

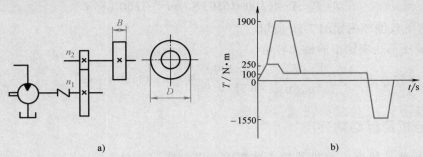

图 7-5 传动机构及其负载循环图

假定：加、减速时间均为 2s；液压马达的机械效率 $\eta_{mm} = 0.95$，齿轮增速机构的机械效率 $\eta_{gm} = 0.90$；轴颈的静、动摩擦因数分别为 $\mu_s = 0.2$、$\mu_d = 0.08$。

求作液压马达负载循环图，并求其最大输出转矩。

解 （1）计算液压马达的外负载

1）工作负载转矩 $T_e = 0$

2）飞轮的摩擦转矩 起动时的静摩擦转矩

$$T_{fs} = \mu_s GR = (0.2 \times 12500 \times 0.1)\,\mathrm{N \cdot m} = 250\,\mathrm{N \cdot m}$$

运动时的动摩擦转矩

$$T_{fd} = \mu_d GR = (0.08 \times 12500 \times 0.1)\,\mathrm{N \cdot m} = 100\,\mathrm{N \cdot m}$$

3）飞轮起动时的惯性转矩 根据式（7-11）

$$T_i = J\frac{\Delta\omega}{\Delta t} = \frac{GD^2}{4g}\frac{2\pi\Delta n}{60\Delta t} = \frac{GD^2 \Delta n}{375\Delta t}$$

查《机械设计手册》知，本例（实心圆柱体）飞轮效应计算公式为

$$GD^2 = \frac{1}{2}\left(\frac{\pi}{4}D^2 B\rho g\right)D^2$$

$$= \left(0.5 \times \frac{\pi}{4} \times 1^2 \times 0.2 \times 8.07 \times 10^3 \times 9.8 \times 1^2\right)\mathrm{N \cdot m^2} = 6200\,\mathrm{N \cdot m^2}$$

在此，取铸铁密度 $\rho = 8.07 \times 10^3\,\mathrm{kg/m^3}$。

则飞轮起动时的惯性转矩

$$T_i = \frac{6200 \times 200}{375 \times 2}\,\mathrm{N \cdot m} = 1650\,\mathrm{N \cdot m}$$

（2）根据式（7-9）计算飞轮各阶段的负载转矩

1）起动阶段

$$T = T_{fs} + T_i = (250 + 1650)\,\mathrm{N \cdot m} = 1900\,\mathrm{N \cdot m}$$

2）匀速阶段

$$T = T_{fd} = 100 \text{N} \cdot \text{m}$$

3）减速阶段

$$T = T_{fd} - T_i = (100 - 1650) \text{N} \cdot \text{m} = -1550 \text{N} \cdot \text{m}$$

飞轮的负载循环图如图 7-5b 所示。

（3）液压马达应输出的最大转矩

$$T_o = \frac{T}{i \eta_{mm} \eta_{gm}} = \frac{5 \times 1900}{0.95 \times 0.90} \text{N} \cdot \text{m} = 11100 \text{N} \cdot \text{m}$$

三、运动分析及运动循环图

运动分析就是研究一部机器按工艺要求，以怎样的运动规律完成一个工作循环，并绘制位移循环图（L-t 图）和速度循环图（v-t 图）。

1. 位移循环图（L-t 图）

图 7-6 所示为一液压机的液压缸位移循环图，其纵坐标 L 表示活塞位移，横坐标 t 表示时间，曲线斜率表示了活塞移动速度。它清楚地表明了该液压机的工作循环由快速下行、减速下行、压制、保压、泄压慢回和快速回程六个阶段组成。

2. 速度循环图（v-t 图）

位移循环图的曲线斜率表示了执行元件的速度，故由位移循环图便可绘出速度循环图。绘制速度循环图是为了计算液压缸或液压马达的惯性负载并进而作出负载循环图。绘制速度循环图往往与绘制负载循环图同时进行。

下面以液压缸为例，说明速度循环图的作用以及与负载循环图的联系。

分析工程实际上应用的各种液压缸，其运动速度特点可以归纳为三种类型，如图 7-7a 所示。第一种，液压缸开始作匀加速运动，然后匀速运动，最后匀减速运动到终点；第二种，液压缸在总行程的一半作匀加速运动，在另一半行程做匀减速运动，且加速度与减速度在数值上相等；第三种，液压缸在总行程的一大半上，以较小的加速度作匀加速运动，然后匀减速至行程终点。

v-t 图的三条速度曲线，不仅清楚地表明了液压缸的三种典型运动规律，而且也间接地表示了三种工况的动力特性。

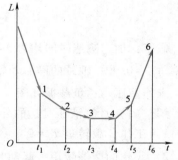

图 7-6　液压机的液压缸位移循环图

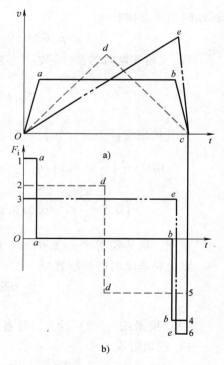

图 7-7　v-t 与 F-t 图

因为 $dv/dt=a$（加速度），故三条曲线斜率不同，即加速度不同，也就是惯性力 F_i 的大小不一样。因此由速度曲线 $Oabc$、Odc 及 Oec 可以定性地绘出相应的惯性负载曲线 $1aabb4$、$2dd5$ 及 $3ee6$，如图 7-7b 所示。

当然也可以作定量计算：若以 L 表示液压缸的位移，t_1、t_2 和 t_3 分别表示匀加速、匀速和匀减速运动的时间，则液压缸匀速时的速度

$$v=\frac{L}{0.5t_1+t_2+0.5t_3}$$

液压缸的加速度

$$a=\frac{v}{t_1}$$

液压缸的减加速度

$$a'=\frac{v}{t_3}$$

对第二、第三种无匀速运动的工况，只要以 $t_2=0$ 代入上式，也可作类似计算。

第三节　液压系统主要参数设计

压力和流量是液压系统最主要的两个参数。根据这两个参数来计算和选择液压元件、辅件和原动机的规格型号。系统压力选定后，液压缸主要尺寸或液压马达的排量即可确定，液压缸的主要尺寸或液压马达的排量一经确定，即可根据液压缸或液压马达的速度或转速确定其流量。

一、初选系统压力

系统压力的选定是否合理，直接关系到整个系统设计的合理程度。在液压系统功率一定的情况下，若系统压力选得过低，则液压元、辅件的尺寸和重量就会增加，系统造价也相应增加；若系统压力选得较高，则液压设备的重量、尺寸和造价会相应降低。例如，飞机液压系统的压力从 21MPa 提高到 28MPa，则其重量下降约 5%，所占体积将减小 13%。然而，若系统压力选得过高，由于对制造液压元、辅件的材质、密封、制造精度等要求的提高，反而会增大或增加液压设备的尺寸、重量和造价，其系统效率和使用寿命也会相应下降，因此不能一味追求高压。就目前材质情况，一般认为取压力为 21~24MPa 为最经济，并有资料论证低压系统比高压系统价格高 0.5~2 倍。

表 7-2 是目前我国几类机械常用的系统压力，它反映了这些系统的特点和经验，可参照选用。

表 7-2　几类机械常用的系统压力

设备类型	机　床				农业机械 小型工程机械 工程机械的辅助机构	液压机 中、大型挖掘机 重型机械 起重运输机械等
	磨床	组合机床	龙门刨床	拉床		
系统压力/MPa	0.8~2	3~5	2~8	8~10	10~16	20~32

二、计算液压缸尺寸或液压马达排量

1. 计算液压缸主要尺寸

（1）单活塞杆液压缸　如图 7-8a 所示，无杆腔为工作腔时

$$p_1 A_1 - p_2 A_2 = \frac{F}{\eta_{cm}} \tag{7-12}$$

有杆腔为工作腔时

$$p_1 A_2 - p_2 A_1 = \frac{F}{\eta_{cm}} \tag{7-13}$$

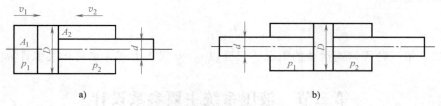

图 7-8　液压缸计算简图

（2）双活塞杆液压缸　如图 7-8b 所示

$$A_1 = A_2 = A$$

$$A(p_1 - p_2) = \frac{F}{\eta_{cm}} \tag{7-14}$$

式中　F——液压缸的外负载；

η_{cm}——液压缸的机械效率，一般取 0.9～0.97。

当用以上公式确定液压缸尺寸时，需首先选取回油腔压力（背压）p_2 和杆径比 d/D。根据回路特点选取背压的经验数据见表 7-3。

表 7-3　背压的经验数据

回路特点	背压/MPa	回路特点	背压/MPa
回油路上设有节流阀	0.2～0.5	采用补油泵的闭式回路	1～1.5
回油路上设有背压阀或调速阀	0.5～1.5	回油路较复杂的工程机械	1.2～3

杆径比 d/D 一般按下述原则选取：

当活塞杆受拉时，一般取 $d/D = 0.3～0.5$，当活塞杆受压时，为保证压杆的稳定性，一般取 $d/D = 0.5～0.7$。杆径比 d/D 还常常按液压缸的往返速比 $i = v_2/v_1$（其中 v_1、v_2 分别为液压缸正反行程速度，如图 7-8 所示）的要求来选取，其经验数据见表 7-4。

表 7-4　液压缸往返速比经验数据

i	1.1	1.2	1.33	1.46	1.61	2
d/D	0.3	0.4	0.5	0.55	0.62	0.7

一般工作机械返回行程不工作，其速度可以大些，但也不宜过大，以免产生冲击。一般认为 $i \leqslant 1.61$ 较为合适。如采用差动连接，并要求往返速度一致，则应取 $A_2 = A_1/2$，即 $d \approx 0.7D$。

对于要求工作速度很低的液压缸（如精镗用组合机床进给液压缸），按负载力计算出的液压缸尺寸，还需按最低工作速度验算液压缸尺寸，即

$$A \geqslant \frac{q_{\min}}{v_{\min}} \tag{7-15}$$

式中　A——液压缸的有效工作面积（A_1 或 A_2）；

$\quad q_{\min}$——系统最小稳定流量，在节流调速系统中取决于调速阀或节流阀的最小稳定流量，可在产品性能表上查得，在容积调速系统中取决于变量泵的最小稳定流量；

$\quad v_{\min}$——机器要求液压缸应达到的最低工作速度。

验算结果，如果有效工作面积满足不了最低工作速度的需求，就必须重新确定液压缸直径。

液压缸直径 D 和活塞杆直径 d 的最后确定值，还必须根据上述计算值就近圆整成国家标准所规定的标准数值，否则设计出来的液压缸将无法采用标准的密封件。

2. 计算液压马达排量

液压马达的排量

$$V_{\mathrm{m}} = \frac{6.28T}{\Delta p \eta_{\mathrm{mm}}} \tag{7-16}$$

式中　V_{m}——液压马达的排量（$\mathrm{m^3/r}$）；

$\quad T$——液压马达的负载转矩（$\mathrm{N \cdot m}$）；

$\quad \Delta p$——液压马达进、出口压差（Pa），$\Delta p = p_1 - p_2$；

$\quad \eta_{\mathrm{mm}}$——液压马达的机械效率，一般齿轮和柱塞马达取 $0.90 \sim 0.95$，叶片马达取 $0.80 \sim 0.90$。

对于要求工作转速很低的液压马达，按负载转矩计算出的液压马达排量，还需按最低工作转速验算其排量，即

$$V_{\mathrm{m}} \geqslant \frac{q_{\min}}{n_{\mathrm{mmin}}} \tag{7-17}$$

式中　n_{mmin}——要求液压马达达到的最低转速；

$\quad q_{\min}$——系统的最小稳定流量。

三、计算液压缸或液压马达所需流量

1. 液压缸的最大流量

$$q_{\max} = A v_{\max} \tag{7-18}$$

式中　A——液压缸的有效工作面积（A_1 或 A_2）；

$\quad v_{\max}$——液压缸的最大速度。

2. 液压马达的最大流量

$$q_{max} = V_m n_{mmax} \tag{7-19}$$

式中　V_m——液压马达排量；

　　　n_{mmax}——液压马达的最高转速。

四、绘制液压缸或液压马达工况图

液压缸或液压马达的工况图是指液压缸或液压马达的压力循环（$p\text{-}t$）图、流量循环（$q\text{-}t$）图和功率循环（$P\text{-}t$）图。它是拟订液压系统、进行方案对比、鉴别与修改设计的基础。

1. 工况图的绘制

液压缸尺寸或液压马达排量一经确定，即可根据 $F\text{-}t$（或 $T\text{-}t$）图，并利用式（7-12）、式（7-13）、式（7-14）或式（7-16）算出一个循环中 p 和 t 一一对应的数量关系，从而绘出 $p\text{-}t$ 图。

同样，利用速度（或转速）循环图和式（7-18）或式（7-19），即可绘出液压缸（或液压马达）的 $q\text{-}t$ 图。对于具有多个执行元件的系统，应将各执行元件的 $q\text{-}t$ 图叠加在一起绘出总的 $q\text{-}t$ 图。

有了 $p\text{-}t$ 图和 $q\text{-}t$ 图，根据功率 $P = pq$，即可绘出 $P\text{-}t$ 图。图 7-9 所示为相应于图 7-6 所示的典型工作循环的液压机工况图。

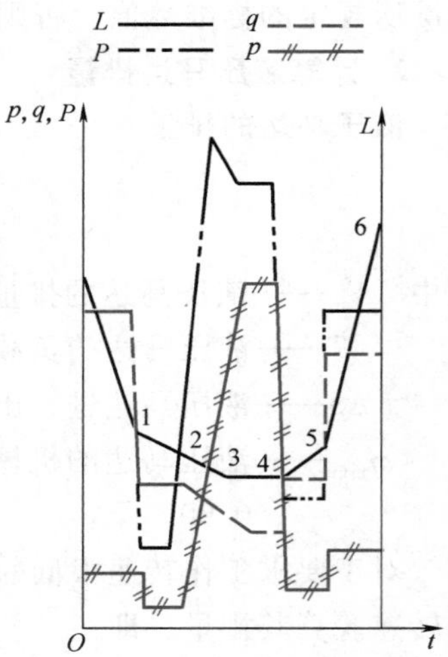

2. 工况图的作用

1）通过工况图找出最高压力点、最大流量点和最大功率点及其相应参数，以此作为选择液压元件、辅件和原动机规格的依据，或根据这些参数设计非标准液压元件。

2）利用工况图来鉴别各工况所选定参数的合理性或进行相应调整。一般是将所设计的工况图与调研来的各方案的工况图进行分析比较，以便于鉴别和修改设计参数，使所设计的系统更加合理、经济。比如在 $p\text{-}t$ 图或 $q\text{-}t$ 图中各阶段的压力或流量相差甚大即出现峰值时，在工艺条件允许情况下，可以适当调整有关阶段的动作时间或改变执行元件的尺寸来消除峰值现象。对于多执行元件的系统，应把各执行元件的 $p\text{-}t$ 图叠加后进行分析。若各执行元件的最大功率点是错开的，表明系统功率在整个循环中比较均匀；若最大功率点是重合的，则系统功率在整个循环中是不均匀的，在允许情况下，可适当调整有关参数，以改善系统功率的不均匀性。

3）通过工况图的分析可以合理地选择系统的主要回路。如图 7-10 所给定的 $q\text{-}t$ 图中，在一个循环中，流量变化的特点是 q_{max} 和 q_{min} 相差甚大（最大可达几十倍），而其相应的时间 t_1 和 t_2 相差也较大。对于这种系统，其供油回路既不适宜采用单定量泵，也不宜采用蓄能器，而适宜采用"大小泵"的双泵供油回路。而图 7-10b 所给定的流量变化特点是，q_{max} 与 q_{min} 相差较大，但其相应的时间 t_1 与 t_2 相差不大，对于这种系统宜采用蓄能器辅助供油回路。这时不是按 q_{max} 而是按平均流量 q_{cp} 来选取泵的流量。

图 7-9　液压机工况图

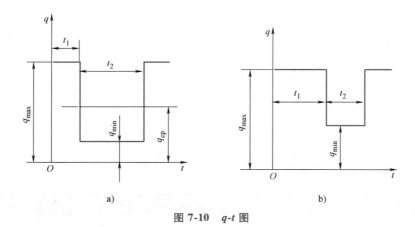

图 7-10 q-t 图

第四节 拟订液压系统原理图

拟订液压系统原理图是液压系统设计中的一个重要步骤。这一步要做的主要工作：一是选择基本回路，二是把选出的回路组成液压系统。下面概略地介绍一下，在进行这一步工作时，要考虑的主要问题及回路设计成败对比举例。

一、需要考虑的主要问题

1. 确定和选择基本回路

基本回路是决定主机动作和性能的基础，是构成系统的骨架。这就要抓住各类机器液压系统的主要矛盾。如对速度的调节、变换和稳定要求较高的机器（如机床），则调速和速度换接回路往往是组成这类机器液压系统的基本回路；对输出力、力矩或功率调节有主要要求而对速度调节无严格要求的机器（如大型挖掘机），其功率的调节和分配是系统设计的核心，其系统特点是采用复合油路、功率调节回路等。

2. 调速方式的选择

由于机器所使用的原动机的不同，其液压传动系统中，驱动液压泵的原动机便有电动机和内燃机两种不同的形式。这就使得其液压系统也相应地有液压和油门两种不同的调速方案供选用。如机床、液压机等机器，一般用电动机作原动机，其液压系统一般只能采用液压调速；工程机械、农业机械等多用内燃机作原动机，其液压系统即可采用油门调速，又可采用液压调速。

油门调速，就是通过调节内燃发动机油门的大小来改变发动机的转速，即改变液压泵的转速，从而改变液压泵的流量，以达到对执行机构的调速要求，实质上是一种容积调速。油门调速无溢流损失，减小了系统发热，但调速范围受到发动机最低怠转速的限制，因此还往往配以液压调速。

液压调速分为节流调速、容积调速和容积节流调速三大类，主要根据工况图上压力、流量和功率的大小，对系统温升、工作平稳性的要求来选择调速回路。例如压力较低、功率较小（3kW 以下）、负载变化不大、工作平稳性要求不高的场合，宜选用节流阀调速回路；功率较小、负载变化较大、速度稳定性要求较高的场合，宜采用调速阀调速回路；功率中等（3~5kW）的场合、要求温升小时，可采用容积调速；既要温升小，又要工作平稳性较好时，宜采用容积节流调速；功率较大（5kW以上），要求温升小而稳定性要求不高的情况，宜采用容积调速回路；某些要求实现稳定微量进给的场合，宜采用微量节流阀或计量阀调速回路。

3. 油路循环形式的选择

液压系统的油路循环形式有开式和闭式两种。这主要取决于系统调速方式：节流调速、容积节流调速只能采用开式系统；容积调速多采用闭式系统。开式与闭式系统的比较见表7-5。

表7-5　开式与闭式系统的比较

循环形式	开　式	闭　式
适应工况	一般均能适应，一台液压泵可向多个执行元件供油	限于要求换向平稳、换向速度高的一部分容积调速系统。一般一台液压泵只能向一个执行元件供油
结构特点和造价	结构简单,造价低	结构复杂,造价高
散热	散热好,但油箱较大	散热差,常用辅助液压泵换油冷却
抗污染能力	较差,可采用压力油箱来改善	较好,但油液过滤要求较高
管路损失及效率	管路损失大,用节流调速时,效率低	管路损失较小,用容积调速时,效率较高

4. 综合考虑其他问题

在拟订液压系统时，应注意以下几方面问题。

（1）注意防止回路间可能存在的相互干扰　例如图7-11a所示回路，由于液压泵卸荷后，控制回路也随之卸荷失压，致使回路压力无法再恢复，因而回路也就不能正常工作。为此应像图7-11b所示回路那样，在原有回路中增设一个背压阀6，或在电液换向阀3的P口加一个调压阀或单向阀5来获得使电液换向阀换向所必需的控制压力。

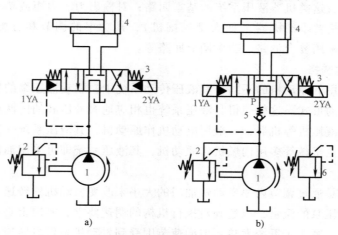

图7-11　防止回路相互干扰图例一
1—液压泵　2—溢流阀　3—电液换向阀　4—液压缸　5—单向阀　6—背压阀

又如图7-12a所示回路，其动作要求是：液压缸8先动作，夹紧工件后，液压缸7才能动作。图示的顺序控制回路，初看起来似乎能实现动作要求，然而经仔细分析，这个回路是不完善的。因为当液压缸 8 夹紧工件后，顺序阀 4 的进、出口压力相同，这时如换向阀瞬时换向，则顺序阀芯的瞬时不平衡会造成缸 8 瞬时失压而引起工件松夹。解决的办法是在顺序阀 4 与换向阀 6 之间加一单向阀 9，如图 7-12b 所示。

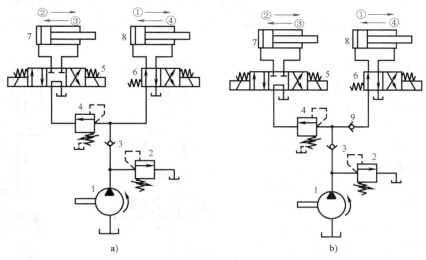

图 7-12　防止回路相互干扰图例二

1—液压泵　2—溢流阀　3、9—单向阀　4—顺序阀　5、6—换向阀　7、8—液压缸

（2）提高系统效率，防止系统过热　这就要求在选择回路以及在组成系统的整个设计过程中，应力求减小系统压力和容积损失。比如：要注意选用高效率液压元、辅件；正确选用液压油；合理选择油管内径，尽量减小油管长度和减少弯曲；采用效率较高的压力、流量和功率适应回路等。

（3）防止液压冲击　由于工作机构运动速度的变换（起动、变速、制动），工作负载突然消失以及冲击性负载等原因，往往会产生液压冲击，影响系统的正常工作。这需要采取防止措施：对液压缸到达行程终点因惯性引起的冲击，可在液压缸端部设缓冲装置或采用行程节流阀回路；对负载突然发生变化（如工作负载突然消失）时产生的冲击，可在回路上加背压阀；如为冲击性负载，可在执行元件的进出口处设置动作敏捷的超载安全阀；为防止由于换向阀换向过快而引起的冲击，可采用换向速度可调的电液换向阀等；对于大型液压机等，由于困在液压缸内的大量高压油突然释压而引起的冲击，可采用节流阀以及带泄压阀的液控单向阀等元件控制高压油逐渐泄压的办法来防止冲击。

（4）确保系统安全可靠　液压系统运行中的不安全因素是多种多样的。例如异常的负载、停电、外部环境条件的急剧变化，操作人员的误动作等，都必须有相应的安全回路或措施，确保人身和设备安全。比如，为了防止工作部件的漂移、下滑、超速等，应有锁紧、平衡、限速等回路；为了防止由于操作者的误动作，或由于液压元件失灵而产生误动作时，应有误动作防止回路等。

（5）应尽量采用标准化、通用化元件　这可缩短制造周期，便于互换和维修。

（6）注意辅助回路的设计　在拟订液压系统图时，就应在需要检测系统参数的地方，设置工艺接头以便于安装检测仪表。

二、液压回路设计成败对比举例

1. 图 7-13a 所示回路

原设计要求：当液压系统重力负载较大时，液压缸在下降过程中运行平稳。然而在图7-13a 所示的回路中，当液压缸向下运动时，会出现快降、停止交替的不连续跳跃、振动等非正常现象。

这主要是由于负载较大，向下运行时由于速度过快，液压泵的供油量一时来不及补充液压缸上腔形成的容积，因此在整个进油回路产生短时负压，这时右侧单向阀的控制压力随之降低，单向阀关闭，突然封闭系统的回油路使液压缸突然停止。当进油路的压力升高后，右侧的单向阀打开，负载再次快速下降。上述过程反复进行，导致系统振荡下行。这种问题的解决方法之一是在下降的回油路上安装一个单向节流阀，如图 7-13b 所示，就能防止负压的产生。

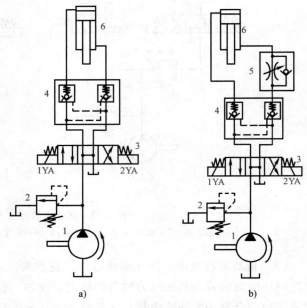

图 7-13 回路设计图例一

a) 不合理回路 b) 合理回路

1—液压泵 2—溢流阀 3—换向阀 4—双液控单向阀
5—单向节流阀 6—液压缸

2. 图 7-14a 所示回路

图 7-14a 所示为一同时进行速度和顺序控制的回路。原设计要求：夹紧缸 5 把工件 1 夹紧后，进给缸 2 才能动作，并且要求夹紧缸 5 的速度能够调节。

为了实现上述要求，回路采用了进油路节流调速和顺序阀控制的顺序回路。然而，图 7-14a 这样的设计方案是达不到预想目的的。因为要通过节流阀对夹紧缸 5 进行速度控制，压力阀 4 必然是溢流阀（常开压力阀），则回路一定是一恒压回路，其压力 p_1 是由溢流阀 4 调定的。这样，顺序阀 3 的开启压力 p_2 只能是小于等于 p_1，于是进给缸 2 只能先动作或和夹紧缸 5 同时动作（暂不考虑两液压缸的负载差异）。

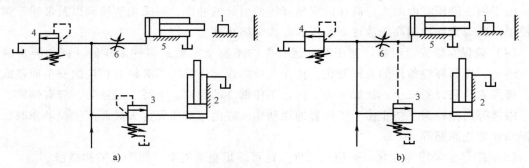

图 7-14 回路设计图例二

1—工件 2—进给缸 3—顺序阀 4—溢流阀 5—夹紧缸 6—节流阀

图 7-14b 所示为改进后的回路。它把图 7-14a 中的顺序阀的内控方式改为外控式，即二次（控制）压力不是由一次压力引出，而是由节流阀出口引出。这样，夹紧缸 5 在运动过程中，由于节流阀前后必然存在压差，即在此过程中二次压力总小于一次压力，直到夹紧缸 5 夹紧工件停止运动，二次压力才等于一次压力，进给缸 2 才开始动作，实现所要求的顺序动作。

第五节　液压元件的选择

一、液压执行元件的选择

1. 液压缸

主要是以前面计算出的液压缸的主要尺寸作为根据，从现有国产标准液压缸，包括工程、冶金、车辆、农机等四大系列若干种规格中，确定具体的结构形式、安装方式和型号规格。这时，应考虑的主要因素如下。

（1）应根据负载和运动方式综合考虑液压缸的安装形式　液压缸的安装形式有法兰型、销轴型、耳环型、拉杆型、脚架型等多种，应考虑液压缸只受运动方向的负载而不受径向负载，以及易找正性、可维护性、刚度和成本等加以确定。

（2）综合考虑其他因素　应从占用空间的大小、质量、刚度、成本和密封性等方面，比较各种液压缸的缸筒、缸盖、缸底、活塞等主要零部件的结构形式，各零部件的连接方式，油口的连接方式，以及排气和缓冲装置等。

2. 液压马达

以前面计算出的液压马达排量，再加上转矩、转速、工作压力等参数，作为依据，再从满足上述基本参数的若干种液压马达中，挑选转速范围、滑差特性、总效率等符合系统要求的，并从占用空间、安装条件以及在工作机构上的布置等方面综合考虑后，择优选定。

二、液压泵的选择

1. 确定液压泵的工作压力

液压泵的最大工作压力

$$p_p = p_1 + \Delta p \tag{7-20}$$

式中　p_1——执行元件的最大工作压力；

Δp——液压泵出口到执行元件入口之间的压力损失，初算时按经验数据选取；管路简单、流速不大的取 $\Delta p = 0.2 \sim 0.5\mathrm{MPa}$，管路复杂、流速较大的取 $\Delta p = 0.5 \sim 1.5\mathrm{MPa}$。

2. 确定液压泵的流量 q_p

这有以下三种情况：

（1）多液压缸（液压马达）同时动作　这时，液压泵的流量要大于同时动作的几个液压缸（液压马达）所需的最大总流量，并要考虑到系统的漏损和液压泵磨损后容积效率的下降，即

$$q_p \geq K(\Sigma q)_{max} \tag{7-21}$$

式中　K——系统泄漏系数，一般取 $1.1\sim1.3$，大流量取小值，小流量取大值；

$(\Sigma q)_{max}$——同时动作的液压缸（液压马达）的最大总流量，可从 $q\text{-}t$ 图上查得；对于工作过程始终用节流调速的系统，在确定流量时，还需加上溢流阀的最小溢流量，一般取 $2\sim3L/min$。

（2）采用差动液压缸回路时　液压泵所需流量为

$$q_p \geqslant K(A_1-A_2)v_{max} \tag{7-22}$$

式中　A_1、A_2——液压缸无杆腔、有杆腔的有效面积；

v_{max}——活塞的最大移动速度。

（3）当系统使用蓄能器时　液压泵流量按系统在一个循环周期中的平均流量选取，即

$$q_p \geqslant \sum_{i=1}^{Z} \frac{V_i K}{T_i} \tag{7-23}$$

式中　V_i——液压缸（液压马达）在工作周期中的总耗油量；

T_i——机器的工作周期；

Z——液压缸（液压马达）的个数。

3. 选择液压泵的规格

按照系统中拟订的液压泵的形式，根据其最大工作压力和流量，参考产品样本就可选择液压泵的规格。

需要指出的是，按式（7-20）确定的 p_p 仅是系统的静态压力。系统工作过程中存在过渡过程中的动态压力，其最大值往往比静态压力要大很多。所以选择液压泵的额定压力时应比系统最高压力大 $25\%\sim60\%$，使液压泵有一定的压力储备。高压系统的压力储备宜取小值，中、低压系统的压力储备应取大值；最高压力出现时间较短，压力储备可取小些；反之，压力储备应取大些。液压泵的流量按系统所需最大流量选取。

4. 确定驱动液压泵的功率

工作循环中，液压泵的压力和流量比较恒定，即工况图 $p\text{-}t$、$q\text{-}t$ 曲线变化比较平稳时，液压泵的驱动功率

$$P_p = \frac{p_p q_p}{\eta_p} \tag{7-24}$$

式中　p_p——液压泵的最大功率点处工作压力；

q_p——液压泵的最大功率点处的流量；

η_p——液压泵的总效率。

液压泵的总效率即是液压泵的容积效率与其机械效率之乘积。各类液压泵的总效率可参考表 7-6 中的数值估取，液压泵规格大，取较大值；规格小，取较小值；变量泵一般取较小值。

表 7-6　液压泵的总效率

液压泵类型	齿轮泵	螺杆泵	叶片泵	柱塞泵
总效率	$0.6\sim0.8$	$0.65\sim0.85$	$0.7\sim0.85$	$0.8\sim0.9$

对于用双联泵实现快进、工进循环的回路，在计算双联泵所需驱动功率时，应根据快进、工进两个阶段的各自工作压力、流量分别计算其所需驱动功率，然后取较大者。

限压式变量叶片泵的驱动功率，可按流量特性曲线拐点处的流量、压力值计算，如图 7-15 所示。一般，拐点流量所对应的压力为液压泵最大压力的 80%，故其驱动功率的计算公式为

$$P_\mathrm{p} = \frac{0.8 p_\mathrm{max} q_\mathrm{n}}{\eta_\mathrm{p}} \qquad (7\text{-}25)$$

式中　q_n——液压泵的额定流量（拐点流量）；

　　　p_max——液压泵的最大工作压力。

工作循环中，液压泵的压力和流量变化较大，即工况图 $q\text{-}t$、$p\text{-}t$ 曲线起伏变化较大时，需分别算出循环中各阶段所需的功率，然后按下式计算平均功率

$$P_\mathrm{cp} = \sqrt{\frac{P_1^2 t_1 + P_2^2 t_2 + \cdots + P_n^2 t_n}{t_1 + t_2 + \cdots + t_n}} \qquad (7\text{-}26)$$

式中　t_1、t_2、$\cdots$、t_n——一个工作循环中各阶段所需的时间；

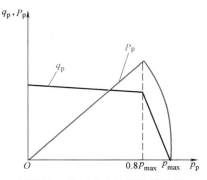

图 7-15　限压式变量泵特性曲线

P_1、P_2、$\cdots$、P_n——一个工作循环中各阶段所需的功率。

若液压泵是用电动机驱动的，则可按上述计算公式算得的功率和液压泵的转速，从产品样本中选定标准的电动机。但是，必须进行核算，使每个阶段电动机的超载量都在允许范围之内。一般电动机在短时间内可允许超载 25%。

三、液压控制阀的选择

选择控制阀的依据是系统的最高压力和通过阀的实际流量以及阀的操纵、安装方式等，需要注意的问题如下。

（1）确定通过阀的实际流量　要注意通过管路的流量与油路串、并联的关系：油路串联时，系统的流量即为油路中各处所通过的流量；油路并联且各油路同时工作时，系统的流量等于各分支油路通过流量的和。

（2）注意单活塞杆液压缸两腔回油的差异　活塞外伸和内缩时的回油流量是不同的，内缩时无杆腔回油流量与外伸时有杆腔的回油流量之比，等于两腔有效作用面积之比。

（3）控制阀的使用压力、流量不要超过其额定值　否则，易引起液压卡紧和液动力，对阀的工作品质造成不良影响。也不要使通过减压阀、顺序阀的流量远小于其额定流量，否则，易产生振动或其他不稳定现象。

（4）注意单向阀开启压力的合理选用　一般来说，为了减小流动阻力损失，应尽可能使用低开启压力的单向阀；另一方面，对于诸如为保持电液换向阀必要的控制压力，保持以单向阀作为背压阀使用时的足够的背压力等情况，应选用开启压力足够大的单向阀。

（5）注意合理选用液控单向阀的泄压方式　当液控单向阀的出口存在背压时，宜选用外泄式，其他情况可选内泄式。

（6）注意电磁换向阀和电液换向阀的应用场合　电磁换向阀电磁铁的类型（直流式、交流式等）和阀的结构一经确定，阀的换向时间就定了；电液换向阀的换向时间，可通过调节其控制油路上节流器的开度来调整。

193

（7）要注意先导式减压阀的泄漏量比其他控制阀大的情况　这种阀的泄漏量可多达1L/min 以上，而且只要阀处于工作状态，泄漏就存在。在选择液压泵流量时，要充分考虑到这一点。

（8）注意节流阀、调速阀的最小稳定流量是否符合要求　其最小稳定流量关系着执行元件的最低工作速度是否能实现，故不可忽视。

（9）注意卸荷溢流阀与外控顺序阀作卸荷阀的区别　在设计带有液压泵-蓄能器系统的自动卸载、加载（向蓄能器充液）回路时，应优先选用以卸荷溢流阀作为该回路的自动卸载、加载的控制元件，而不宜采用以外控顺序阀作为卸荷阀。因为前者的回路的卸载性能、保压性能及回路的节能效果都好于后者。

（10）注意滑阀的过渡状态机能　它是指换向过渡位置滑阀的油路连通状况。掌握滑阀的过渡状态机能，以便核查滑阀在换向过程中，是否因有油路全被堵死而导致系统瞬时压力无穷大现象。

四、蓄能器的选择

根据蓄能器在系统中的功用确定其类型并计算其有效容积。

（1）补充液压泵供油不足时蓄能器的有效容积

$$\Delta V = \Sigma A_i L_i K - q_p t \tag{7-27}$$

式中　A_i——液压缸有效作用面积；

　　　L_i——液压缸行程；

　　　K——油液损失系数，估算时可取 $K = 1.2$；

　　　q_p——液压泵供油流量；

　　　t——动作时间。

（2）作应急能源时蓄能器的有效容积

$$\Delta V = \Sigma A_i L_i K \tag{7-28}$$

式中　$\Sigma A_i L_i$——要求应急动作液压缸的总工作容积。

（3）用于吸收压力脉动、缓和液压冲击时蓄能器的有效容积　此时，应把蓄能器作为系统中的一个环节，与其关联部分一起，综合考虑其有效容积。

根据以上求出的蓄能器有效容积，并考虑诸如结构尺寸、质量、响应快慢、成本等因素，即可确定蓄能器的类型及规格。

五、管道的选择

管道的选择主要包括：管道种类、管道尺寸的确定和选择管接头。

1. 管道种类的选择

液压传动系统常用的管道有钢管、铜管、橡胶软管、尼龙管等。选择的主要依据是工作压力、工作环境和液压装置的总体布局等，视具体工作条件，参考有关液压手册加以确定。

2. 管道内径的确定

管道内径一般根据所通过的最大流量和允许流速，按下式计算

$$d = \sqrt{\frac{4q}{\pi v}} = 1.13 \sqrt{\frac{q}{v}} \tag{7-29}$$

式中 q——通过管道的最大流量；

v——管道内液流允许速度；

d——管道内径。

由流体力学知道，提高流速会使压力损失增大；减小流速势必增加管道内径及其辅件的体积和质量。同时流速与液压冲击密切相关，流速增大，冲击压力增大。

另外，管内液流速度与元件、回路的正常工作也有密切关系。如液压泵吸油管路上的压力降即流速就不能太大，否则会造成泵的气穴现象；回油管路压力损失过大会产生高的背压，影响元件正常工作性能。因此，在设计液压系统管路时，要限制流速。表 7-7 给出的是允许流速的推荐值。

表 7-7 中的数据是对石油基油液而言，对于水-油乳化液，其允许流速可相应比表中推荐值大 25%。一般情况下，是按管路的压力降不大于系统工作压力的 6% 的原则选取流速。

表 7-7 允许流速的推荐值

油液流经的管路（元件）	允许流速/m·s⁻¹	油液流经的管路（元件）	允许流速/m·s⁻¹
装有过滤器的吸油管路	0.5~1.5	压油管路	
无过滤器的吸油管路	1.5~3	10MPa	5
回油管路	2~3	>15MPa	7
压油管路		短管及局部收缩处	4.5~10
2.5MPa	3	安全阀	30~45
5.0MPa	4		

3. 管道壁厚的确定

管道壁厚通常按下式计算

$$\delta = \frac{pd}{2[\sigma]} \tag{7-30}$$

式中 δ——管道壁厚；

p——管道承受的最高工作压力；

d——管道内径；

$[\sigma]$——管道材料的许用拉应力，其值

$$[\sigma] = \frac{R_m}{n}$$

式中 R_m——材料的抗拉强度；

n——安全系数，参照有关手册选用。

根据计算的管径和壁厚，便可按管材标准规格选取合适的管子。

4. 管接头的选择

在选择管接头时，必须使它具有足够的通流能力和较小的压力损失，同时做到装卸方便、连接牢固、密封可靠、外形紧凑。

六、确定油箱容量

合理确定油箱容量是保证液压系统正常工作的重要条件，确定油箱容量通常有以下两种办法。

（1）按下列经验公式确定

$$V = \alpha q$$

式中　　V——油箱容量（L）；

　　　　q——液压泵的总额定流量（L/min）；

　　　　α——经验系数，低压系统 $\alpha = 2 \sim 4$，中、高压系统 $\alpha = 5 \sim 7$，对行走设备或经常间断工作的设备，其系数可取较小值，对安装空间允许的固定设备，其系数可取较大值。

（2）按发热量计算公式确定　根据油的允许温升和系统发热量，确定油箱容量，其详细内容见本章第六节。

七、过滤器的选择

选择过滤器的主要依据是过滤精度、通油能力、工作压力、允许压力降等，选用时请参考有关手册。

八、液压油的选用

液压设备出现的故障，有些是由于液压油选择不当所引起的。选择液压油时需要考虑的主要因素是工作压力的高低、工作环境温度的高低、工作部件运动速度的大小和液压泵对液压油黏度的要求。考虑的具体原则如下。

（1）系统压力的高低　压力较高时，宜选用黏度较高的压力油；压力较低时，可选用黏度较低的液压油；高压系统宜选用加有抗磨添加剂的抗磨液压油。

（2）环境温度的高低　环境温度高，宜选用高黏度液压油；环境温度低，宜选用低黏度液压油。

（3）工作部件运动速度的大小　运动速度较小的往复运动的系统，宜选用低黏度的液压油；工作部件做旋转运动的液压系统，可选用黏度较高的液压油。

（4）液压泵对液压油黏度的要求　各类液压泵对液压油黏度的许用范围，可查阅有关液压手册和产品样本。

此外，还要综合考虑其他因素：如液压设备必须在极低的温度下起动（如冬天露天作业的工程机械等），可选用低凝点液压油。

如液压设备在具有失火危险的场合工作时，应选用抗燃液压油。

如液压系统连续工作或液压系统中使用加热器时，宜选用抗氧化性好的液压油。

在选用液压油时，还应考虑密封材料、涂料、金属材料等和液压油的相容性，液压设备的精密程度及液压油的价格及供应情况等。

对于特殊要求的机械（如精密机床等），除了应选用合适黏度的液压油外，还要求具有较高的黏度指数、较好的消泡性和氧化稳定性等；如需和静压导轨系统合用，则可选用液压-导轨油。

第六节　液压系统性能验算

在液压系统设计计算过程中及设计终了，需要对它的技术性能进行验算，以便从几种设计方案中比较出最佳方案，或判断其设计质量。这些验算一般包括：系统压力损失计算、系统效率计算、液压冲击计算、系统发热与温升计算等。

一、系统压力损失计算

当系统元、辅件规格和管道尺寸确定，并绘出管路装配草图后，即可进行系统压力损失 Δp 的计算。它包括管路的沿程压力损失 Δp_{11}、局部压力损失 Δp_{12} 及液压阀类元件的局部损失 Δp_V，即

$$\Delta p = \Delta p_{11} + \Delta p_{12} + \Delta p_V \tag{7-31}$$

其中

$$\Delta p_{11} = \lambda \, \frac{l}{d} \, \frac{v^2}{2} \rho \tag{7-32}$$

$$\Delta p_{12} = \xi \, \frac{v^2}{2} \rho \tag{7-33}$$

$$\Delta p_V = \Delta p_{\text{n}} \left(\frac{q}{q_{\text{n}}} \right)^2 \tag{7-34}$$

式中　l——管道长度；

　　　d——管道内径；

　　　v——液流平均速度；

　　　ρ——液压油密度；

　ξ，λ——局部阻力和沿程阻力系数，可从液压手册查出；

　　　q_{n}——液压阀的额定流量；

　　　q——通过液压阀的实际流量；

　Δp_{n}——液压阀的额定压力损失，它是元件的一项性能指标，可由产品样本中查得。

如果计算出的 Δp 比在初选系统工作压力时选定的压力损失大得多的话，就应重新调整元、辅件的规格和管道尺寸，使选定值与计算值相差不要太大。因为压力损失太大，不但影响系统效率，而且对系统的某些性能也有不良影响。比如在定量泵系统中，如果系统压力损失太大，快速运动时系统压力就有可能超过溢流阀或卸荷阀的调定压力，致使液压泵的部分流量通过溢流阀或卸荷阀流回油箱；在变量泵系统中，如果压力损失过大，就会有较大的反馈压力作用到变量机构上，使变量泵流量变小；上述两种情况都会使执行元件快速运动时的速度降低。

对于包括有快速下行、工进工作的立式液压缸，当依靠自重充液实现快速下行时，倘若压力损失过大，将会使背压与重力抵消，从而降低液压缸的快速下行速度。为了保证液压缸的下行速度，应使系统压力损失满足以下条件。

$$G + p_1 A_1 - F_{\text{f}} \geqslant p_2 A_2 \tag{7-35}$$

式中　G——运动部件所受重力；

　　　p_1——液压缸工作腔压力；

　　　p_2——液压缸回油腔背压；

　　　A_1——液压缸上腔有效作用面积；

　　　A_2——液压缸下腔有效作用面积；

F_f——摩擦阻力。

其中
$$p_1 = p_p - \Delta p_1$$

式中　p_p——液压泵工作压力；

　　　Δp_1——进油管路压力损失。

二、系统效率计算

液压系统效率 η 是系统的输出功率（即执行元件的输出功率）P_{mo} 与其输入功率（即液压泵的输入功率）P_{pi} 之比，即

$$\eta = \frac{P_{mo}}{P_{pi}} \tag{7-36}$$

它可写为

$$\eta = \frac{P_{po}}{P_{pi}} \frac{P_{mi}}{P_{po}} \frac{P_{mo}}{P_{mi}} \tag{7-37}$$

式中　P_{po}——液压泵的输出功率；

　　　P_{mi}——执行元件的输入功率。

显而易见，式（7-37）中的 P_{po}/P_{pi} 和 P_{mo}/P_{mi} 正是液压泵的总效率 η_p 和执行元件的效率 η_m，即

$$\eta_p = \frac{P_{po}}{P_{pi}} \tag{7-38}$$

$$\eta_m = \frac{P_{mo}}{P_{mi}} \tag{7-39}$$

而执行元件的输入功率 P_{mi} 与液压泵的输出功率 P_{po} 之比，正是回路效率 η_c，即

$$\eta_c = \frac{P_{mi}}{P_{po}} \tag{7-40}$$

因为它所描述的恰好是液压泵到执行元件之间这段油路即回路的功率利用程度，这与第三章所建立的回路效率的概念和含义是完全一致的。

由上述分析可知，系统效率表达式（7-37）可改写为

$$\eta = \eta_p \eta_c \eta_m \tag{7-41}$$

从实用角度出发，回路效率表达式（7-40）可写为下面所列的一般形式，即

$$\eta_c = \frac{p_1 q_1 + p_2 q_2 + \cdots + p_i q_i}{p_1 q_{p1} + p_2 q_{p2} + \cdots + p_{pi} q_{pi}} = \frac{\sum p_i q_i}{\sum p_{pi} q_{pi}} \tag{7-42}$$

式中　p_i、q_i——执行元件的工作压力和流量；

　　　p_{pi}、q_{pi}——液压泵的工作压力和流量。

例 7-2　设计液压系统时，需要确定油管直径。管径越小，阻力损失越大。假定油管直径减小一半，试估计当液流为层流和湍流两种情况时，管道的沿程阻力损失将增大多少倍。

假定管道内径为 d_1 时的流速为 v_1，沿程阻力损失为 Δp_1；管道内径为 d_2 时的流速为 v_2，沿程阻力损失为 Δp_2。

解　流过管道的流量是不变的，即

$$\frac{\pi}{4}d_1^2v_1 = \frac{\pi}{4}d_2^2v_2$$

以 $d_2 = \dfrac{d_1}{2}$ 代入上式，得

$$\frac{\pi}{4}d_1^2v_1 = \frac{\pi}{4}\left(\frac{d_1}{2}\right)^2v_2 = \frac{\pi}{16}d_1^2v_2$$

则

$$v_2 = 4v_1$$

根据式（7-32）得

$$\Delta p_1 = \lambda_1 \frac{l}{d_1}\frac{v_1^2}{2}\rho$$

$$\Delta p_2 = \lambda_2 \frac{l}{d_2}\frac{v_2^2}{2}\rho$$

又

$$d_2 = \frac{d_1}{2}, \quad v_2 = 4v_1$$

则

$$\Delta p_2 = \lambda_2 \frac{l}{d_1}\frac{32v_1^2}{2}\rho = 32\lambda_2 \frac{l}{d_1}\frac{v_1^2}{2}\rho$$

比较两种情况下的雷诺数 Re，有

$$Re_2 = \frac{v_2 d_2}{\nu} = \frac{4v_1 d_1/2}{\nu} = 2\frac{v_1 d_1}{\nu} = 2Re_1$$

层流时沿程阻力系数 λ 与雷诺数 Re 的关系为

$$\lambda = \frac{75}{Re}$$

即

$$\lambda_1 = \frac{75}{Re_1}$$

$$\lambda_2 = \frac{75}{Re_2} = \frac{75}{2Re_1} = \frac{\lambda_1}{2}$$

将其代入 Δp_2 表达式，得　$\Delta p_2 = 16\Delta p_1$

湍流时，可认为 $\lambda_2 \approx \lambda_1$，则 $\Delta p_2 = 32\Delta p_1$。

可见，管道内径减小一半，沿程阻力损失将增大 16 倍（层流时）或 32 倍（湍流时）。所以设计液压系统时，必须合理地确定管道内径。

例 7-3　在图 7-16 所示的节流调速系统中，已知下列参数。

液压泵的参数：

排量　$V_p = 180\times10^{-6}\,\mathrm{m^3/r}$

转速　$n_p = 980\,\mathrm{r/min}$

容积效率　$\eta_{pV} = 90\%$

总效率　$\eta_p = 75\%$

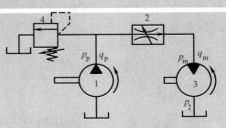

图 7-16　节流调速系统图
1—液压泵　2—调速阀　3—液压马达
4—溢流阀

液压马达的参数：

排量　$V_m = 140 \times 10^{-6} \, \text{m}^3/\text{r}$

容积效率　$\eta_{mV} = 90\%$

机械效率　$\eta_{mm} = 86\%$

假定：溢流阀的调整压力为 7MPa，并不计它的调压偏差；当液压泵全部流量通过调速阀时，其系统进油管路上的压降 $\Delta p_1 = 0.3$MPa，调速阀上的压降 $\Delta p_2 = 0.7$MPa；液压马达的出口压力 $p_2 = 0$；不计管路的容积损失。

试确定：

1）液压马达能输出的最大转矩、最大转速和此时的系统效率。

2）液压马达在最大转矩条件下工作，并输出其最大功率的45%时的系统效率。

3）液压马达在50%最大转矩条件下工作，并输出其最大转速的45%时的系统效率。

解　1）液压马达的最大入口压力 $p_{mmax} = p_p - \Delta p_1 - \Delta p_2 = (7 - 0.3 - 0.7)$MPa $= 6$MPa，其出口压力 $p_2 = 0$。

根据式（7-16）计算液压马达能输出的最大转矩

$$T_{max} = \frac{1}{6.28} V_m \Delta p_{mmax} \eta_{mm} = \frac{V_m}{6.28}(p_{max} - p_2)\eta_{mm}$$

$$= \left(\frac{1}{6.28} \times 140 \times 10^{-6} \times 6 \times 10^6 \times 0.86\right) \text{N} \cdot \text{m} = 115 \text{N} \cdot \text{m}$$

因液压泵全部流量通过调速阀，故液压马达有最大转速，其数值为

$$n_{mmax} = \frac{V_p n_p \eta_{pV} \eta_{mV}}{V_m} = \frac{180 \times 10^{-6} \times 980 \times 0.90 \times 0.90}{140 \times 10^{-6}} \text{r/min} = 1020 \text{r/min}$$

根据式（7-42）求回路效率

$$\eta_c = \frac{p_m q_m}{p_p q_p} = \frac{p_m q_p}{p_p q_p} = \frac{6}{7} = 0.857$$

再按式（7-41）求得系统效率

$$\eta = \eta_p \eta_c \eta_m = 0.75 \times \frac{6}{7} \times (0.90 \times 0.86) = 49.8\%$$

2）在给定条件下，液压马达输出最大转矩的条件是其入口压力 $p_m = p_{max} = 6$MPa；在此条件下，使液压马达输出其最大功率（$p_{mmax} q_p$）的45%的条件是：$q_m = 0.45 q_p$，故此时回路效率

$$\eta_c = \frac{p_m q_m}{p_p q_p} = \frac{p_m \times 0.45 q_p}{p_p q_p} = \frac{6}{7} \times 0.45 = 0.386$$

则此时系统效率

$$\eta = 0.75 \times \left(\frac{6}{7} \times 0.45\right) \times (0.90 \times 0.86) = 22.4\%$$

3）在给定条件下，不难求得此时的系统效率

$$\eta = 0.75 \times \left(\frac{6}{7} \times 0.45 \times 0.5 \right) \times (0.90 \times 0.86) = 11.2\%$$

在以上计算中，把液压泵、液压马达的效率视为常数。

三、液压冲击计算

在液压系统中，当管道内液流速度发生急剧改变时，系统内就会产生压力剧烈变化，形成很高的压力峰值，这种现象称为液压冲击。产生液压冲击的原因很多，例如换向阀迅速地开启或关闭油路；液压缸和液压马达的起动或制动；液压缸或液压马达受到大的冲击负载等。

液压冲击的危害性很大，不但会使系统产生振动与噪声，而且会导致液压元件、密封装置等的损失。因此，分析、计算和设法减轻液压冲击是很重要的。

由于影响液压冲击的因素很多，很难准确计算，一般是估算或通过实验确定。在设计液压系统时，一般情况可以采取措施而不进行计算；当有特殊要求时，可按下述情况进行验算。

1. 当迅速关闭或开启液流通道时在系统内产生的液压冲击

完全冲击（即 $t < \tau$）时，管道内压力的增大值

$$\Delta p = a_c \rho \Delta v \tag{7-43}$$

非完全冲击（即 $t > \tau$）时，管道内压力的增大值

$$\Delta p = a_c \rho \Delta v \frac{\tau}{t} \tag{7-44}$$

式中　ρ——液压油密度；

$\quad \Delta v$——关闭或开启液流通道前、后管道内液流速度变化值；

$\quad t$——关闭或开启液流通道的时间；

$\quad a_c$——冲击波在管道内的传播速度；

$\quad \tau$——冲击波往返所需时间。

若不考虑黏性及管径变化的影响，冲击波在管道内的传播速度

$$a_c = \frac{\sqrt{\dfrac{K}{\rho}}}{\sqrt{1 + \dfrac{Kd}{E\delta}}} \tag{7-45}$$

式中　K——液压油的体积弹性模量；

$\quad \delta \, , \, d$——管道的壁厚和内径；

$\quad E$——管道材料的弹性模量。

由以上不难看出，为了避免或减小因迅速关闭或开启液流通道所引起的液压冲击，可考虑：

1）延长开启或关闭通道的时间 t，如用先导阀减缓换向阀的换向速度。

2）缩短冲击波传播反射的时间 τ，如缩短管道长度 l。

3）降低冲击波的传播速度 a_c，如采用较大的管道内径 d 等。

2. 液压缸所驱动的运动部件被制动时在系统内产生的液压冲击压力

$$p = \frac{m\Delta v}{A\Delta t} \tag{7-46}$$

式中　m——被制动部件的质量；

　　Δv——运动部件速度的变化量；

　　A——液压缸有效作用面积；

　　Δt——运动部件制动或速度减慢 Δv 所需时间。

由式（7-46）可以看出，为了减小运动部件制动时产生的液压冲击，应延长制动时所需的时间 Δt，或减小运动部件速度的变化量 Δv，如在液压缸行程终点采用减速、节流等缓冲装置。

四、系统发热与温升计算

液压系统的压力、容积和机械损失构成总的能量损失，这些能量损失转化为热量，使系统油温升高，由此产生一系列不良影响。为此，必须对系统进行发热计算，以便对系统温升加以控制。

液压系统发热主要是由于液压泵和执行元件的功率损失以及溢流阀的溢流损失所造成的。因此，系统的总发热量（实为热流量，习惯称为热量）Q 可按下式计算

$$Q = P_{pi} - P_{mo} \tag{7-47}$$

式中　P_{pi}——液压泵的输入功率；

　　P_{mo}——执行元件的输出功率。

如能计算出液压系统的总效率，也可按下式估算系统的总发热量

$$Q = P_{pi}(1-\eta) \tag{7-48}$$

式中　η——液压系统总效率。

液压系统中产生的热量，由系统中的各个散热面散发到空气中去，其中油箱是主要散热面。因为管道的散热面相对较小，且与自身由于压力损失产生的热量基本平衡，故一般略去不计。当只考虑油箱散热时，其散热量 Q_0 可按下式计算

$$Q_0 = KA\Delta t \tag{7-49}$$

式中　A——油箱散热面积；

　　Δt——系统温升，即系统达到热平衡时油温与环境温度之差；

　　K——传热系数，单位为 $W/(m^2 \cdot ℃)$，计算时可选用下列推荐数值：

通风很差（空气不循环）时　　　　　　$K = 8 \sim 10 W/(m^2 \cdot ℃)$

通风良好（空气流速为 1m/s 左右）时　$K = 14 \sim 20 W/(m^2 \cdot ℃)$

风扇冷却时　　　　　　　　　　　　　$K = 20 \sim 25 W/(m^2 \cdot ℃)$

用循环水冷却时　　　　　　　　　　　$K = 110 \sim 175 W/(m^2 \cdot ℃)$

当系统产生的热量 Q 等于其散发出去的热量 Q_0 时，系统达到热平衡，这时有

$$\Delta t = \frac{Q}{KA} \tag{7-50}$$

当油箱三个边的结构尺寸比例为 $1:1:1 \sim 1:2:3$，且油面高度是油箱高度的 80% 时，其散热面积的近似计算式为

$$A = 0.065 \sqrt[3]{V^2} \tag{7-51}$$

由式（7-50）、式（7-51）得

$$\Delta t = \frac{Q}{0.065K \sqrt[3]{V^2}} \tag{7-52}$$

式中　Δt——系统温升（℃）；

Q——系统的发热量（W）；

K——传热系数［W/（$m^2 \cdot$ ℃）］；

V——油箱的有效容量（L）。

计算结果如果超出允许温升，并且适当增加油箱散热面积也不能满足要求时，就得采用冷却装置。常用机械的允许温升 Δt 为：一般工作机械，$\Delta t \le 35$℃；工程机械，$\Delta t \le 40$℃；数控机床，$\Delta t \le 25$℃。

第七节　液压装置结构设计及技术文件编制

液压系统原理图确定后，根据所选用或设计的液压元、辅件，便可进行液压装置的结构设计。

一、液压装置的结构设计

1. 液压装置的结构形式

液压装置按配置形式可分为集中配置和分散配置两种形式。

集中配置是将系统的动力源、控制及调节装置集中安装于主机外，即集中设置所谓液压站，主要用于固定式液压设备，如机床及其自动线液压系统。这种形式的优点是装配、维修方便，有利于消除动力源的振动与油温对主机精度的影响；缺点是单独设液压站，占地面积较大。

分散配置是将系统的动力源、控制及调节装置按主机的布局分散安装，主要用于移动式液压设备，如工程机械液压系统。这种形式的优点是结构紧凑，节省占地面积；缺点是安装维修较复杂，动力源的振动和油温影响主机的精度。

2. 液压元件的配置形式

液压装置中元件（指控制阀和部分辅件）的配置形式可分为板式配置与集成式配置两种。

板式配置是把标准元件与其底板用螺钉固定在平板上，件与件之间的油路连接或用油管（即有管连接）或借助底板上的油道（即无管连接）来实现。

集成式配置是借助某种专用或通用的辅件，把元件组合在一起。按辅件形式的不同，它可以分成以下三种形式：

（1）箱体式　它是把标准元件用螺钉固定在根据系统工作需要所设计的箱体上，件与件之间的油路连接由箱体上钻孔来实现，如图7-17所示。

（2）集成块式　它是根据典型液压系统的各种基本回路，做成通用化的六面体集成块，块的上、下两面作为块与块的接合面，四周除一面安装通向执行部件的管接头外，其余供固定标准元件用。一个系统往往由几个集成块所组成，如图7-18所示。

203

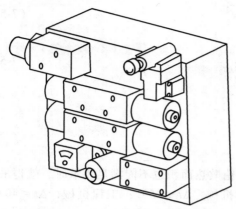

图 7-17　液压元件的箱体式配置

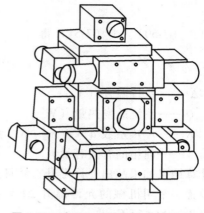

图 7-18　液压元件的集成块式配置

（3）叠加阀式　它是在集成块式的基础上发展起来的，不需要另外的连接块，而是以自身阀体作为连接体，通过螺钉将控制阀等元件直接叠合而成所需系统，如图 7-19 所示。

叠加阀与一般管式、板式元件在工作原理上是大不相同的，是自成系列的新型元件。每个叠加阀既起控制阀作用，又起通道体的作用。

3. 管路连接方式

液压装置中元件、辅件的连接方式分有管与无管连接两种方式。用油管和管接头连接的属有管连接；无管连接是将元件、辅件固定在其内有油道的连接板上。连接板有以下两种形式：

（1）粘合式连接板　它是在底板的一面铣或铸造出通油沟槽，再将底板与钻好各种通孔的面板用粘合剂胶结在一起，然后用相当数量的螺钉紧固在一起，成为一个完整的封闭体。这种连接板制造较方便，但当系统产生冲击力时，粘合剂失效会造成油路串腔，使系统不能正常工作。

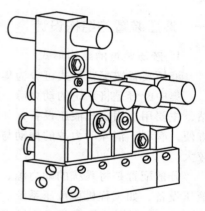

图 7-19　液压元件的叠加阀式配置

（2）整体钻孔或铸造式连接板　与粘合式连接板的区别在于，它是在整块板上钻孔或用精密铸造铸出油孔。此种连接板工艺较差，但可靠性好，故应用日益增多。

然而，当机器动作越复杂，元件进一步增加时，操纵板往往变得很大，致使有些孔道深到无法加工，而洗槽往往出现渗漏串腔现象；此外，操纵板是根据预先确定的动作要求设计的，因而不可能中间更换回路和追加元件，而设计和加工差错也会使整块操纵板报废。

随着机械化、自动化程度的不断提高，系统更趋于复杂，这样便出现了上面所提到的元件的集成配置。这不但简化了系统设计，而且有利于液压技术向标准化、单元化和集成化方向发展。

4. 液压装置结构设计的内容

液压装置的结构设计，泛指液压系统中需自行设计的那些零、部件的技术设计。比如，液压泵站、液压集成块、专用液压控制阀及管道等机件、机构的设计。因受篇幅所限，具体内容从略。

二、绘制正式工作图并编制技术文件

液压系统及其装置，经过上述各个步骤的设计、计算及反复审查、修改完善，确认系统合理无误后，便可绘制正式工作图。

正式工作图一般包括正式的液压系统图，非标准液压元件、辅件的零件图及其装配图和整个液压装置的装配图。对于自动化程度要求较高的液压设备，应绘出液压执行元件的工作循环图和电气控制装置的动作程序表等。

依据初拟的液压系统图，经修改完善后，便可绘制正式液压系统图。图面布置应紧凑、清晰、美观，液压元件、辅件，工作、控制和泄漏管路等应严格按国家标准的规定绘出。液压系统图一般应按停车状态绘出，当需要按某种工作状态绘出时，须在图上加以注明。

液压装置装配图是液压系统安装施工图，一般由几张装配图组成，如液压泵站装配图和管路安装图等。管路安装图可绘成装配示意图，但必须注明各元件、辅件的型号、规格、数量和连接方式等。

最后的工作是编制技术文件，一般应包括：设计任务书，设计计算书，使用说明书，技术条件，标准件、通用件和易损件总表等。

第八节 液压系统设计计算举例

某厂要自制一台卧式单面多轴钻孔组合机床，钻 $\phi13.9$mm 孔 14 个，钻 $\phi8.5$mm 孔 2 个；要求的工作循环是：动力滑台快速接近工件，然后以工作进给速度钻孔，加工完毕后快速退回到原始位置，最后自动停止；工件材料：铸铁，硬度为 240HBW；假设运动部件所受重力 $G = 9800$N；快进、快退速度 $v_1 = 0.1$m/s；动力滑台采用平导轨，静、动摩擦因数：$\mu_s = 0.2$，$\mu_d = 0.1$；往复运动的加速、减速时间为 0.2s；快进行程 $L_1 = 100$mm，工进行程 $L_2 = 50$mm。试设计计算其液压系统。

一、负载与运动分析

（1）计算工作负载　工作负载即为切削阻力。钻铸铁孔时其轴向切削阻力可用下列经验公式计算

$$F_e = 25.5DS^{0.8}H^{0.6}$$

式中　F_e——切削力（N）；

D——孔径（mm）；

S——每转进给量（mm/r）；

H——铸件硬度（HBW）。

选择切削用量：钻 $\phi13.9$mm 孔时，取主轴转速 $n_1 = 360$r/min，每转进给量 $S_1 = 0.147$mm/r，钻 $\phi8.5$mm 孔时，取主轴转速 $n_2 = 550$r/min，每转进给量 $S_2 = 0.096$mm/r。

则　　$F_e = 14 \times 25.5 D_1 S_1^{0.8} H^{0.6} + 2 \times 25.5 D_2 S_2^{0.8} H^{0.6}$

$= (14 \times 25.5 \times 13.9 \times 0.147^{0.8} \times 240^{0.6} + 2 \times 25.5 \times 8.5 \times 0.096^{0.8} \times 240^{0.6})$N

$= 30468$N

（2）计算摩擦负载（阻力） 静摩擦阻力

$$F_{fs} = \mu_s G = 0.2 \times 9800\text{N} = 1960\text{N}$$

动摩擦阻力

$$F_{fd} = \mu_d G = 0.1 \times 9800\text{N} = 980\text{N}$$

（3）计算惯性负载

$$F_i = \frac{G}{g} \frac{\Delta v}{\Delta t} = \frac{9800}{9.8} \times \frac{0.1}{0.2}\text{N} = 500\text{N}$$

（4）计算工进速度 工进速度可按 $\phi 13.9\text{mm}$ 孔的切削用量计算，即

$$v_2 = n_1 S_1 = \frac{360}{60} \times 0.147\text{mm/s} = 0.88\text{mm/s} = 0.88 \times 10^{-3}\text{m/s}$$

（5）计算各工况负载 见表7-8。

表7-8 液压缸负载计算表

工况	计算公式	液压缸负载 F/N	液压缸驱动力 F_0/N
起动	$F = \mu_s G$	1960	2180
加速	$F = \mu_d G + \dfrac{G}{g} \dfrac{\Delta v}{\Delta t}$	1480	1650
快进	$F = \mu_d G$	980	1090
工进	$F = F_e + \mu_d G$	31448	34942
反向起动	$F = \mu_s G$	1960	2180
加速	$F = \mu_d G + \dfrac{G}{g} \dfrac{\Delta v}{\Delta t}$	1480	1650
快退	$F = \mu_d G$	980	1090

注：其中，取液压缸机械效率 $\eta_{cm} = 0.90$；$F_0 = F/\eta_{cm}$。

206

（6）初算快进、工进和快退时间 快进、工进和快退的时间可分别近似由下式分别求出：

快进

$$t_1 = \frac{L_1}{v_1} = \frac{100 \times 10^{-3}}{0.1}\text{s} = 1\text{s}$$

工进

$$t_2 = \frac{L_2}{v_2} = \frac{50 \times 10^{-3}}{0.88 \times 10^{-3}}\text{s} = 56.6\text{s}$$

快退

$$t_3 = \frac{L_1 + L_2}{v_1} = \frac{(100 + 50) \times 10^{-3}}{0.1}\text{s}$$

$$= 1.5\text{s}$$

（7）绘制液压缸 $F\text{-}t$ 与 $v\text{-}t$ 图 由上述数据即可绘出 $F\text{-}t$ 与 $v\text{-}t$ 图，如图7-20所示。

二、确定液压缸参数

（1）初选液压缸工作压力　参考表 7-2，初选液压缸工作压力 $p_1 = 4\text{MPa}$。为使快进、快退速度相等并使系统油源所需最大流量减小 1/2，选用 $A_1 = 2A_2$ 差动液压缸。快进时液压缸作差动连接，由于管路中有压力损失，液压缸有杆腔压力 p_2 必须大于无杆腔压力 p_1，计算中取两者之差 $\Delta p = p_2 - p_1 = 0.5\text{MPa}$；同时还要注意到，起动瞬间活塞尚未移动，此时 $\Delta p = 0$。工进时为防止孔钻通时负载突然消失发生前冲现象，液压缸回油腔应有背压，设此背压为 0.6MPa。同时假定，快退时回油压力损失为 0.7MPa。

（2）计算液压缸主要尺寸　由式（7-12）得

$$A_1 = \frac{F}{\eta_{cm}\left(p_1 - \dfrac{p_2}{2}\right)} = \frac{31448}{0.9\left(4 - \dfrac{0.6}{2}\right)10^6}\text{m}^2$$

$$= 94 \times 10^{-4}\text{m}^2 = 94\text{cm}^2$$

则液压缸直径

$$D = \sqrt{\frac{4A_1}{\pi}} = \sqrt{\frac{4 \times 94}{\pi}}\text{cm} = 10.9\text{cm}$$

取标准直径 $D = 110\text{mm}$；因为 $A_1 = 2A_2$，所以标准直径 d 为

$$d = 0.7D \approx 80\text{mm}$$

则液压缸有效作用面积

$$A_1 = \frac{\pi D^2}{4} = \frac{\pi \times 11^2}{4}\text{cm}^2 = 95\text{cm}^2$$

$$A_2 = \frac{\pi}{4}(D^2 - d^2) = \frac{\pi}{4}(11^2 - 8^2)\text{cm}^2 = 44.7\text{cm}^2$$

活塞杆面积　　　　　　　　　　　　$A = A_1 - A_2 = 50.3\text{cm}^2$

（3）计算液压缸在工作循环中各阶段的压力、流量和功率　见表 7-9。

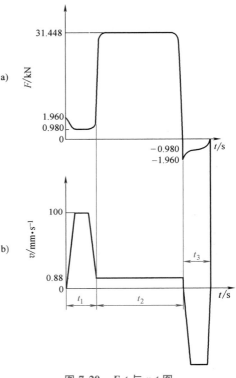

图 7-20　F-t 与 v-t 图

表 7-9　各工况所需压力、流量和功率

工况		计算公式	F_0/N	回油腔压力 p_2/MPa	进油腔压力 p_1/MPa	输入流量 $q/\text{L}\cdot\text{s}^{-1}$	输入功率 P/kW
快进	起动	$p_1 = \dfrac{F_0 + A_2\Delta p}{A_1 - A_2}$ $q = Av_1$ $P = p_1 q$	2180	—	0.48	—	—
	加速		1650	1.27	0.77	—	—
	恒速		1090	1.16	0.66	0.5	0.33
工进		$p_1 = \dfrac{F_0 + p_2 A_2}{A_1}$ $q = A_1 v_2$ $P = p_1 q$	34942	0.6	3.96	0.0083	0.033

（续）

工况		计算公式	F_0/N	回油腔压力 p_2/MPa	进油腔压力 p_1/MPa	输入流量 $q/L \cdot s^{-1}$	输入功率 P/kW
快退	起动	$p_1 = \dfrac{F_0 + p_2 A_1}{A_2}$ $q = A_2 v_1$ $P = p_1 q$	2180	—	0.48	—	—
	加速		1650	0.7	1.86	—	—
	恒速		1090	0.7	1.73	0.45	0.78

（4）绘制液压缸工况图 如图 7-21 所示。

三、拟订液压系统图

1. 选择基本回路

（1）调速回路与油路循环形式的确定 考虑到所设计的液压系统功率较小，工作负载为阻力负载且工作中变化小，故选用进口节流调速回路。为防止孔钻通时负载突然消失引起动力部件前冲，在回油路上加背压阀。

由于系统选用节流调速方式，故必然为开式循环系统。

（2）油源形式的确定 由工况图可清楚地看出：系统工作循环主要由相应于快进、快退行程

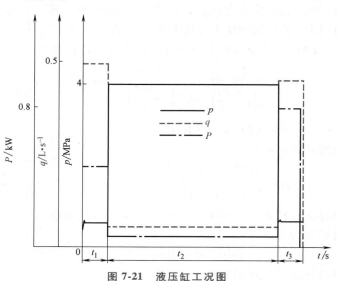

图 7-21 液压缸工况图

的低压大流量和相应于工进行程的高压小流量两个阶段所组成，其最大流量与最小流量之比 $q_{max}/q_{min} = 0.5/0.83 \times 10^{-2} \approx 60$；其相应的时间之比 $(t_1 + t_3)/t_2 = (1 + 1.5)/56.6 = 0.044$。这表明，系统在一个工作循环中的绝大部分时间内都处于高压小流量下工作。从提高系统效率出发，选用单定量泵油源显然是不合理的，为此可选用限压式变量泵或双联叶片泵作为油源。从表 7-10 可以看出，两者各有利弊，最后确定选用双联叶片泵方案。

表 7-10 双联叶片泵和限压式变量叶片泵的比较

双联叶片泵	限压式变量叶片泵
流量突变时，液压冲击取决于溢流阀的性能，一般冲击较小	流量突变时，定子反应滞后，液压冲击大
内部径向力平衡，压力平稳，噪声小，工作性能较好	内部径向力不平衡，轴承负载较大，压力波动及噪声较大，工作平稳性差
须配有溢流阀-卸荷阀组，系统较复杂	系统较简单
有溢流损失，系统效率较低，温升较高	无溢流损失，系统效率较高，温升较小

（3）快速、换向与速度换接回路的确定 本系统已选定差动回路作为快速回路。考虑到由快进速度 v_1 转为工进速度 v_2，速度变化大（$v_1/v_2 \approx 113$），故选用行程阀（而不采用二

位二通电磁阀）作为速度转换环节；同时考虑到，从工进转快退时回油流量较大，故选用电液换向阀（不选用电磁换向阀）作为换向阀；这样做都是为了减小液压冲击。

另外，考虑到本机床加工通孔，工作部件终点位置的定位精度要求不高，采用由挡块压下电气行程开关发出信号的行程控制方式即可满足要求；不需要采用定位精度较高的由滑台碰上死挡块后，由压力继电器发出信号的压力控制方式，以免结构复杂。

综上所述，本系统的基本回路是进口节流调速回路与差动回路。

2. 组成系统图

在所选定的基本回路的基础上，再考虑以下要求和因素，便可组成一个完整的液压系统，如图7-22所示。

1）为了防止工进时，进油路与回油路串通，在系统中必须设置单向阀6。

2）为了便于在调整和运行中测出系统中有关部位的压力，应设一压力表12。

四、液压元、辅件的选择

1. 选择液压泵及其驱动电动机

（1）液压泵工作压力的计算 小流量泵在快进和工进时都向液压缸供油，由表7-9可知，液压缸在整个循环中的最大工作压力为3.96MPa。如在调速阀进口节流调速回路中，选取进油路上的压力损失为0.8MPa，则小流量泵的最高工作压力估算为

$$p_{p1} = (3.96+0.8)\text{MPa} = 4.76\text{MPa}$$

大流量泵只在快进、快退时向液压缸输油，由表7-9可见，快退时液压缸的工作压力（为1.86MPa）比快进时大；考虑快退时进油不通过调速阀，故其进油路压力损失比前者小，现取为0.4MPa，则大流量泵的最高工作压力估算为

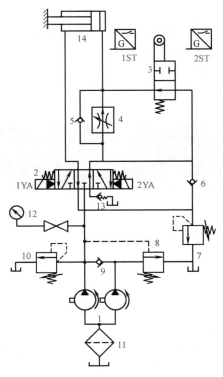

图 7-22　液压系统图

1—双联叶片泵　2—三位五通电液换向阀

3—行程阀　4—调速阀　5、6、9、13—单向阀

7—背压阀　8—顺序阀　10—溢流阀

11—过滤器　12—压力表　14—液压缸

$$p_{p2} = (1.86+0.4)\text{MPa} = 2.26\text{MPa}$$

（2）液压泵流量的计算 由工况图7-21知，油源向液压缸输入的最大流量为$0.5 \times 10^{-3}\text{m}^3/\text{s}$，若取回路泄漏系数$K=1.1$，则两个泵的总流量

$$q_p = 1.1 \times 0.5 \times 10^{-3}\text{m}^3/\text{s}$$
$$= 0.55 \times 10^{-3}\text{m}^3/\text{s}(33\text{L/min})$$

考虑到溢流阀的最小稳定流量为2L/min，工进时的流量为8.3cm³/s（0.5L/min），则小流量泵的流量至少应为2.5L/min。

（3）液压泵及其驱动电动机规格的确定 根据以上计算数字查阅产品样本，选用规格相近的YB_1-2.5/30型双联叶片泵。

由工况图7-21知，最大功率出现在快退工况，这时所需电动机的功率

$$P = \frac{p_p q_p}{\eta_p} = \frac{2.26 \times 10^6 (2.5 + 30) \times 10^{-3}}{60 \times 10^3 \times 0.80} kW = 1.53 kW$$

式中　η_p——双联叶片泵的总效率，取为 0.80。

根据计算功率查产品样本，选用规格相近的 Y100L1-4 型电动机，其额定功率为 2.2kW。

2. 其他元、辅件的选择

（1）液压元件　根据系统的工作压力和通过各元、辅件的实际流量，所选择的液压元、辅件的规格见表 7-11。其中：溢流阀 10 应按小流量泵的额定流量选取，但由于规格限制，选用 Y-10B 型，调速阀 4 选用 Q-6B 型，其最小稳定流量为 0.03L/min，小于本系统工进时的流量 0.5L/min。

表 7-11　液压元、辅件的规格

序号	元件名称	通过阀的最大流量 $q/\text{L} \cdot \text{min}^{-1}$	规格 型号	额定流量 $/\text{L} \cdot \text{min}^{-1}$	额定压力 $/\text{MPa}$
1	双联叶片泵	—	YB₁-2.5/30	2.5/30	6.3
2	三位五通电液换向阀	69	35DY-100BY	100	6.3
3	行程阀	62	22C-100BH	100	6.3
4	调速阀	<1	Q-6B	6	6.3
5	单向阀	69	I-100B	100	6.3
6	单向阀	32.5	I-63B	63	6.3
7	背压阀	<1	B-10B	10	6.3
8	顺序阀	30	XY-63B	63	6.3
9	单向阀	30	I-63B	63	6.3
10	溢流阀	2.5	Y-10B	10	6.3
11	过滤器	32.5	XU-50×200	50	6.3
12	压力表	—	K-6B		
13	单向阀	69	I-100B	100	6.3

（2）管道尺寸　管道尺寸由选定的标准元件连接口尺寸确定。

210

（3）油箱容量　按经验公式计算油箱容量

$$V = (5 \sim 7) q_p = 6 \times (2.5 + 30) L = 195L$$

五、液压系统主要性能的验算

1. 系统压力损失计算

计算系统压力损失，必须知道管道的直径和长度。管道直径按选定元件的接口尺寸确定为 $d = 18mm$，进、回油管道长度都定为 $l = 2m$；油液的运动黏度取 $\nu = 1 \times 10^{-4} m^2/s$，油液的密度取 $\rho = 0.9174 \times 10^3 kg/m^3$。

图 7-22 所示液压系统，在选定了表 7-11 所列元件之后，液压缸在实际快进、工进和快退运动阶段的运动速度、时间以及进入和流出液压缸的流量，见表 7-12 所列。

表 7-12 各工况运动速度、时间计算表

快 进	工 进	快 退
$q_1 = \dfrac{A_1(q_{p1}+q_{p2})}{A}$ $= \dfrac{95\times(2.5+30)}{50.3}\text{L/min}$ $= 61.4\text{L/min}$	$q_1 = 0.5\text{L/min}$	$q_1 = q_{p1}+q_{p2}$ $=(2.5+30)\text{L/min}$ $= 32.5\text{L/min}$
$q_2 = q_1\dfrac{A_2}{A_1}$ $= 61.4\times\dfrac{44.7}{95}\text{L/min}$ $= 28.9\text{L/min}$	$q_2 = q_1\dfrac{A_2}{A_1}$ $= 0.5\times\dfrac{44.7}{95}\text{L/min}$ $= 0.24\text{L/min}$	$q_2 = q_1\dfrac{A_1}{A_2}$ $= 32.5\times\dfrac{95}{44.7}\text{L/min}$ $= 69\text{L/min}$
$v_1 = \dfrac{q_{p1}+q_{p2}}{A}$ $= \dfrac{(2.5+30)\times10^{-3}}{60\times50.3\times10^{-4}}\text{m/s}$ $= 0.108\text{m/s}$	$v_1 = \dfrac{q_1}{A_1}$ $= \dfrac{0.5\times10^{-3}}{60\times95\times10^{-4}}\text{m/s}$ $= 0.88\times10^{-3}\text{m/s}$	$v_3 = \dfrac{q_1}{A_2}$ $= \dfrac{32.5\times10^{-3}}{60\times44.7\times10^{-4}}\text{m/s}$ $= 0.121\text{m/s}$
$t_1 = \dfrac{100\times10^{-3}}{0.108}\text{s}$ $= 0.93\text{s}$	$t_2 = \dfrac{50\times10^{-3}}{0.88\times10^{-3}}\text{s}$ $= 56.6\text{s}$	$t_3 = \dfrac{150\times10^{-3}}{0.121}\text{s}$ $= 1.24\text{s}$

（1）判断流动状态 由雷诺数

$$Re = \frac{vd}{\nu} = \frac{4q}{\pi d\nu}$$

可知，在油液黏度 ν、管道内径 d 一定条件下，Re 的大小与 q 成正比。又由表 7-12 知：在快进、工进和快退三种工况下，进、回油管路中所通过的流量以快退时回油流量 $q = 69\text{L/min}$ 为最大，由此可知，此时的

$$Re = \frac{4\times69\times10^{-3}}{60\times\pi\times18\times10^{-3}\times1\times10^{-4}} = 813$$

也为最大。因为最大的 Re 就小于临界雷诺数（2000），故可推论出：各工况下的进、回油路中油液的流动状态全为层流。

（2）计算系统压力损失 为了计算上的方便，首先将计算沿程压力损失公式（7-32）化简。为此，将适用于层流流动状态的沿程阻力系数

$$\lambda = \frac{75}{Re} = \frac{75\pi d\nu}{4q}$$

和油液在管道内的流速

$$v = \frac{4q}{\pi d^2}$$

同时代入沿程压力损失计算公式（7-32），并将已知数据代入后，得

$$\Delta p_{11} = \frac{4\times75\rho\nu l}{2\pi d^4}q = \frac{4\times75\times0.9174\times10^3\times1\times10^{-4}\times2}{2\times3.14\times(18\times10^{-3})^4}q$$

$$= 0.8349 \times 10^8 q$$

可见,沿程压力损失的大小与其通过的流量成正比,这是由层流流动所决定的。

在管道结构尚未确定的情况下,管道的局部压力损失 Δp_{12} 常按下式作经验计算,即

$$\Delta p_{12} = 0.1 \Delta p_{11}$$

根据上述两式计算出的各工况下的进、回油管路的沿程和局部压力损失,见表 7-13。

表 7-13 Δp_{11}、Δp_{12}、Δp_V 数值表

数值	工况		
	快进	工进	快退
进油路 Δp_{11}/Pa	0.854×10^5	0.00696×10^5	0.452×10^5
进油路 Δp_{12}/Pa	0.0854×10^5	0.000696×10^5	0.0452×10^5
进油路 Δp_V/Pa	1.448×10^5	5×10^5	0.317×10^5
进油路 $\sum \Delta p$/Pa	2.3874×10^5	$\approx 5 \times 10^5$	0.814×10^5
回油路 Δp_{11}/Pa	0.402×10^5	0.00348×10^5	0.690×10^5
回油路 Δp_{12}/Pa	0.0402×10^5	0.000348×10^5	0.0690×10^5
回油路 Δp_V/Pa	0.406×10^5	6×10^5	2.38×10^5
回油路 $\sum \Delta p$/Pa	0.848×10^5	$\approx 6 \times 10^5$	3.094×10^5

根据式(7-34)即

$$\Delta p_V = \Delta p_n \left(\frac{q}{q_n} \right)^2$$

计算各工况下的阀类元件的局部压力损失:其中的 Δp_n 由产品样本查出,三位五通电液换向阀 2 和行程阀 3 的额定压力损失 Δp_n 都为 $3 \times 10^5 \text{Pa}$,单向阀 5 和 6 的额定压力损失 Δp_n 都为 $2 \times 10^5 \text{Pa}$;其中的 q_n 和 q 的数值分别由表 7-11 和表 7-12 列出。

下面以快进工况,进油路中油液通过三位五通电液换向阀 2 和行程阀 3 所产生的局部压力损失计算为例,即

$$\Delta p_V = \left[3 \times 10^5 \left(\frac{61.4}{100} \right)^2 + 3 \times 10^5 \left(\frac{32.5}{100} \right)^2 \right] \text{Pa} = 1.448 \times 10^5 \text{Pa}$$

其余各工况的阀类元件的局部压力损失计算值见表 7-13。

根据需要可将回油路上的压力损失折算到进油路上,求得总的压力损失。比如将快进工况下的回油路上的压力损失折算到其进油路上,即可求得此工况下的回路中的总压力损失为

$$\sum \Delta p = \left(2.3874 \times 10^5 + 0.848 \times 10^5 \times \frac{44.7}{95} \right) \text{Pa} = 2.786 \times 10^5 \text{Pa}$$

其余各工况依此类推,不再赘述。

(3)液压泵工作压力的估算   小流量泵在工进时的工作压力,等于液压缸工作腔压力 p_1 加上进油路上的压力损失,即

$$p_{p1} = (39.6 \times 10^5 + 5 \times 10^5) \text{Pa} = 44.6 \times 10^5 \text{Pa}$$

此值是调整溢流阀 10 的调整压力时的主要参考数据。

大流量泵以快退时的工作压力为最高,其数值为

$$p_{p2} = (18.6 \times 10^5 + 0.814 \times 10^5) \text{Pa} = 19.414 \times 10^5 \text{Pa}$$

此值是调整顺序阀 8 的调整压力时的主要参考数据。

2. 系统效率计算

在一个工作循环周期中，快进、快退时间仅占 3%，而工进时间占 97%（见表 7-12 中数据），因此系统效率完全可以用工进时的效率来代表整个循环的效率。

（1）计算回路效率　按式（7-42）计算回路效率，即

$$\eta_c = \frac{p_1 q_1}{p_{p1}q_{p1}+p_{p2}q_{p2}} = \frac{39.6\times10^5\times0.83\times10^{-5}}{44.6\times10^5\times\frac{2.5\times10^{-3}}{60}+0.68\times10^5\times\frac{30\times10^{-3}}{60}} = 0.15$$

其中，大流量泵的工作压力 p_{p2} 就是该泵通过顺序阀 8 卸荷时所产生的压力损失，因此它的数值为

$$p_{p2} = 3\times10^5\times\left(\frac{30}{63}\right)^2 \mathrm{Pa} = 0.68\times10^5\,\mathrm{Pa}$$

（2）计算系统效率　取双联叶片泵的总效率 $\eta_p = 0.80$、液压缸的总效率 $\eta_m = 0.95$，则按式（7-41）计算系统效率，即

$$\eta = \eta_p \eta_c \eta_m = 0.80\times0.15\times0.95 = 0.114$$

3. 系统发热与温升计算

由于系统的发热与温升计算和系统效率计算的同样原因，也只考虑工进阶段。

首先，计算工进工况时液压泵的输入功率，即

$$P_{pi} = \frac{p_{p1}q_{p1}+p_{p2}q_{p2}}{\eta_p}$$

$$= \frac{44.6\times10^5\times\frac{2.5\times10^{-3}}{60}+0.68\times10^5\times\frac{30\times10^{-3}}{60}}{0.80}\mathrm{W} = 274.8\,\mathrm{W}$$

其次，按式（7-48）计算工进时系统所产生的热量，即

$$Q = P_{pi}(1-\eta) = 274.8(1-0.114)\,\mathrm{W} = 243.5\,\mathrm{W}$$

最后，按式（7-52）计算工进时系统中的油液温升，即

$$\Delta t = \frac{Q}{0.065K\sqrt[3]{V^2}} = \frac{243.5}{0.065\times15\sqrt[3]{195^2}}\,℃ = 7.43\,℃$$

其中取传热系数 $K = 15\,\mathrm{W/(m^2 \cdot ℃)}$。本系统温升很小，符合要求。

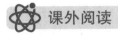 课外阅读

工程师心中的"锁"

液压系统设计时，要明确系统的技术要求、分析负载的运动情况和受力情况、计算液压系统的参数、拟定液压系统原理图、选择液压元件、绘制液压系统工程图、编制技术文件等，在整个过程中需要系统分析正确、设计计算准确、方案对比合理等全面考量，才能设计出安全、可靠、实用性强、符合要求的液压系统，否则将出现设计失误等严重后果。

一枚戒指背后的故事

在国际公认的观念当中，戒指是最具有仪式感的首饰，因为人们可以通过把戒指戴在不

同的手指上，来向外界传递出一定的信息。而在加拿大的魁北克省，戒指除了其原有的意义外，还被单独赋予了一个含义：1.9万t钢筋全部掉落、2次坍塌的大桥和88人的死亡。这是怎么一回事？

其实，这些戒指的材质很特殊，它们是用魁北克大桥倒塌之后打捞上来的钢材制作而成的，其目的就是提醒未来的工程师们，一定要记得当年魁北克大桥上发生的惨案，不要再重走百年前的老路。

（1）魁北克大桥的建造背景　魁北克省位于加拿大东南部，是加拿大面积第一大省，它拥有一条非常著名的河流——圣劳伦斯河。圣劳伦斯河在北美的内陆大约要流经4000多米，其源头的一端连接的是美国的圣路易河，另一端则是能够通往大西洋的海峡。虽然这条河流在世界上有着著名的冰冻之河的美称，但它给两岸人们的生活却带来了极大的不便。由于其水面宽阔，水深足有58m，并且流速快，浪花高，人们若想过河，只有乘坐渡轮才能够确保稳妥，而冬天河水全部结冰之后，人们需要走很长的一段路才能过河。

当地政府考虑过很多次想要建桥，最终都因为技术还不够完善而搁置。的确，在那个年代，想要建造一个跨度如此之大的桥梁，需要攻克不少技术难关。直到1887年，该桥的建设才提上议事日程。为此建立了魁北克大桥委员会，还请来了当时最有名的桥梁建筑师。

（2）坍塌惨案　一座桥若是能够在世界上被称作"最"，那就一定要在建造的过程中突出某一个方面，而魁北克想要建造的这座桥，最容易突出的当然就是其长度了。魁北克大桥长548.6m，是当时世界上最长的大桥。

1907年8月，眼看就要竣工的魁北克大桥毫无预兆地倒塌，当时有86位工人在桥上作业，全部随着建桥钢材一起坠入冰冷的河水之中。这场灾难过后，只有11人侥幸生还。

在桥梁倒塌之后，魁北克省曾经做过专门的研究，最后发现，悬臂根部的下弦杆失效，这些杆件存在设计缺陷，部分构件的应力超过以往的经验值而使桥梁倒塌。

在魁北克大桥第一次倒塌之后，人们充分吸取了这一次的经验教训，1913年，这座大桥的建设重新开始，新桥主要受压构件的截面积比原设计增加了一倍以上，然而不幸的是悲剧再次发生。1916年9月，由于材料过重，悬臂安装时一个锚固支撑构件断裂，桥梁中间段再次落入圣劳伦斯河中，并导致13名工人丧生。

1917年，在经历了两次惨痛的悲剧后，魁北克大桥终于竣工通车。

（3）经验教训　1922年，在魁北克大桥竣工不久，加拿大的七大工程学院一起出钱将建桥过程中倒塌的残骸全部买下，并决定把这些亲临过事故的钢材打造成一枚枚戒指，发给每年从工程系毕业的学生。戒指被设计成扭曲的钢条形状，用来纪念这起事故和在事故中被夺去的生命。这一枚枚戒指就成了后来在工程界闻名的工程师之戒（Iron Ring）。这枚戒指要戴在小拇指上，作为对每个工程师的一种警示。久而久之，这个"工程师之戒"便成了"世界上最昂贵的戒指"，成了每一位工程师心里的一把锁，用来锁住自己所必须具备的职业道德和规范。

习题

7-1　图7-23所示为一个用液压缸驱动的简单传送装置简图。传送距离为3m，传送时间为15s，假定液压缸按图7-7所示v-t图中的曲线Oabc规律运动，其中加速与减速时间各占传送时间的10%；工件与拖板的质量为 1530.6kg，拖板与导轨的静、动摩擦因数分别为 0.2 和 0.1。试求液压缸最大负载。

7-2 某卧式铣床要在切削力变化范围较大的场合下顺铣和逆铣工件，并已确定采用定量泵节流调速作为进给动作的设计方案，你认为选取如下所列哪种具体方案作为节流调速回路比较合适？为什么？

节流阀进口、节流阀出口、调速阀进口、调速阀出口、调速阀进口加回油路设背压阀。

7-3 图 7-24 所示为某专用铣床液压系统，已知：泵的输出流量 $q_p = 30\text{L/min}$，溢流阀调整压力 $p_y = 2.4\text{MPa}$，液压缸两腔作用面积分别为 $A_1 = 50\text{cm}^2$、$A_2 = 25\text{cm}^2$，切削负载 $F_L = 9000\text{N}$，摩擦负载 $F_f = 1000\text{N}$，切削时通过调速阀的流量为 $q_2 = 1.2\text{L/min}$，若忽略元件的泄漏和压力损失，试求：

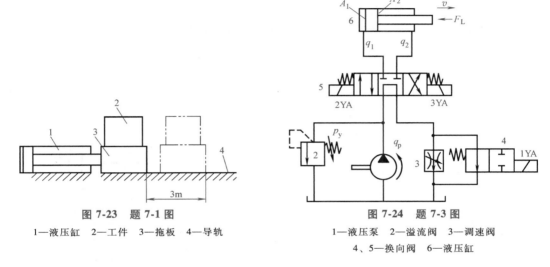

图 7-23 题 7-1 图

1—液压缸 2—工件 3—拖板 4—导轨

图 7-24 题 7-3 图

1—液压泵 2—溢流阀 3—调速阀

4、5—换向阀 6—液压缸

（1）活塞快速趋近工件时，活塞的快进速度 v_1 及回路的效率 η_1。

（2）切削进给时，活塞的工进速度 v_2 及回路的效率 η_2。

7-4 设计液压系统管路时，为什么要限定管内液流速度？当分别以液压油或水包油乳化液为介质时，其允许流速是否相同？为什么？换向阀的额定流量和液压泵的额定压力的含义是什么？

7-5 在图 7-25 所示的机液传动装置中，将直径 $D = 1\text{m}$、宽度 $B = 0.2\text{m}$ 的钢制飞轮，在 2s 内从静止状态加速到 200r/min，液压马达应输出的转矩为多少？若液压马达排量为 $4400\text{cm}^3/\text{r}$，液压马达进、出口所需压差为多少？已知：增速机构的增速比 $n_1 : n_2 = 1 : 3$，$n_2 : n_3 = 1 : 2$，增速机构对液压马达轴的惯性力矩 $GD^2 = 980\text{N} \cdot \text{m}^2$；液压马达的机械效率 $\eta_m = 0.90$，钢的密度为 $7.85 \times 10^3\text{kg/m}^3$。

7-6 在图 7-26 所示的定量泵变量马达-齿轮齿条机液传动装置中，它所驱动的工作台质量 $m = 2 \times 10^3\text{kg}$，齿轮节圆直径 $D = 250\text{mm}$，加、减速时间各为 1s，工作台稳定运动速度为 0.5m/s，工作台静、动摩擦因数分别为 0.3 和 0.1，工作台所受外力为 $29.4 \times 10^3\text{N}$；当液压马达排量为

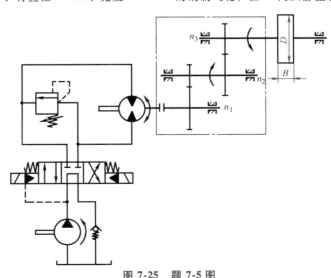

图 7-25 题 7-5 图

215

$3 \times 10^3 \, \text{cm}^3/\text{r}$ 时，求液压马达输出转矩、液压泵出口压力和回路效率。假定液压马达的机械效率为 0.93，其出口压力为零，液压泵出口至液压马达入口压力损失为 0.5MPa；不计回路容积损失。

7-7 在一根内径为 20mm、壁厚为 1mm、长度为 2m 的钢制通油管道的末端有一阀门，其内有密度为 900kg/m^3、流速为 3m/s 的油液在流动，此时阀门处的压力为 2MPa；如果用 0.01s 把阀门突然关闭，试求管内压力的增大值和内应力。已知油的体积弹性模量 $E_0 = 2 \times 10^3 \text{MPa}$，管道材料的弹性模量 $E = 10^5 \text{MPa}$。

7-8 将第八节设计计算例题改为单定量泵供油，并按例题所给原始数据，试计算、设计此液压系统，选定液压元件、计算电动机功率、验算系统效率和发热温升。

7-9 图 7-27 所示液压系统能完成图 7-22 所示液压系统一样的工作循环。试回答下列问题：

（1）绘出一个工作循环的电磁铁动作表。

（2）从调速、快速、速度换接和行程终点控制方式诸方面，说明其性能特点，并同图 7-22 所示系统进行比较。

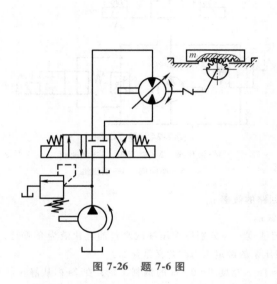

图 7-26 题 7-6 图

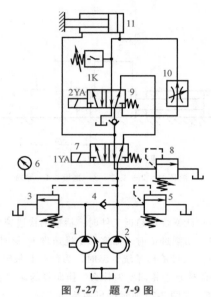

图 7-27 题 7-9 图

7-10 试用限压式变量泵取代图 7-22 所示系统中的双联叶片泵，在其他元件不变的条件下，再组成一个既简单又与原系统具有相同功能的新系统；以原系统设计工况下的有关参数，计算新系统工进工况的回路效率和系统效率，并与原系统的回路效率、系统效率作大小比较，说明其差异原因。

已知限压式变量泵的输入功率 P_p 和损失功率 ΔP 的表达式分别为

$$P_p = p_p q_p + \Delta P$$

$$\Delta P = 10^{-4} p_p$$

式中 p_p、q_p——限压式变量泵的输出压力（Pa）、输出流量（m^3/s）。

假定液压缸效率为 0.9。

7-11 图 7-28 所示为一简单起重装置简图，其组成是一根 10m 长的吊杆一端以铰链为轴，另一端悬挂一重物 G 可绕其轴从水平位置向上转 θ 转角；吊杆的转动由耳环安装的液压缸驱动，液压缸与吊杆的连接尺寸如图所示。

（1）试分别写出吊杆转角 θ 与液压缸倾角 α 以及液压缸输出力与转角 θ 关系的数学表达式。

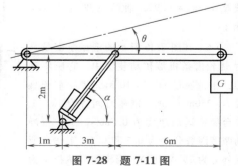

图 7-28 题 7-11 图

（2）当 $G = 49 \times 10^3 \, \text{N}$，最大转角 $\theta_{\max} = 70°$ 时，试计算液压缸最大输出力及其活塞、活塞杆直径和工作行程。

（3）求出重物的最大提升高度。假定提升重物时液压缸工作腔压力 $p_1 = 18\text{MPa}$，回油腔压力 $p_2 = 0$，不计液压缸机械效率；液压缸大小腔有效作用面积比为 2。

7-12　在图 7-29 所示的机液传动装置中，已知如下参数：各齿轮的齿数为 z_1、z_2、z_3、z_4；轴 I 、Ⅱ 、Ⅲ 的转动惯量为 J_1、J_2、J_3，其相应角速度为 ω_1、ω_2、ω_3；重物所受重力为 G，滚筒直径为 D。

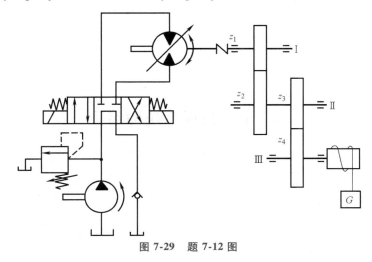

图 7-29　题 7-12 图

假设：各传动轴刚性无穷大（既无齿轮间隙，也无弹性变形），各齿轮的齿数与齿轮中径成正比。求此装置在起动和恒速运转时液压马达的输出转矩。

第八章

液压系统的污染、泄漏、噪声和爬行

本章讨论影响液压系统正常工作的污染、泄漏、噪声和爬行这几个主要问题，分析产生这些问题的原因，并介绍治理办法。

第一节　液压系统的污染

液压系统实际运行的经验表明，污染是导致液压系统产生故障的主要原因。所谓污染是指工作介质中混杂有对系统可靠性和元件寿命有害的各种物质，这种物质统称为污染物。可见，控制液压系统的污染是提高液压系统工作可靠性、延长元件和系统使用寿命的重要途径。

一、污染物形态及危害

液压系统的污染物主要有固体颗粒、水和空气、化学污染物、微生物以及污染能量等。

1. 固体颗粒

固体颗粒是液压系统中最常见的一类污染物，它包括元件加工和组装过程中未清除掉的金属切屑、焊渣和型砂等；从外界侵入系统的灰尘和机械杂质；系统工作中产生的磨屑和锈蚀剥落物，以及油液氧化和分解产生的沉淀物等。其危害是加速元件的磨损，导致元件性能下降；堵塞阀的间隙和小孔，引起阀的故障等。

2. 水和空气

水的危害作用是腐蚀金属表面。此外，水会加速油液氧化变质，并且与油液中某些添加剂作用产生黏性胶质，引起阀芯黏滞和过滤器滤芯堵塞等故障。

空气混入油液中会降低油液的体积弹性模量，降低油液的刚度，使系统动态性能变坏，并引起气蚀现象。此外，空气促使油液氧化变质，会降低润滑性能。

3. 化学污染物

液压油中常见的化学污染物有溶剂、表面活性化合物和油液氧化分解物等。其中有的化合物与水反应形成酸类，对金属表面产生腐蚀作用。各类表面活性化合物如同洗涤剂的作用一样，将附着在元件表面的污染物洗涤下来悬浮在油液中，加剧了污染。

4. 微生物

在水基工作液体和含有水的石油型液压油中，微生物易于生存和繁殖。大量微生物的生成将引起油液变质劣化，降低油液的润滑性能，加速元件的腐蚀，其危害应引起足够重视。

5. 污染能量

液压系统内的热能、静电、磁场和放射线等能量往往对系统产生有害的影响。例如，系统内过高的热能使温度超过规定的限度，使油液黏度降低，泄漏增大，甚至使油液变质。对于挥发性高的和燃点低的油液，静电容易使油液产生火花，引起火灾，还易引起电流腐蚀。

二、污染控制

为了能有效地控制液压系统的污染，针对不同污染物产生的根源，应采取不同的措施。对于制造过程中的残留污染物，主要靠清洗和冲洗的办法加以清除；对于侵入污染物主要是加强防护；对于运行中生成的污染物主要靠过滤与分离加以去除。

1. 残留污染物的清除

液压元件加工制造过程中每一个工序都应采取净化措施，如去毛刺、清洗等；装配前和装配后也要严格清洗和检验。

液压系统的装配要在清洁的环境中用清洁的方法装配。装配前对油箱、管接头、管路和其他辅件要严格清理和清洗，严格按管理规定组装。装配后，需要进行全面清洗。在清洗过程中应每隔一定时间从系统中取样液进行污染分析，以评定系统的清洁度，直到达到要求为止。

2. 防止污染物的侵入

在液压系统工作过程中，外界的污染物通过各个渠道侵入系统，如通过油箱呼吸孔、液压缸的密封装置及注入的新油液带入的污染物等。

为有效控制污染物的侵入，在油箱呼吸孔装设高效能空气过滤器；特别污染的环境可考虑采用加压油箱或呼吸袋；对油箱所有开口及穿越管子部位要严加密封；注入系统的新油要严格按规定过滤，过滤装置可采用精过滤车或静电滤油机等；系统的漏油未经过滤不得注入油箱；在液压缸活塞杆穿越部位要采用可靠的防尘密封装置，防止污染粉尘等侵入；防止空气进入系统，特别是泵吸油管路的接头处要保持气密性；要防止来自冷却器或其他水源的水漏进系统。

3. 油液污染度、油液的过滤与净化

（1）油液污染度 为了描述和评定液压油液被污染的程度，国际标准化组织制定了液压工作介质污染等级标准。我国制定的液压油液固体颗粒污染度等级标准等效采用国际标准ISO 4406，此外还有目前仍被采用的美国 NAS 1638 油液污染度等级标准。

ISO 4406 这个污染度等级标准用两个代号表示油液的污染度等级。前面的代号表示 1mL油液中大于 $5\mu m$ 颗粒数的等级，后面的代号表示 1mL 油液中大于 $15\mu m$ 颗粒数的等级，两个代号之间用一斜线分离。例如，污染度等级 20/17。而颗粒数与其代号之间的关系按表 8-1 的规定。由表可知，污染度等级 20/17 表示每毫升油液中大于 $5\mu m$ 的颗粒数在 5000~10000 之间，大于 $15\mu m$ 的颗粒数在 640~1300 之间。

美国 NAS 1638 污染度等级是由美国国家宇航学会提出的，目前在美国和世界其他各国广泛采用。它以颗粒浓度为基础，按照 100mL 油液中在给定的 5 个颗粒尺寸区间内的最大允许颗粒数划分为 14 个污染度等级，见表 8-2。

在评定样液污染度等级时，从测得的 5 个颗粒尺寸范围的污染度等级中取最高的一级定为样液的污染度等级。

上述两个污染度等级之间的近似对照关系见表 8-3。

表 8-1 ISO 4406 污染度等级

每毫升颗粒数		等级代号	每毫升颗粒数		等级代号
大于	上限值		大于	上限值	
80000	160000	24	10	20	11
40000	80000	23	5	10	10
20000	40000	22	2.5	5	9
10000	20000	21	1.3	2.5	8
5000	10000	20	0.64	1.3	7
2500	5000	19	0.32	0.64	6
1300	2500	18	0.16	0.32	5
640	1300	17	0.08	0.16	4
320	640	16	0.04	0.08	3
160	320	15	0.02	0.04	2
80	160	14	0.01	0.02	1
40	80	13	0.005	0.01	0
20	40	12	0.0025	0.005	0.9

表 8-2 美国 NAS 1638 污染度等级（100mL 油液中的颗粒数）

污染度等级	颗粒尺寸/μm				
	5~15	15~25	25~50	50~100	>100
00	125	22	4	1	0
0	250	44	8	2	0
1	500	89	16	3	1
2	1000	178	32	6	1
3	2000	356	63	11	2
4	4000	712	126	22	4
5	8000	1425	253	45	8
6	16000	2850	506	90	16
7	32000	5700	1012	180	32
8	64000	11400	2025	360	64
9	128000	22800	4050	720	128
10	256000	45600	8100	1440	256
11	512000	91200	16200	2880	512
12	1024000	182400	32400	5760	1024

（2）油液的过滤与净化 控制油液污染度的重要措施是在液压系统中安装过滤器。过滤器的作用是在系统工作中不断滤除内部产生和外界侵入的污染物，使油液得以净化。过滤器可安装在液压系统的不同部位，如吸油路、压油路和回油路上，也可以安装在主液压系统以外，形成独立的外过滤系统。

表 8-3 污染度等级相互对照表

ISO 4406	8/5	9/6	10/7	11/8	12/9	13/10	14/11	15/12	16/13	17/14	18/15	19/16	20/17	21/18
NAS 1638	00	0	1	2	3	4	5	6	7	8	9	10	11	12

根据实际的调查研究，不同的过滤系统和不同的工作状态，可按表 8-4 选取不同过滤精度的过滤器。

表 8-4 过滤器精度推荐值 （单位：μm）

工 作 类 型	要求过滤油液的过滤精度	工 作 类 型	要求过滤油液的过滤精度
1) 低中压工业液压系统 松配合间隙 紧密配合间隙	 20 15	3) 高压液压系统 一般要求 位置状态控制装置 精密液压系统	 10 5～8 5
2) 中高压工业液压系统 往复运动机构 往复运动的速控伺服机构 机床的给进装置	 15 10～15 10	4) 高效能液压系统 一般要求 电液精密液压系统 高效能的精密伺服控制机构	 2～5 2～5 1～2

三、典型液压系统清洁度等级

对液压系统采取污染控制措施的目的是使油液净化，使其保持要求的清洁度，以保证系统的工作可靠性和元件的使用寿命。液压系统的清洁度等级是根据系统中对污染最敏感的元件的污染承受能力来确定的。参照国外经验和国内调查研究的结果，典型液压系统清洁度等级见表 8-5。液压系统清洁度从 3～12 级共分 10 个等级。

表 8-5 典型液压系统清洁度等级

系统类型	清洁度等级[1]									
	级别[2] 3	级别 4	级别 5	级别 6	级别 7	级别 8	级别 9	级别 10	级别 11	级别 12
污染极敏感的系统	12/9	13/10	14/11	15/12	16/13					
伺服系统		13/10	14/11	15/12	16/13	17/14				
高压系统			14/11	15/12	16/13	17/14	18/15			
中压系统					16/13	17/14	18/15	19/16	20/17	
低压系统						17/14	18/15	19/16	20/17	21/18
低敏感系统							18/15	19/16	20/17	21/18
数控机床液压系统		13/10	14/11	15/12	16/13	17/14				
机床液压系统					16/13	17/14	18/15	19/16	20/17	
一般机器液压系统						17/14	18/15	19/16	20/17	21/18
行走机械液压系统			15/12	16/13	17/14	18/15	19/16			
重型设备液压系统				16/13	17/14	18/15	19/16	20/17		
重型和行走设备传动系统						17/14	18/15	19/16	20/17	21/18
冶金轧钢设备液压系统			15/12	16/13	17/14	18/15	19/16			

① 相当于 ISO 4406。

② 这里的级别指 NAS 1638。

第二节　液压系统的泄漏

一、泄漏及其危害

液压系统中的工作液体是在液压元件及管路中流动或暂存的，然而，由于压力和间隙等种种原因，仍有少量液体从密闭的容腔流出来，这种现象称为泄漏；若液压元件内部有少量液体从高压腔泄漏到低压腔，则称为内泄漏；从元件或管路中向外部泄漏称为外泄漏。

泄漏是一个不可忽视的问题。泄漏会使系统压力调不高，执行元件速度不稳定，浪费油液，消耗能量，降低系统效率，油温升高，污染环境，外泄漏还可能引起火灾，可见，泄漏治理不好会影响液压技术的应用和发展。

二、泄漏的治理

液压系统的泄漏发生在固定密封处和运动密封处。固定密封处不应该有泄漏，也有可能完全根治。运动密封处的泄漏必须得到控制。

控制和治理泄漏主要靠密封装置，应正确设计和使用密封装置，包括密封材料的选择、密封结构形式和制造安装质量等。

1. 固定密封处的外泄漏及治理

各种管道连接件，如螺纹连接件、法兰连接件等是产生外泄漏的主要部位。液压元件的各种盖板、固定承压的接合面、阀板之间和阀块之间的接合面等部位的外泄漏也不容忽视。

这些部位的外泄漏的治理方法可归纳如下：

1）对螺纹连接件要合理选用，注意类型和使用条件（如工作压力，压力脉动、冲击和振动等情况），管接头的加工质量和装配质量应严格符合规范要求。法兰连接件的密封部位的沟、槽、面的加工尺寸和精度及表面粗糙度等均应符合要求。

2）各接合面紧固螺栓要有足够的拧紧力矩，且要相等。

3）多个阀块连接时，应避免用过长的螺栓连接。

4）为减少因冲击和振动使管接头等部位松动引起的泄漏，要用减振支架固定管路。设计时尽量减少管接头的数量。

5）装配时应十分注意各密封部位及密封圈的清洁度，并按规定方法正确安装，防止密封圈在装配时损坏。

6）确保良好的配管作业，避免管接头和法兰连接件的装配不良。

2. 运动密封处的外泄漏及治理

运动密封表现在轴向滑动表面密封和转动表面密封。该两处产生外泄漏的原因常是密封圈老化或破损；密封件的材料或形式与使用条件不符；相对运动表面粗糙或划伤。

大多数运动密封经过良好的设计和正确的使用都能保证较长时间相对无泄漏工作，并可以采用以下措施延长运动密封的寿命：

1）消除活塞杆和驱动轴密封上的侧载荷。

2）用防尘圈和防护罩保护活塞杆，防止磨料性粉尘。

3）使活塞杆和转轴的运动速度尽可能低。

4）相对运动表面的几何精度和表面粗糙度要严格保证。

3. 密封件的选用原则

由于控制和治理泄漏主要靠密封，因此要正确掌握密封件的选用原则。密封件的选择，首先要根据密封装置的使用条件和要求，例如，负载情况、工作压力及峰值压力、速度大小及变化情况、使用环境和对密封性能的具体要求等，正确选择与之相适应的密封件结构形式。然后再根据所用工作介质的种类、性质和使用温度等，合理选择密封件材料。表 8-6 可作为选择时的参考。

表 8-6　常用密封件材料所适合的介质和使用温度

密 封 材 料	石油基液压油和矿物基润滑脂	不燃性液压油			使用温度范围[1]/℃	
		水-油乳化液	水-乙二醇基	磷酸酯基	静密封	动密封
丁腈橡胶（NBR）	○	○	○	×	-30~100	-30[2]~80
聚氨酯橡胶（U）	○	△[3]	×	×	-30~80	-20~80[4]
氟橡胶（FPM）	○	○	○	○	-30~150	-30~100[5]
硅橡胶（Q）	○	○	×	△	-60~200	一般不使用
聚丙烯酸酯橡胶（ACM）	○	○	○	×	-5~150	0~130
丁基橡胶（HR）	×	×	○	△[6]	-20~130	-20~80
乙丙橡胶（EPDM）	×	×	○	△[6]	-30~120	-30~100
聚四氟乙烯（PTFE）	○	○	○	○	-100~260	-100~260

注：○—能用；△—根据条件使用；×—不能用。
① 表中使用温度范围取值较窄，有相当的安全性。
② 低温使用，有时可到-50℃。
③ 一般聚氨酯橡胶，在 50℃ 以上，加水能分解。
④ 一般聚氨酯橡胶，耐热度为 60℃ 左右。
⑤ 在高温时，强度急剧下降。
⑥ 只能用于纯磷酸酯。

在具有灰尘和杂质的环境中使用密封装置时，还必须根据污染情况和对防尘的要求，选用合适的防尘圈。

选用密封件应尽可能符合国家标准。

第三节　液压系统的噪声

噪声产生于振动，液压系统中的噪声和振动是两种并存的有害现象。随着液压传动向高压、高速和大功率方向发展，系统中的振动和噪声也随之加剧，并成为液压技术发展中必须解决的主要问题之一。

一、振动和噪声的基本概念

1. 声波的产生及其传播

振动与声音是同一物理现象的两个方面。振动是弹性物体的固有特性，它是一种周期性的运动。物体的振动通过空气或其他介质，将振动的机械波传到人的耳膜而产生声音的感受。声音起源于物体的振动，但不是所有振动都会发出声音，只有在一定频率范围即声频范围内的振动，才能被人的听觉感受。产生声音振动的物体称为声源。

所谓声频范围，是指正常人的听觉所能感受到的从最低到最高的振动频率范围。实验测出，频率低于 20Hz 的振动，就不能被大多数人听到，通常称为次声；频率高于 20kHz 的振动也不能被大多数人听到，称为超声。因此，一般声频范围是指 $20 \sim 20 \times 10^3 \mathrm{Hz}$。

声波在介质中的传播速度称为声速。声速与介质的种类及其密度和弹性有关。由于介质的密度与温度有关，故温度影响声速的大小。声波在空气中的传播速度可按下式计算

$$C = 331.5 + 0.61t \tag{8-1}$$

式中　C——声速（m/s）；

　　　t——温度（℃）。

表 8-7 列举了几种常见介质的声速值。

表 8-7　几种常见介质的声速值

介质	$t/℃$	$C/\mathrm{m \cdot s^{-1}}$	介质	$t/℃$	$C/\mathrm{m \cdot s^{-1}}$
空气	0	331.5	水	17	1430
空气	20	343	矿物油	20	1200~1400
水	0	1260			

声波传播时，两个相邻密集或两个相邻稀疏之间的距离称为波长。声速与声波频率、波长有如下关系

$$C = \lambda f \tag{8-2}$$

式中　C——声速；

　　　λ——波长；

　　　f——频率。

2. 声压与声压级

（1）声压与声压级的定义　声波是机械波，机械波的传播有以下两种形式：纵波，即振动方向和波的传播方向相同；横波，即振动方向和波的传播方向互相垂直。流体能传播纵波，但不能传播横波。

声波在空气中传播时，使空气时而变密，时而变稀。空气变密，压力升高；空气变稀，压力降低。这样，由于声波的传播，声场中各点的压力相对大气压力要发生微小的变化，这种压力的微小变化称为声压，其单位为 Pa。声压越大，声音越强；反之，声压越小，声音越弱。因此，人们常用声压 p 来衡量声音的大小。正常人耳能听到的声音的最低声压为 $2 \times 10^{-5} \mathrm{Pa}$，当声压达到或超过 20Pa 时，人耳会产生疼痛的感觉。

人耳可听的声压变化范围很大，最大声压与最小声压之比为 $20 / (2 \times 10^{-5}) = 10^6$。方便起见，习惯上以声压级来代替声压。相当于声压 p 的声压级 L_p 的定义为

$$L_p = 10\lg\left(\frac{p}{p_0}\right)^2 = 20\lg\frac{p}{p_0} \tag{8-3}$$

式中　L_p——声压级，是无量纲的相对量，习惯上记为 dB；

　　　p_0——基准声压，其值为 $2 \times 10^{-5} \mathrm{Pa}$；

　　　p——实际声压（Pa）。

为了对声压级有个大致的概念，现把几种常听到的声音的声压级列于表 8-8。

表 8-8　几种常听到的声音的声压级

声音	声压 p/Pa	声压级 L_p/dB	声音	声压 p/Pa	声压级 L_p/dB
正常谈话	2×10^{-2}	60	锯木车间	$6.3 \sim 2 \times 10$	$110 \sim 120$
一般金属加工车间	$6.3 \times 10^{-2} \sim 2 \times 10^{-1}$	$70 \sim 80$	汽车喇叭	2×10	120
消声不佳的摩托车	$6.3 \times 10^{-1} \sim 2$	$90 \sim 100$			

（2）声压级的叠加　　如果在声场中有两个或两个以上的声源，则在声场中任一点的声压级将是每个声源在此点联合作用的结果。实测证明，两个以上声源声场中的声压级不是各个声源声压级的代数和。因为从式（8-3）可以看出，声压级是个对数量，故在求声压级总和时，必须先求出各个声压级的反对数，然后相加，其反对数和的对数，才是声压级的总和。例如有两个声源，它们各自的声压分别为 p_1 和 p_2，它们各自的声压级按定义应该是

$$L_{p_1} = 10 \lg \left(\frac{p_1}{p_0} \right)^2$$

$$L_{p_2} = 10 \lg \left(\frac{p_2}{p_0} \right)^2$$

则不难推出总的声压级

$$L_p = 10 \lg \left(10^{\frac{L_{p_1}}{10}} + 10^{\frac{L_{p_2}}{10}} \right) \tag{8-4}$$

对于具有 n 个声源的综合声压级为

$$L_p = 10 \lg \left(10^{\frac{L_{p_1}}{10}} + 10^{\frac{L_{p_2}}{10}} + \cdots + 10^{\frac{L_{p_n}}{10}} \right) \tag{8-5}$$

声波有两个重要特性就是频率和振幅。频率高低反映为声音的高低，振幅的大小反映为声音的强弱。按频率和振幅的组合情况的不同有音乐和噪声之分；频率和振幅分布有规律的声音称为乐音；频率和振幅没有一定规律且杂乱无章地组合在一起的声音称为噪声，它是一种使人烦躁，对人的情绪、健康有害的声音。

噪声对人类的危害，就如大气污染、水质污染带来的影响一样，必须采取相应措施加以限制。

3. 声功率与声功率级

声源在单位时间内辐射出的总声能称为声功率。声功率的变化范围很宽，例如轻声耳语的声功率约为 10^{-10} W，而大功率喷气式飞机的声功率可达 10^3 W 以上。声功率和声压一样，人们听觉所能承受的范围很大，常用声功率级来表示，即

$$L_W = 10 \lg \frac{P}{P_0} \tag{8-6}$$

式中　L_W——声功率级（dB）；

　　　P——声功率（W）；

　　　P_0——基准声功率（W），其值为 10^{-12} W。

不难看出，对于同一声音，它的声功率级与声压级是相同的。在实际情况下，有许多因素影响着声压。例如，声源辐射具有一定的指向性，声波在传播过程中发生反射、折射、散射和吸收等现象。这说明噪声强度和环境有关。环境改变，声压分布就完全不同，因此，有

时用声功率来评定噪声的大小。

由式（8-6）可以看出，声功率的叠加与声压级的叠加形式是完全一样的。即

$$L_W = 10\lg\left(10^{\frac{L_{W_1}}{10}} + 10^{\frac{L_{W_2}}{10}} + \cdots + 10^{\frac{L_{W_n}}{10}}\right) \tag{8-7}$$

4. 噪声的测量方法

噪声测量的理想情况是在无响室内进行。无响室要求室内与外界的振动和噪声隔绝，要求壁面有吸声条件，没有反射声。除了被测对象外，其他装置都设在室外，以免造成影响。在工程实际测量中，一般不具备无响室的条件，往往在一般的试验室或工作现场进行测量。这时，为了使测量结果具有足够的准确性，应该避免其他声音的干扰和声音反射等的影响。

（1）测量仪器　噪声测量常用的仪器有声级计、频率分析仪和自动记录仪等。

1）声级计。声级计又称噪声计，是测量噪声级的最基本的仪器。声级计是将声压信号通过传声器变成电信号，经放大器和计权网络反映在表头上，在表头上可直接读出 dB（分贝）值。声级计不仅可以单独使用进行噪声级测量，而且也可以与相应的仪器配套进行频谱分析和振动测量等。

一般声级计中有 A、B、C 三种频率计权网络，它对所接收的声音按不同的程度滤波。由于 A 网络的噪声值比较接近人耳对声音的感觉，故应用较多。在噪声测量时，用 A 网络测得噪声级来表示噪声大小的称 A 声级，记作 dB（A）。

2）频率分析仪。声级计只能测出噪声级（声压级），不能用来分析声压与频率之间的关系，因为声压级是噪声的所有频率成分的综合反映。为了降低噪声，必须知道噪声中各频带声压级的大小，以便找出主要噪声源。为此，需采用频率分析仪来获得噪声频谱并进行分析。

噪声的频谱分析是按一定宽度的频带进行的。通常使用带通滤波器，它使信号中特定的频率成分通过，抑制其他频率成分，从而测出一定宽度的频带所对应的声压级。最常用的频带宽度是倍频程和 1/3 倍频程。

所谓倍频程是指一个频程（频带）的两个截止频率：上截止频率 f_1 与下截止频率 f_2 满足以下关系式

$$f_1 = 2f_2 \tag{8-8}$$

倍频程的中心频率 f_c 是指上、下截止频率的几何平均值，即

$$f_c = \sqrt{f_1 f_2} \tag{8-9}$$

目前倍频程通用的中心频率及频率范围见表 8-9。

表 8-9　倍频程通用的中心频率及频率范围　　　　　　（单位：Hz）

中心频率	31.5	63	125	250	500	1000	2000	4000	8000	16000
频率范围	22.4~45	45~90	90~180	180~355	355~710	710~1400	1400~2800	2800~5600	5600~11200	11200~22400

以中心频率为横坐标，以所测得的频率声压级为纵坐标，所得的关系曲线称为噪声频谱图。

使用 1/3 倍频程可得到更详细的频谱。所谓 1/3 倍频程就是把一个倍频程再分为三个频段。

3）自动记录仪。在现场测量噪声时，为了迅速准确测量、分析和记录噪声频谱，常把

频率分析仪与自动记录仪联用，可自动地把频谱记录在坐标纸上。例如国产 NJ3 型电平记录仪与 ND2 型精密声级计和倍频程滤波器配合，便可组成一套便携式噪声和振动现场测量分析仪。

（2）测量方法　下面分别介绍噪声级和声功率的测量。

1）噪声级的测量。测量液压元件或系统的噪声多在现场进行。一般测量方法是测量 A 声级及倍频程噪声频谱。有时为了仔细分析噪声成分，还需要测量 1/3 倍频程频谱。由于现场噪声源较多，房间的大小又有一定限制，因此测量结果与测量位置的选择有很大关系。在确定测量位置时，要考虑反射声和其他噪声源的干扰。一般把噪声计的传声器置于距离被测对象 1~1.5m 处，高度为 1.5m。

如果声源不是均匀地向各个方向辐射的噪声，则应在被测物体的四周选几个测试点。根据各点测试结果，找出 A 声级最大的一点，把这点作为评价被测对象噪声的主要依据，同时也要把其他测量点的 A 声级和频谱作为参考数据，或者作出该被测对象的噪声在方向性上的分布。

如果噪声随时间变化，应进行如下处理：如噪声基本变化不大，取其平均值；如噪声规律性地变化，取其最高值。

另外，还必须测量基底噪声，以避免基底噪声对测量的干扰和影响。基底噪声是指被测噪声源停止发声时周围环境的噪声。只有当被测噪声源的声压级高于相应的基底噪声 10dB 以上时，才可以略去基底噪声的影响；若其差值小于 3dB，则必须设法降低基底噪声，否则测量毫无意义；当其差值在 3~10dB 之间时，可按表 8-10 所列修正值进行修正。修正后的被测噪声源的声压级为 $L_1 - \Delta L$。

表 8-10　基底噪声修正值　　　　　　　　　　　（单位：dB）

$L_1 - L_2$	3	4~5	6~9
ΔL	3	2	1

注：L_1 为被测噪声源声压级（dB）；L_2 为基底噪声声压级（dB）；ΔL 为修正值（dB）。

2）声功率的测量。噪声级与测量位置有关，其值随距离改变。然而，在一定工作状态下，机器设备的声功率级是定值，与测量位置无关。所以，为了更客观地表示机器设备的噪声源特性，往往需要测定该声源的声功率级，即测出噪声源所扩散的全部声响能量。

二、液压系统的噪声源

本节主要从总的方面概括地介绍液压系统产生噪声的根本原因。液压系统所发生的噪声，可概括为机械噪声和流体噪声。

1. 机械噪声

机械噪声来源于零部件之间的摩擦、撞击和振动等，其主要噪声源是液压泵、电动机、联轴器、轴承等。产生机械噪声的主要原因可概括为以下几方面。

（1）回转零件的不平衡　液压传动装置中，由于电动机、液压泵和液压马达的转子以及其他回转件不平衡而产生振动，当振动传到其他部件，如油箱、管道时，将发出很大的噪声。为了降低液压装置的噪声，电动机、液压泵、液压马达等的转子必须进行静、动平衡。各种转子包括旋转零件，需进行何种平衡，参看表 8-11。

表 8-11　转子平衡方法

平衡方法	转子外径 D 与轴向长度 L 的比值	工作转速 $n/r \cdot min^{-1}$
静平衡	$D/L \geqslant 5$	任何转速
动平衡	$D/L \leqslant 1$	$n > 1000$

（2）联轴器的不同轴　联轴器是联系电动机与液压泵的部件，它不仅产生旋风噪声，还产生机械噪声。旋风噪声是指大直径的联轴器，在转动时使周围一部分空气随着转动而产生呼呼风声。产生机械噪声的主要原因是加工或安装不当造成电动机轴线与液压泵轴线不同轴，使联轴器偏斜。实验表明，当两者同轴度为 0.02mm 时，就会产生振动，发出噪声；如果同轴度超过 0.08mm 时，振动与噪声都较大。此外，在运转时要注意防止联轴器松动。

（3）液压阀可动部件的撞击　液压阀的可动零件的机械接触、电磁阀的电磁铁吸合及阀芯的冲击、锥（球）阀的阀芯与阀座的冲击，都可能产生机械噪声。其中有的是瞬时性振动，如换向阀换向时发出的冲击声；有的是持续性振动，如溢流阀溢流时阀芯所产生的高频振动等。

另外，齿轮泵的齿轮啮合精度不高，叶片泵的叶片因脱离定子型面，柱塞泵柱塞头松动，以及管道细长、弯头多而又未被固定等，都会产生机械振动和噪声。

综上所述，振动是产生机械噪声的主要根源。所以，要控制和防止液压装置的机械噪声，系统中的每个零部件，从制造加工到安装调试都要尽可能消除、减弱振动，以免产生噪声。

2. 流体噪声

产生流体噪声的主要原因可概括为以下几个方面。

（1）流量、压力脉动　液压泵的瞬时流量总是脉动的。由于流量脉动的存在，在与液压泵的排油口相连接的管道内必然引起压力脉动。这不但会引起流体传播噪声，而且必将引起管道和其他结构的振动和噪声。这种流量、压力脉动的频率和幅度取决于液压泵的转速、流速和齿轮泵的齿数、叶片泵的叶片数、柱塞泵的柱塞数等。

（2）压力急剧变化　液压系统中，压力状态急剧变化是产生噪声的重要原因。引起液压系统中压力急剧变化的主要原因，除管路系统过流截面的突然变化、液流方向的变化外，还有柱塞泵或叶片泵的配流盘部位的位移所引起的油液从高压到低压，又从低压到高压的变化。齿轮泵的困油现象使其排油侧的高压困死容积中油压急剧升高，给齿轮、轴及轴承带来附加的周期性载荷，增加了产生机械振动的作用力；在吸油侧的困死容积中，由于压力急剧降低而形成负压，导致产生下面将要叙述的气穴现象，同样也引起振动和噪声。

（3）气穴与气蚀　液压系统中出现气穴与气蚀会产生气穴噪声。液压油中一般可混入质量分数为 2%~5% 的空气，其中一部分溶解于油中，另一部分均匀地混合在油中形成细小的白点，一般情况用肉眼即可看到。

油液在液压系统中流动时，流速高的区域压力低。当压力低于空气分离压时，溶解于油液中的空气就会分离出来，以气泡的形式存在于油液中；另外，当液压系统中的油压降到油液的饱和蒸气压以下时，油液本身也会沸腾汽化，而成为油的气泡。不论是前者还是后者，都将使油液中出现大量气泡，在油中占据着一定的空间，使油液变得不连续，这种现象称为气穴（又称空穴）现象。

228

气泡随着液流流到压力较高的部位时会因承受不了高压而破灭，原来它所占据的空间形成了真空，四周油液质点以极大的速度冲向真空区域，产生局部液压冲击并将质点的动能突然变成压力能和热能。当这种液压冲击作用在液压元件或管道的内壁上时，会加剧金属氧化腐蚀，严重时会使其表面脱落，这就是所谓的气蚀（或空蚀）现象。

由以上分析可知：油液中含有空气是产生气穴现象的根本原因，系统中产生局部低压和负压是产生气穴现象的条件。因此，为了防止或减少由于气穴现象而产生噪声，首先应尽量减少油液中空气的含量，其次是避免液压系统产生局部低压和负压，具体措施见本章第四节有关部分。

（4）液压冲击　液压系统中，油液在管道内流动时，会发出一定的流动声。当液流经过阀门或管接头时，由于管道直径的改变或因液流方向的变化，又会发出一定的噪声。正常工作状态下，这种噪声并不严重。但是，当液压系统突然停止或换向时，管道内流动着的油液常常因为阀门的关闭突然停止流动而在管道内形成一个很大的压力峰值，这就是通常所说的液压冲击。液压冲击往往伴随着巨大的振动和噪声。液压冲击现象在日常生活中也会遇到，例如在开大自来水龙头后又迅速关闭上，有时就会听到自来水在管道中猛烈撞击的声音，同时还会感觉到管道在振动。

有关液压冲击的一些理论分析，在第七章第六节中已有叙述，这里不再重复。

（5）湍流与涡流　在液压系统的油液流动通道上，由于通流截面或流动方向发生变化时，流速与压力要发生相应的变化，当变化急剧时就会产生湍流与涡流现象。这种湍流与涡流，由于显著地加大了油液质点与管壁或泵、阀体壁的相互作用而发出噪声。

三、主要液压元件的噪声及其防治

由统计规律得出的表8-12，列出了液压系统中常用液压元、辅件产生噪声及传递噪声的大致名次。由表8-12可见，液压系统的主要噪声源是液压泵，其次是溢流阀；液压系统中噪声的主要传递者是油箱，其次是管道等。

表 8-12　常用液压元、辅件噪声特性比较

元、辅件名称	液压泵	溢流阀	压力阀	节流阀	方向阀	液压缸	管道	油箱
产生噪声的名次	1	2	3	4	5	5	5	6
传递噪声的名次	2	3	3	4	3	2	2	1

现就液压系统中噪声的主要产生者和传递者的特性及噪声防治进行简要介绍。

液压泵的流量、压力脉动，困油、气穴现象和转动部分的不平衡等，是引起各种液压泵振动和噪声的基本原因和共同原因。由于各种液压泵的具体结构不同，产生噪声的主要原因和防治办法也各有不同，下面分别叙述。

1. 齿轮泵

（1）产生噪声的原因　产生噪声的原因主要有以下几方面：

1）由于困油现象，排油侧封闭容积中的油压急剧变化，给轴、轴承及齿轮增加了附加的周期性负载，引起机械振动和噪声；其吸油侧形成负压，容易产生气穴现象，造成气穴噪声。

2）流量脉动和压力脉动引起振动和噪声。

3) 齿轮泵工作时，高压油使泵体和轴产生变形。这一方面使齿轮靠向低压侧，另一方面使高压侧的齿顶和泵体间的间隙增大，因而低压过渡区很短，油压急剧变化，引起振动和噪声。

4) 齿轮齿形和节距的制造误差和表面粗糙度值大以及两齿轮轴线不平行，都会造成运转时啮合接触不良，引起周期性的振动和噪声。

（2）降低噪声的措施　降低噪声主要从以下几方面入手：

1) 为了减轻和消除由于困油现象引起的噪声，应合理地确定间隙和卸荷槽的宽度与形状。

2) 通过改进齿形，可以减轻由于流量脉动而引起的噪声。由流量脉动率的公式知，增加齿轮的齿数，可以减小脉动率，但在排量不变的情况下，会使齿轮尺寸加大，导致泵的体积增大。为此，可采用下述两种办法。

① 采用非对称齿形。它是一种双模数非对称的渐开线齿形，如图 8-1 所示。轮齿工作面的模数小，非工作面的模数大；轮齿的全齿高按大模数计算确定，其他尺寸均按小模数计算确定。

这种特殊齿形用特殊滚刀加工而成。日本 P 系列的齿轮泵，原来的齿数为 9，后来改用了上述的双模数非对称渐开线齿轮，在齿顶圆直径不变的情况下，齿数由 9 增加到 12，形成了新的 SP 系列，使流量脉动率下降了 40%，噪声下降了 10dB 左右。

② 采用圆弧齿形。近年来国外出现了一种新型的非渐开线圆弧齿廓的齿轮泵。它与渐开线齿形相比，具有齿数少、体积小、无根切、无脉动、传动平稳和噪声小等特点。图 8-2 所示为这种齿形的齿形图。$\overset{\frown}{ab}$ 为齿顶圆弧，$\overset{\frown}{a'b'}$ 为齿根圆弧，两弧的半径相等，其

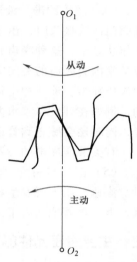

图 8-1　双模数非对称渐开线齿形

中心均在节圆上。$\overset{\frown}{bb'}$ 为一段过渡线（可以是直线、摆线或正弦线等），与齿顶、齿根两圆弧分别切于 b、b' 点。由于齿形具有一点连续啮合的特点，所以，具有这种齿形的齿轮泵，不但流量脉动小，而且在理论上不存在困油现象，因而其振动和噪声可显著降低。

3) 防止空气吸入泵内，保证泵轴密封，避免吸油侧发生气穴。

4) 保证齿轮的加工精度，如齿形、节距的误差等。

5) 要使啮合频率避开轮系的固有频率，以防发生共振。

上述分析是针对外啮合齿轮泵讲的。对于内啮合齿轮泵，由于减小甚至消除了困油现象，齿面及齿顶接触好，运动平稳，吸油区域大，所以吸油充分，不易引起气穴，因此振动和噪声小。

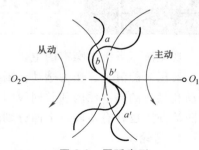

图 8-2　圆弧齿形

2. 叶片泵

叶片泵由于流量脉动小，困油现象相对齿轮泵也较轻，故其噪声一般比齿轮泵和柱塞泵要低。叶片泵产生振动和噪声主要是由于高压油与低压油瞬间接通和高压油经缝隙挤出而造

成的。另外，定子内曲面和叶片外端面的摩擦撞击，造成磨损接触不良等，也会产生噪声。

根据叶片泵产生噪声的原因，可采取如下降噪措施：

1）改进吸油腔进油方式，使它能从两面或三面进油，降低吸油腔流道的流速，减小进油口到转子的液流阻力。

2）为了降低由于压力脉动而产生的噪声，在叶片泵的出油口设计一有较大容积的容腔，使其具有衰减压力脉动的机能。

3. 柱塞泵

（1）产生噪声的原因 产生噪声的原因主要有以下几个方面：

1）流量脉动与压力脉动。

2）低压油腔与高压油腔瞬时接通。

3）排油腔排出高压油后，柱塞内尚有剩余高压油，这部分高压油与低压油腔接通时突然释放能量。

（2）降低噪声的措施 降低噪声的措施可归纳为以下几方面：

1）在配油盘上设置预压缩区和减压区，如图 8-3 所示。在下死点到压油口之间设置一个预压角 α_1，使泵体内的低压油受压缩，直到与排油压力相等后再与排油口相通，避免柱塞腔内低压油与压油侧的高压油突然汇合而发出很大的噪声。

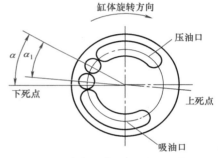

所谓减压区是在上死点到吸油口之间设置减压角，使封闭在柱塞腔中缸体内的剩余高压油缓慢减压后，再接通吸油口，避免压力剧变产生噪声。

2）在配油盘上开导油槽。在图 8-3 所示的具有困油角 α 的配油盘上，从上死点隔离段分别向压油口和

图 8-3 配油盘上的预压缩区和减压区

吸油口开三角沟槽，使油口变换时的压力变化率大大降低，从而降低噪声。

3）改进局部结构降低噪声。日本新型轴向柱塞泵，把斜盘上的耳环支承改为滑动轴承，其机械噪声显著下降。

液压控制阀噪声的产生，随着阀的种类、使用条件的不同而有所不同，但如按发生噪声的原因也大致分为机械噪声和流体噪声两类。发生机械、流体噪声的原因前一节已有介绍，这里不再赘述。

溢流阀的噪声是液压控制阀中比较突出的一个，下面通过对溢流阀噪声的分析，借以分析流量、方向控制阀噪声，达到触类旁通的目的。

4. 溢流阀

产生噪声的原因可概括为以下几方面：

1）油液通过由主阀与阀座所构成的环形节流阀口时，不但由于高速流动而产生流动声，而且由于油液通过阀口时压降大，易产生气穴噪声；另外，当通过环形节流阀阀口的油液冲到主阀阀芯下端的压力补偿圆盘上时，一方面由于产生涡流发出流动声，另一方面还由于液流被剪切而发出噪声。

为了消减溢流阀动作时产生上述的气穴声和涡流流动声交织在一起的混杂噪声，可从改进阀体的回油腔以及主阀和阀座的形状着手。

经实验得知，主阀尾端压力补偿圆盘直径 d（图 8-4）适当加大，以缩小其外径与壳体之间的距离，使高速喷流与圆盘接触后直接冲向环形缝隙通道，速度迅速衰减，将高速流动及气穴局限在这一区域内不致扩展出去。

当液流通过主阀与阀座所构成的环形节流口时，首先将其压力能转变为动能，然后在它流经的下游通道失去速度，再将动能转变为热能。经实验得知，主阀阀座锥角 β（图 8-4）越大，液流沿主阀阀座锥面流过时的液流喷射角度也越大，则由环形节流口喷出的液流在冲向压力补偿圆盘之前，其水平方向的分速度也就越大，于是，对称于主阀阀芯轴线两侧的两股方向相反的水平分速度，相互抵消的部分也就越大。由于高速液流水平方向的分速度相互抵消使其动能迅速消耗掉，从而使由于涡流和液流剪切现象所产生的流动声有所减小。但 β 角也不能太大，否则将使溢流阀静态性能变坏。故应通过反复设计与实验来确定各部分的尺寸，以兼顾各方面的性能。

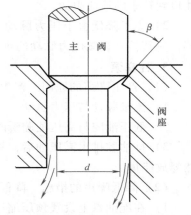

图 8-4　与降噪有关的主阀与阀座的尺寸

2）溢流阀的主阀或先导阀由于外界某种干扰，常常处于高频振动状态而发出颤振声。特别是先导阀，由于它无导向装置，运动阻力系数很小，因而极易产生自激振动，其噪声经常达到刺耳的程度。

为了避免溢流阀发生上述强烈振动和噪声，应使主阀和先导阀的固有振动频率与液压泵流量脉动、压力脉动频率相距越远越好。

为了减少主阀高频振动的发生率，提高主阀工作的稳定性，应加大主阀的阻尼系数。为此，可加大主阀压力补偿圆盘的直径，减小主阀上腔容积。

为了减弱先导阀的高频振动和尖叫声，一般认为可减小其阀座孔径，由此可相应增大先导阀开口量，借此增加抗干扰能力。另外，为了保证先导阀流动的对称性，减小侧向作用力，防止频繁地左右摆动振动，应保证阀口几何形状的准确性。另外，在先导阀前腔加消振垫、消振套等，也是目前国内外采用的减振降噪方法。

3）先导式溢流阀，在用电磁换向阀连接其远程控制口时，会因液压回路突然失压而产生压力冲击噪声。压力越高，流量越大，冲击声越大。

为了防止或减弱上述压力冲击噪声，可采取如下几种方法：

1）避免溢流阀自高压迅速卸荷，而采用从高压经中压再到卸荷的两级卸荷法。

2）在溢流阀的远程控制管路中设置节流阀（图 8-5），以增加卸荷时间来缓冲压力突变。

3）使用具有防冲击功能的溢流阀组。图 8-6 所示为防压力冲击溢流阀卸荷回路，它由溢流阀 2、电磁换向阀 4 和具有可调节流作用的液动换向阀 3 组成。通过调整液动换向阀 3，可使溢流阀的卸荷时间在一定范围内变化，从而使压力平滑下降。

四、液压系统的噪声控制

控制液压系统噪声的途径，原则上有以下两种根本方法：①降低液压系统噪声源的噪声；②控制噪声外传的路径。

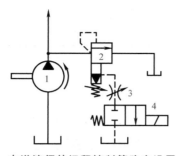 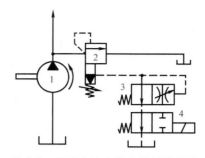

图 8-5 在溢流阀的远程控制管路中设置节流阀
1—液压泵 2—溢流阀 3—节流阀 4—换向阀

图 8-6 防压力冲击溢流阀卸荷回路
1—液压泵 2—溢流阀 3—液动换向阀 4—电磁换向阀

下面主要从系统设计、使用、维修角度，介绍液压系统噪声控制的具体措施。

1. 防止气穴噪声

根据前面的分析知道，油中混入空气是产生气穴的根本原因，系统中产生局部低压和负压是产生气穴的条件，防止气穴噪声可从下述几方面采取相应措施。

（1）防止空气侵入系统 这主要包括：

1）液压元件和管接头要密封良好。

2）液压泵的吸、回油管末端要处在油位下限以下。

3）减少油中的机械杂质，因机械杂质的表面往往附有一层薄的空气。

4）避免压力油与空气直接接触而增加空气在油中的溶解量。

（2）排除已混入系统的空气 应采取的措施：

1）油箱容量要合适，使油在油箱中有足够的分离气泡的时间。

2）液压泵的吸、回油管末端要有足够距离，或在两者之间设置隔板。

3）在系统的最高部位设置排气阀，以便放出积存于油液中的空气。

4）用网孔密度为 60～100 目的倾斜放置于油箱中的消泡网（图 8-7）来促使气泡分离。

（3）防止液压系统产生局部低压 其主要措施是：

1）液压泵的吸油管要短而粗。

2）吸油滤油器阻力损失要小，并要及时清洗。

3）液压泵的转速不应太高。

4）液压控制阀、孔，进、出口压差不能太大（进、出口压力比要不大于 3.5）。

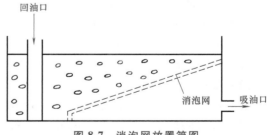

图 8-7 消泡网放置简图

2. 防止系统流量、压力脉动而产生噪声

除了改进液压泵结构设计，从根本上减弱其流量脉动，前已有叙述外，在系统设计、使用方面，可以采取如下措施：

1）用蓄能器回路吸收流量、压力脉动。

2）在液压泵排油口附近连接橡胶软管。

3）采用消声器衰减振动和噪声。

图 8-8 所示为两种消声器的示意图，其工作原理都是基于管内压力波相互干扰、抵消而

达到消振消声的作用。图 8-8a 所示消声器是在液流通过的管道上开有很多孔，使液流横向产生振动，然后与纵向波干扰抵消。图 8-8b 所示消声器是用几根直径大小不同的管子和外壳所组成的。工作时，使一股液流通过管道 1，另一股液流先后通过管道 2 和 3，然后两股液流于消振器出口前汇合相互干扰抵消，达到减振消声的目的。

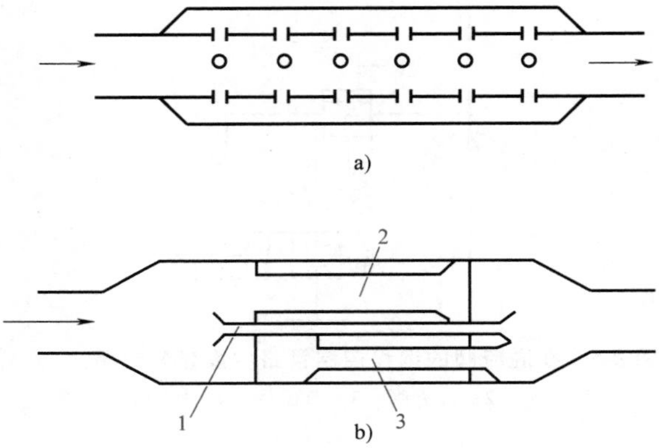

3. 防止液压冲击噪声

本书前面介绍的缓冲回路（见第二章）、吸收液压冲击的蓄能器回路（见第五章），都是防止、减缓液压冲击的有效措施，在此不再重复。

图 8-8　两种消声器的示意图
1、2、3—管道

4. 防止管道系统产生共振噪声

管道是连接液压元件、传送工作介质及功率的通道，也是传递振动与噪声的桥梁。管道本身没有振源，但由于其缺乏阻尼，即使很小的激发扰动也能产生强烈的振动和噪声。诱发管道产生振动和噪声的主要原因是管道内液流压力的波动。由此出发，就要消除系统流量脉动，控制液压控制阀的启、闭时间以及保证液压控制阀工作的稳定性等。此外，管道长度要尽可能短，急转弯要尽可能少，在适当距离的地方放置弹性支架固定等，也都是防振所要求的。

当发现液压装置的管道系统有共振情况时，可通过改变管道长度、控制阀的安装位置以及设置节流装置等来消除。

5. 油箱噪声控制

油箱的振动和噪声主要是由其他液压元件、装置激发而引起的。例如液压泵和电动机直接安装在油箱盖上时，液压泵和电动机的振动非常容易使油箱产生共振。尤其是用薄钢板焊接的油箱更容易产生振动和噪声。

为了控制油箱的噪声，可采取下列措施：

（1）加强油箱刚性　油箱的辐射面积大，它相当于噪声放大器。在油箱内、外表面上喷涂阻尼材料或在油箱上加肋板都可以减小油箱振动和噪声。

（2）加设隔振板　功率较大的液压泵和电动机，往往发出很大的振动和噪声，并激发油箱振动。特别是液压泵、电动机直接安装在油箱盖上时，必然诱发油箱发出很大的噪声。为此，可在液压泵及电动机与基座或箱盖之间放置厚橡胶垫等作隔振板。隔振板的固有频率要与泵及电动机的回转频率远远地错开，以防发生共振。

另外，还必须注意管道的隔振，否则会通过管道把泵和电动机的振动传到油箱上去。

6. 控制噪声外传的路径

这里主要介绍作为控制噪声外传路径的主要方法之一的隔振和隔声法。

当采用上述防止、降低液压系统噪声的措施后，仍达不到预期的效果时，可以考虑对系统的整体或局部采用隔振、隔声、吸声措施，它是降低现有设备噪声的一种方法。特别是当液压泵或泵站的噪声较高时，在现场可作为一种应急办法加以采用。

（1）隔振、隔声方法与对象 隔振的基本做法，是把需要隔振的振源安装在弹性很大、质量很小的弹性装置（隔振器）上，使振源的振动为隔振器所吸收。隔振器一般由弹簧、橡胶垫等器件组成。一般认为被隔振的设备是只有质量而无弹性的刚体，而隔振器最好是弹性和阻尼尽量大而质量小到忽略不计才好。

隔声法主要是在被隔声的对象上罩上密封隔声罩。隔声是根据惯性原理的一种降低噪声的方法。假如对某一物体施加一力（如噪声的声压力），则物体（视为隔声材料）的质量越大，它就越难被加速。由此可知，铅是理想的隔声材料，但是太昂贵。

隔声的对象，一般分为：

1）液压泵加隔声罩。

2）油箱加隔声罩。

3）液压泵及油箱整个液压站加隔声罩。

（2）对隔声罩的要求 这主要从以下几点加以考虑：

1）隔声罩的结构材料应当有较大的隔声能力。结构材料的隔声能力与其质量大小成正比，因此，具有相同隔声能力的木板要比铅板、钢板厚得多。为此，有的在隔声板中间夹上铅箔或涂上重晶石之类的大密度材料，以提高其质量。

2）隔声罩内表面应有较好的吸声能力。吸声材料对波动的空气是一种有效的阻尼，它能把一部分声能转化为热能。通常使用纤维、塑料、木板等多孔材料作为吸声材料。

综合上述两项要求，有的隔声罩在两层薄铝板（厚0.4mm）间充以泡沫塑料；也有的在铅板的两面涂上聚酯氨基甲酸乙酯发泡剂等。

（3）隔声罩应当有足够的阻尼 这可有效地防止发生共振。

7. 注意维修保养

由于使用、维修不当，常常出现液压泵噪声过高，其常见原因和消除措施见表8-13。

表8-13 液压泵噪声过高的常见原因和消除措施

常 见 原 因	消 除 措 施
液压泵吸入管堵塞	针对性检查，并进行相应处理
液压泵吸入管、轴封漏入空气	
油箱中油量太少	
油箱呼吸窗堵塞	针对性检查，并进行相应处理
油温太低、油液黏度过高	检查油温、黏度是否符合规定

第四节 液压系统的爬行

在液压传动系统中，当液压缸或液压马达在低速运转时，可能产生时断时续的速度不均匀的运动现象，这种现象称为爬行。爬行现象实质上是当一物体在滑动面上作低速相对运动时，在一定条件下产生的突跳与停止相交替的运动现象，是一种不连续的振动。

执行机构的爬行是一种十分有害的现象，比如在金属切削机床液压系统中，爬行不仅会影响加工精度、表面粗糙度，而且会缩短机构或刀具的使用寿命。因此，分析爬行原因和消除爬行现象是非常重要的。

一、产生爬行的原因

液压系统中爬行的产生首先与系统的摩擦面的摩擦力特性有关，故下面先来讨论摩擦力特性。

当物体在滑动面上移动时，摩擦力取决于正压力和摩擦因数，即

$$F = \mu F_N$$

式中　F——摩擦力；

　　　F_N——正压力；

　　　μ——摩擦因数。

摩擦因数的数值与摩擦面的材料性质、表面粗糙度、摩擦面间的润滑条件、相对运动速度及摩擦面运动前的停止时间等因素有关。

图 8-9 表示出了在干摩擦条件下，摩擦因数 μ 与速度 v 的近似关系。当两摩擦面停留一定时间后，摩擦因数为 μ_1（静摩擦因数），一旦有运动，摩擦因数立即由 μ_1 降为 μ_0（动摩擦因数），并且不随速度变化而变化。

图 8-10 表示出了摩擦因数 μ 与两摩擦面停留时间 t_0 的关系。当停留时间 t_0 超过一定值时，μ 就变为一个常值 μ_1，即 μ 不随停留时间 t_0 的变化而变化。

图 8-11 表示出了两相对滑动面为金属并有液体润滑时，摩擦因数 μ 随速度 v 的一般变化规律。

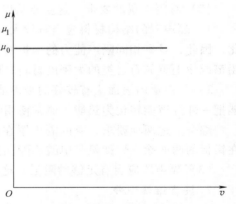

图 8-9　纯干摩擦特性

图中从 1 至 2 点相当于图 8-9 中从 μ_1 降到 μ_0 的情况；从 2 点以后随速度增加摩擦因数继续下降，一直下降至点 3 为止，这就是所谓摩擦力降落特性。这表明摩擦力在此区段具有负阻尼特性。μ 随速度 v 增加而下降，主要是由于润滑条件的变化；物体静止时，两滑动面间的润滑油被挤出，呈干摩擦或近于干摩擦；运动后润滑油不断增加，由于两滑动面间的摩擦转化为半干摩擦，直到速度增加到点 3，完全转化为

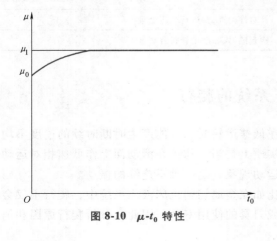

图 8-10　μ-t_0 特性

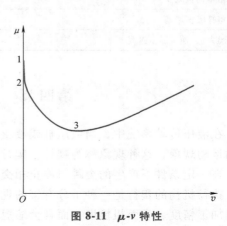

图 8-11　μ-v 特性

湿摩擦，这时两金属面间形成一层油膜。曲线上自 3 点以后摩擦因数随速度的增加而增大，这是由于润滑油的黏性，速度增加时油分子间的摩擦力增加的缘故。这表明摩擦力在此区段具有正阻尼特性。

下面以图 8-12 所示的机械系统爬行物理模型来说明爬行的物理本质。

运动源以 $U(t)$ 的速度，通过刚度为 K_T 的弹簧，拉着一个质量为 m 的物体向右运动。c 表示传动系统中的阻尼系数。假设物体与滑动面间的静摩擦力有图 8-9 或图 8-11 所示的特性。当右端慢慢拉弹簧时，开始一段时间，由于物体与滑动面间的静摩擦力较大，物体并不随之运动。在此阶段，弹簧不断被拉长而储存能量。当弹簧拉力足以克服静摩擦力后，物体开始

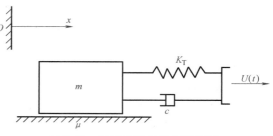

图 8-12 机械系统爬行物理模型

运动，而且一旦有了运动，静摩擦力突然降为动摩擦力。不平衡力（静、动摩擦力之差）使物体产生一个较大的附加的初始加速度，致使物体速度突然增加即物体作突跳式运动，随之而来的是弹簧的拉伸量减小。随着弹簧拉伸量的减小，其储存的能量也相应减少，物体运动速度随之减小。当弹簧的拉伸力刚好等于动摩擦力时，物体停止运动。由于 $U(t)$ 的存在，弹簧再被拉伸，储存能量直至物体再一次突跳和停止。以上现象的不断重复就形成物体的爬行。

从以上分析可以看出：

1) 爬行的产生与摩擦力降落特性有关。若静摩擦力与动摩擦力相等，则当弹簧拉力等于摩擦力后，物体就以 $U(t)$ 的速度一直跟着运动源运动，弹簧不会出现拉伸量的时大时小变化，物体也就不会出现爬行现象。

2) 爬行的产生与传动系统刚性有关。若系统刚性为无穷大，即系统只有质量而没有弹性，系统就不可能有上述的储存及放出能量的过程，被传动件与传动件好像一个刚体，物体只能以 $U(t)$ 的速度跟着运动，因而也就不会出现爬行现象。

3) 爬行的产生与物体运动速度有关。当物体速度较大时，它就来不及停止，因而其起动后就再不会出现静摩擦力而只有动摩擦力。这样，就不会有由静摩擦力突然降到动摩擦力的情况。另外，速度较大，物体就不容易处于摩擦力负阻尼区段运动，因而也就不大会产生摩擦力降落情况，那么也就不会出现因摩擦力降落特性而导致爬行。

上面通过对机械系统爬行物理模型分析所得到的几条规律，同样适用于分析液压系统的爬行现象。

下面以图 8-13 所示的液压系统爬行物理模型为例，分析液压系统中执行元件产生爬行的机理。图中为一双出杆液压缸带动质量为 m 的工作台在导轨上移动。由于工作台和导轨面、液压缸活塞和活塞杆配合面都有摩擦，而且也不例外地存在着摩擦力降落特性；再加上液压油具有一定的可压缩性，特别是油中混入空气，这种可压缩性即弹性就不能忽略，即构成所谓液压弹簧。这就是

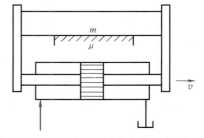

图 8-13 液压系统爬行物理模型

说本模型与图 8-12 所示的模型同时都存在着本质上一样的摩擦力降落特性和系统的弹性（刚性）。这两个特性也就是液压系统产生爬行的根本原因。

下面具体说明图 8-13 所示系统在一定条件下，可能产生爬行的过程。当液压缸左腔通压力油时，活塞不会立即运动，必须克服各运动副的静摩擦力（不考虑工作负载）后才能带动工作台运动。在此阶段，左腔的工作油液特别是混入其中的空气不断被挤压和压缩，左腔压力逐渐升高并积蓄能量，直至其压力能克服静摩擦阻力，工作台才会运动。一旦有了运动，静摩擦突然变为动摩擦。在这静、动摩擦力的差力作用下，活塞突然被加速，即工作台快速前冲；与此同时，伴随摩擦力突然下降，左腔油压也突然降低，于是原来混入左腔油液中并被压缩了的空气，由于油压的降低而膨胀并迅速释放原储存的能量，其结果更加助长工作台快速前冲。工作台快速前冲，这一方面使右腔油液及混入其中的空气突然被压缩，另一方面使排油阻力加大，其结果都使背压即右腔压力增加。这就是说，伴随工作台前冲，一方面使左腔压力降低，另一方面又使右腔压力增加，其综合结果，促使工作台前冲后，又很快地被制动，待液压缸工作腔压力再次上升到足以克服静摩擦力时，工作台再重新起动，重复地发生突跳和停止，因而工作台就会突跳—停止不断地循环，即产生工作台的爬行现象。

综上所述可知，造成液压系统执行元件产生爬行的因素和机械系统一样，主要是摩擦力降落特性、系统刚性和速度大小。当活塞速度较大时，它就来不及停止，因而也就不会产生突跳与停止相交替的运动即爬行现象。爬行与速度大小的关系还可从后面的分析中得到解释。

由于低速运动时，摩擦力具有图 8-11 所示的降落特性，如果减速期结束，速度没有降到零，运动部件就不会产生爬行，而出现边移动边振动的情况，经几次衰减振荡后会使其速度趋于稳定。图 8-14 表示出了运动部件的几种运动情况：曲线 1、2、3 和 4 分别表示了平稳运动、边移动边振动、临界爬行和爬行情况。图中 t_0 为两次相邻前冲运动间的停顿时间，减小 t_0 或使其趋近于 0，则意味着爬行现象的减弱或消除。通过分析影响 t_0 的因素，可找出消除爬行的途径。

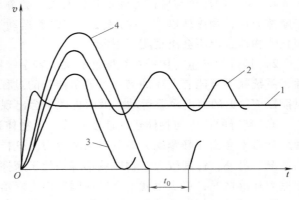

图 8-14　几种运动情况
1—平稳运动　2—边移动边振动　3—临界爬行　4—爬行

二、消除爬行的途径和方法

假设进入液压缸工作腔的油液是连续均匀的，不受油压变动的影响，即进入液压缸的流量为常数；并假设在相邻两次前冲运动间的停顿时间 t_0 内进入液压缸的油液体积为 ΔV，且认为 ΔV 的大小与液压缸活塞面积 A 及其平均速度 v_0 成正比。因为 v_0 越大，说明活塞起动后的前冲速度越大，这意味着工作腔油液及其所混入的空气被压缩的程度越大，那么在 t_0 时间内进入液压缸的油液的体积也就越大。在上述假设条件下，则

$$\Delta V = cAv_0t_0 \tag{8-10}$$

式中　ΔV——在 t_0 时间内进入液压缸的油液体积；

v_0——液压缸活塞平均运动速度；

c——比例系数；

t_0——相邻两次前冲运动间的停顿时间。

若液压缸无内、外泄漏，则 ΔV 这部分油液就是液压缸工作腔油液及混入其中的空气被压缩的容积量。

由于存在着静、动摩擦力之差，为了起动工作台，要求液压缸工作腔油液有一个压力增量 Δp，其数值为

$$\Delta p = \frac{\Delta F}{A} \tag{8-11}$$

式中　Δp——压力增量；

ΔF——静、动摩擦力的差值。

这个压力增量，一部分用以压缩体积为 ΔV 的油液及混入其中的空气，另一部分消耗在克服起动后背压所形成的阻尼上，故可写出力平衡方程

$$\Delta p = \frac{\Delta V}{LA}K + p_b \tag{8-12}$$

式中　K——油液体积弹性模量；

p_b——液压缸回油腔背压；

L——起动前液压缸工作腔长度。

由式（8-10）~式（8-12）可得出

$$t_0 = (\Delta F - p_b A)\frac{L}{cv_0 AK} \tag{8-13}$$

式（8-13）表明，减小静、动摩擦力的差值 ΔF、液压缸工作腔长度 L，增大背压 p_b、液压缸工作面积 A 及其平均速度 v_0，提高油液的体积弹性模量，均可减小 t_0，即有助于消除爬行。然而，其中的 v_0、L 和 A 都是由客观需要决定的，一般不能随意变动。所以，消除爬行的可行途径是围绕减小或消除静、动摩擦力之差，提高油液的体积弹性模量以及保持适当的背压等方面采取以下相应措施。

1）提高液压系统刚性。液压传动系统比机械传动系统刚性低，容易产生爬行。系统混入空气后，油液的体积弹性模量即系统刚性大幅度降低，因而更容易产生爬行。有关防止空气进入系统及由系统排出空气的措施和方法，前一节已有叙述。

2）减小或消除静、动摩擦力之差和摩擦力降落特性导致爬行的作用，这可从以下几方面采取措施：

① 保持导轨面的良好润滑条件和状态。摩擦力下降特性是在干摩擦与半干摩擦交替过程中产生的。若导轨面始终被油膜所隔开，则静、动摩擦力之间的差值可大为缩小，并可使摩擦力降落特性区消失。所以，采用强制压力润滑、静压导轨、滚动导轨，都有助于消除低速爬行。

② 提高润滑油的油膜强度也是改善润滑的有效措施之一。在移动部件很重，且运动速度要求很低，容易产生爬行的场合，可以采用抗压强度高的专门导轨润滑油，或在普通润滑油中加入某种添加剂，使低速下的 μ-v 曲线斜率大致趋于零。

③ 正确地安装和调整有关部件。某些部件，如液压缸活塞及活塞杆的密封，调整导轨

间隙的楔铁或压板，活塞和活塞杆的同轴度等安装和调整不当，都会造成摩擦阻力不均而产生爬行。

3）回油路上设置背压。这可以阻止运动部件起动后前冲，并在运动阻力变化引起速度变化时起补偿作用，使总负载均匀，相当于提高了系统刚性，有助于消除爬行。但背压不能过高，以免消耗过多的能量。

此外，液压系统压力、流量不稳定或不足，也是引起爬行的原因，为此，应保持系统压力和流量的稳定。

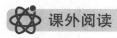 课外阅读

大国工匠洪家光

奋斗成就精彩人生
——中国航发沈阳黎明航空发动机有限责任公司高级技师洪家光

液压系统产生泄漏、振动、噪声和爬行等现象，很多时候都是因为液压元件的加工质量不高产生的。提高元件的加工质量，需要更多像洪家光这样的大国工匠。

洪家光，男，汉族，1979年12月出生，中共党员，1998年参加工作，中国航发黎明车工，高级技师，国家级技能大师工作室领办人，从事用于加工航空发动机零部件专用工装工具的研制生产工作，曾荣获2021年全国优秀共产党员、2020年全国劳动模范、2021年大国工匠年度人物、2018年中华技能大奖、2018年全国五一劳动奖章、2017年度国家科学技术进步二等奖、2012年全国技术能手等60余项殊荣。2022年当选中国共产党第二十次全国代表大会代表。

身着一套整洁的深蓝色工装，犀利的目光紧盯着旋转的零件，一双大手飞快旋转着车床摇把，进刀、车削、退刀一气呵成，任汗水流淌，仍面无松懈紧握双手，这是中国航发沈阳黎明航空发动机有限责任公司工装制造高级技师洪家光标准的工作剪影。

在车工岗位上工作20多年来，从一个学徒工，成长为一名掌握精湛加工工具工装技能的高级技师；从一个技校生，成长为一名能独立撰写车工技能操作法的优秀模范、大国工匠，洪家光在这个伟大时代成就了辉煌的事业。"这些成绩离不开党组织的培养和航发事业的磨砺"，洪家光说。

努力拼搏，从技能"小白"到技能骨干

洪家光心中早有一个成为技能人才的梦想，让他梦想成真的是航发这个大舞台。"航发人"代代传承的"国为重、家为轻，择一事、终一生"情怀，培养了洪家光的技能报国之志和不懈奋斗的情怀，促使洪家光的技能水平不断提升。

从1998年参加工作至今，在企业，洪家光先后拜过多位师傅，他们教导传承的工匠精神，深深地印刻在他心中。而让他至今记忆犹新的是，跟师傅付百森学习的经历。

付师傅不仅手把手教他技术，更教会了他学习技能的方法："光在技校学的知识是不够的，机械加工的实际技术深奥着呢。雄心壮志代替不了真才实学，当高水平的工人，不是你想象的那么容易，你得从一点一滴做起"。

从付师傅那里，洪家光有了从头学、一切从零开始的决心，也有了不断努力的干劲。凭借超出常人几倍的付出，洪家光成为顶尖的技能骨干。

近些年来，洪家光先后完成 200 多项工装工具革新，解决了 300 多个工装工具加工难题。他与团队成员研发的"航空发动机叶片滚轮精密磨削技术"荣获 2017 年度国家科学技术进步二等奖。

创新先锋，奉献榜样

2006 年，洪家光成为一名中共正式党员，他在工作上务实创新、担当奉献的劲头儿更足了，无论在技术攻关还是完成各项任务，他都自觉地发挥党员先锋模范作用。

航空发动机是国之重器，打造高质量国之重器，必须脚踏实地、勇攀高峰。洪家光勤于钻研、刻苦攻关、不断创新，在生产一线上的平凡岗位，与团队完成百余项工装工具革新，一次次解决工装工具研制难题。

优秀共产党员的品格是流淌在血脉里、落实在行动上的。一次，在加工修正金刚石滚轮工具时，恰巧当时掌握此项技术的师傅生病住院，得知此事后洪家光主动承担起这项任务。为了提高工具加工精度，在当时的车床无法满足加工要求的情况下，他开始一项项改进，减小托盘与操作台的间隙，改造传动机构中齿轮间咬合的紧密程度；原有的刀台抗振性不强，他就重做刀台；小托盘与下面的托盘有间隙，他就想办法将小托盘固定……

如今，以他名字命名的"洪家光劳模创新工作室"和"洪家光技能大师工作站"承担起了"传帮带、提技能"的职责。他带领工作室团队申报并被授权 31 项国家专利，完成创新和攻关项目 84 项，成果转化 63 项，解决临时难题 65 项。他还积极参加企业组织的各类活动和社会实践，充分发挥党员先锋模范作用，展现出"航发人"为"动力强军，科技报国"而奋斗的使命。

工匠精神是点亮自己，而共产党员更需要带动他人，作为党的二十大代表，洪家光说，要扎根岗位，秉承献身航发事业的担当与责任。未来，他将继续以精湛的技艺打造国之重器，为科研生产砥砺前行。

习题

8-1 试说明气穴对液压系统的影响和危害。为了防止液压泵吸油口处发生气穴噪声，应采取哪些预防措施？

8-2 为什么大多数轴向柱塞泵的柱塞数取为奇数？最常见的为几个？为什么？

8-3 液压系统中的液压缸、液压马达和液压控制阀，在什么工况下可能发生气穴噪声？试举例说明。

8-4 试说明液压系统中产生液压冲击噪声的主要原因及对策。

8-5 试说明图 8-5、图 8-6 所示回路能使溢流阀卸荷时避免产生压力冲击噪声的工作原理；图 8-5 中的节流阀能否用单向阀代替。定性地绘出在图 8-5 中设置节流阀或在图 8-6 中设置换向阀的两种情况下，卸荷过程压力曲线的变化趋势。

8-6 试简要说明液压系统产生低速爬行的主要原因及对策。

8-7 在讨论液压冲击问题时，下述哪些看法你认为是正确的？

（1）关于流体在管道内的流动速度：①液压冲击时，管道里的流体将以压力波传递的速度（即该介质中的声速）来回运动，造成巨大破坏；②在液压冲击中，由于流体的可压缩性，动能转化为液体的弹性能，于是压力急剧升高并且以声速在管道中传播，而流体在管道内的流动是一个动态过程，但不可能以声速运动。

（2）若管道关闭时间 $t < \tau = \dfrac{2L}{a_c}$，即完全冲击（见第七章第六节）时：①阀门关闭时间越短，则压力冲击峰值越大；②如果忽略管道内流体的质量，管道的长度并不影响压力冲击峰值的大小。

第九章

液压传动系统仿真

第一节　液压系统仿真技术简介

一、仿真的基本概念

现代液压系统设计不仅要满足静态性能要求，更要满足动态特性要求。随着计算机技术的发展和普及，利用计算机进行数字仿真已成为液压系统动态性能研究的重要手段。而计算机仿真必须具有两个主要条件：一是建立准确描述液压系统动态性能的数学模型，二是利用仿真软件对建立的数学模型进行数字仿真。利用计算机对液压元件和系统进行仿真的研究和应用已有 30 多年的历史，随着流体力学、现代控制理论、算法理论和可靠性理论等相关学科的发展，特别是计算机技术的迅猛发展，液压仿真技术也得到快速发展并日益成熟，越来越成为液压系统设计人员的有力工具。

用户要想使用液压仿真这门技术，首先要知道利用液压仿真我们能做什么。关于仿真技术在液压技术领域中的应用，归纳起来可以解决如下几方面的问题：

1) 对已有液压元件或系统，通过理论推导建立描述它们的数学模型，然后进行仿真实验，所得到的仿真结果与实物实验结果进行比较，验证理论的准确程度，反复修改数学模型，直到使得两实验结果非常接近，将这个理论模型作为今后改进和设计类似元件或系统的依据。

2) 对于已有的系统，通过建立数学模型和仿真实验，确定参数的调整范围，作为该系统调试时的依据，从而缩短调试时间和避免损坏设备。

3) 对于新设计的元件，可以通过仿真实验研究元件各部分结构参数对其动态特性的影响，从而确定满足性能要求的结构参数最佳匹配，给实际设计该元件提供必要的数据。

4) 对于新设计的系统，通过仿真实验验证控制方案的可行性，以及结构参数对系统动特性的影响，从而确定最佳控制方案及最佳结构和控制参数的匹配。

总之，通过仿真实验可以得到液压元件或系统的动态特性，例如过渡过程、频率特性等，研究提高它们动态特性的途径。仿真实验已成为研究和设计液压元件或系统的重要组成部分，必须予以重视。

二、液压仿真软件

目前，国内外液压仿真软件主要有 FluidSIM、Automation Studio、HOPSAN、HyPneu、EASY5、DSHplus、20-sim、Amesim、ADAMS/Hydraulics、Matlab/Simulink、SIMUL-ZD 等，

本节对其中常用的液压仿真软件的特点和功能进行简单介绍，为从事液压传动与控制技术工作的工程技术人员提供帮助。

1. FluidSIM

FluidSIM 软件由德国 Festo 公司 Didactic 教学部门和 Paderborn 大学联合开发，是专门用于液压与气压传动的教学软件。FluidSIM 软件分为两个部分，其中 FluidSIM-H 用于液压传动教学，而 FluidSIM-P 用于气压传动教学。FluidSIM 软件可用来自学、教学液压（气动）技术知识。利用 FluidSIM 软件，不仅可设计液压、气动回路，还可设计和液压（气动）回路相配套的电气控制回路。弥补了以前液压与气动教学中，学生只见液压（气动）回路不见电气回路，从而不明白各种开关和阀动作过程的弊病。

2. Automation Studio

Automation Studio 软件是加拿大 Famic 公司开发的一款做气动、液压、PLC、机电一体化整合设计与仿真的软件。从功能上讲，Automation Studio 软件比 FluidSIM 软件更加完善和全面，完全可以替代 FluidSIM 软件。该软件的特点是面向液压、气动系统原理图，不仅可以创建液压、气动回路，也可以同时创建控制这些回路的电气回路，仿真结果以动画、曲线图的形式呈现给用户，适用于自动控制和液压、气动等领域，可用于系统设计、维护和教学。

3. HOPSAN

HOPSAN 软件是瑞典林雪平大学流体机械工程部从 1977 年开始，历时 8 年推出的仿真软件。HOPSAN 软件的建模方法是元传输线法，源于特征法和传输线建模，弥补了传统的键合图法只能描述元件间的连接关系，不能反映元件间的因果关系的缺点。在该软件中，机械系统和液压系统是采用特征方法处理的，通过这种方法，表示一个元件的微分方程式，可以在代表这个元件的子程序中完整求解。HOPSAN 软件最重要的三个特点可归纳为：①动态的图形元件库和图形建模功能；②优化方法用于对系统行为的优化和参数的离线评估；③具有实时仿真和分布式计算功能。

4. HyPneu

HyPneu 软件是美国 BarDyne 公司的产品。该软件是一款集液压、气动分析为一体的流体动力与运动控制设计仿真与过程可视化的软件。软件包含了前后处理、仿真计算与动画演示功能，可为工程设计人员提供分析和解决液压、气动领域问题的 CAE 手段，并提供对工程验证、改型设计、新产品研发的辅助支持，以及作为液压、气动、机械、电子、电磁一体化系统分析的虚拟仿真平台，实现多学科多领域的联合仿真。利用 HyPneu 软件，可以在其图形化的界面内，使用软件元件库中丰富的元件，搭建用于仿真分析的原理图，进行稳态、动态、频域、热传、污染等类型的仿真分析，得到元件或系统的压力、流量、频率响应、功率谱、温度、抗污染能力等多种类型的仿真结果，并可由此分析元件特性、系统性能等。HyPneu 还可以通过与其他软件的联合仿真接口，实现机、电、液、气等多学科的联合仿真，以完成更复杂、更全面的分析。

5. EASY5

EASY5 工程系统仿真和分析软件是美国波音公司的产品，它集中了波音公司在工程仿真方面 25 年的经验，其中以液压仿真系统最为完备，它包含了 70 多种主要的液压元部件，涵盖了液压系统仿真的主要方面，是当今世界上主要的液压仿真软件。EASY5 建立了一批对应真实物理部件的仿真模型，用户只要如同组装真实的液压系统一样，把相应的部件图标从库里取出，设定参数，连接各个部件，就可以构造用户自己的液压系统，而不必关心具体部件背后烦琐的数学模型。因此，EASY5 液压仿真软件非常适合工程人员使用。

6. DSHplus

1994 年，IFAS（国际流体动力学会）开发出一套完整的液压-气动-控制仿真软件 DSH-plus。该软件面向原理图建模，具有图形建模功能。元件参数通过对话框设定，在图形建模的基础上，DSHplus 重点是描述系统的功能单元（模拟重要因素）；采用回路类推法让用户轻松、方便地设计模拟模型；系统还拥有众多程序模块化的工具集，通过这些模块，工程人员可以方便地对系统进行优化、批处理。

7. 20-sim

20-sim 是由荷兰 Controllab Products B. V. 公司与荷兰 Twente 大学联合开发的动态系统建模与仿真软件。20-sim 支持原理图、方框图、键合图和方程式建模，并且支持几种建模方法的综合应用，以便以最适合的方法对仿真系统中的每一个元素进行建模。20-sim 支持不同形式动态系统的建模，如线性系统、非线性系统、连续时间系统、离散时间系统和混合系统，还支持分层模型表示，也支持矢量和矩阵运算。

8. Amesim

Amesim 是法国 IMAGINE 公司于 1995 年推出基于键合图的液压/机械系统建模、仿真及动力学分析软件。该软件全称为 Advanced Modeling Environment for performing Simulation of engineering systems（高级工程系统仿真建模环境）。该软件包含 IMAGINE 技术，为项目设计、系统分析、工程应用提供了强有力的工具。它为设计人员提供了便捷的开发平台，可实现多学科交叉领域系统的数学建模，并能在此基础上设置参数进行仿真分析。

Amesim 软件中的元件间都可以双向传递数据，并且变量都具有物理意义。它用图形的方式来描述系统中各设备间的联系，能够反映元件间的负载效应以及系统中的能量和功率流动情况。该软件中元件的一个接口可以传递多个变量，使得不同领域的模块可以连接在一起，这样大大简化了模型的规模；另外，该软件还具有多种仿真方式，如稳态仿真、动态仿真、批处理仿真、间断连续仿真等，这可以提高系统的稳定性和保证仿真结果的精度。

Amesim 采用标准的 ISO 图标和简单直观的多端口框图，涵盖了液压、液压管路、液压元件设计、液压阻力、机械、气动热流体、冷却、控制、动力传动等领域，能使这些领域在统一的开发平台上实现系统工程的建模与仿真，而成为多学科多领域系统分析的标准环境，为用户建立复杂的系统提供了极大的便利；Amesim 仿真模型的建立、扩充或改变都是通过图形界面（GUI）来进行的，用户只专注于工程项目中物理系统本身的设计，不需要专门学习编程语言就可以直接进行建模和仿真分析；Ameset 给用户提供了标准而又规范的二次开发平台，用户既能调用 Amesim 软件中模型的源代码，又能把自己编写的 C 或 Fortran 代码以模块的形式综合到 Amesim 软件包；Amesim 开发了四级的建模方式，分别为方程级、方块图级、基本元素级和元件级；Amesim 提供了齐全的工具，为用户分析和系统优化提供了极大的便利；Amesim 具有多种仿真运行模式：动态仿真模式、稳态仿真模式、间断连续仿真模式及批处理仿真模式。用户利用这几个模式能实现动态分析、参数优化和稳态分析。Amesim 软件可以使物理系统模型直接转换成实时仿真模型；Amesim 提供了 17 种优化算法，依照所建模型，用户能灵活地利用智能求解器挑选最适合模型求解的积分算法，为了缩短仿真时间和提高仿真精度，用户能在不同仿真时刻根据系统的特点动态切换积分算法和调整积分步长；Amesim 软件为获得跟其他软件的兼容，提供了多种软件接口，如编程语言接口（C 或 Fortran）、控制软件接口（Matlab/Simulink 和 MatrixX）、实时仿真接口（RTLVab、xPC、dSPACE）、多维软件接口（Adam 和 Simpack、Virtual Lab Motion、3D Virtual）、优化软件接口（iSIGHT、OPTIMUS）、FEM 软件接口（Flux2D）和数据处理接口（Excel）等。其方法是让子系统在专用软件下搭建，利用接口对子系统的结果进行仿真分析。

本章主要以 Amesim 仿真软件为例，介绍液压仿真软件在液压传动领域的应用。

三、液压系统建模及仿真技术发展方向

现代液压仿真技术得到蓬勃发展，液压仿真软件也已经在工程实际中得到越来越广泛的应用。纵观计算机仿真和液压技术研究的最新进展，液压仿真软件主要有如下几个发展方向：

1）深入研究液压系统的建模和算法，开发出易于建模的液压系统仿真软件。模型是仿真的基础，建立正确的模型，能更深入、更真实地反映系统的主要特征，应大力发展建模技术，力求为系统设计和分析提供准确的依据，使系统仿真的精度和可靠性高、系统工作能更真实反映实际情况。

2）进行最优化设计的研究。系统仿真软件的优化设计包括结构设计的最优化、参数最优化及性价比的最优化。用现代控制理论和人工智能专家库设计系统结构，并确定系统参数，缩短设计周期，达到最佳的效果。

3）完善仿真模型库，增强液压仿真软件的通用性。在液压泵、液压马达、液压阀、液压缸和液压辅助元件五类基本液压仿真元件的基础上，将在实际液压系统中经常用到的大量的液压元件和电气元件添加到仿真模型库中；另外要改善液压仿真软件的移植性，开发通用接口，使不同的仿真软件对同一系统能编写相同的仿真程序。

4）吸收多媒体技术，使液压仿真软件更加直观、实用。当前的液压仿真软件虽然已经实现了图形化界面，但对多媒体技术的支持还是停留在初级阶段。多媒体技术特别是多媒体动画技术在计算机领域已经比较成熟，如果结合到仿真系统的实时动作和结果分析中，就可以动态直观地表示液压传动的内容，大大克服其抽象、复杂的缺点。

Amesim 在一定程度上体现了上述液压系统仿真技术的发展方向。以下将以 Amesim 为例，介绍利用该软件进行液压系统计算机仿真的一般操作方法，带领读者走进液压系统计算机仿真技术的大门。

第二节　液压系统仿真软件 Amesim

一、Amesim 仿真软件简介

Amesim 表示工程系统仿真高级建模环境（Advanced Modeling Environment for performing

Simulations of engineering systems）。Amesim 使用图标、符号代表各种系统的元件，这些图标、符号要么是国际标准组织如工程领域的 ISO 为液压元（部）件确定的标准符号，或为控制系统确定的方块图符号，或者当不存在这样的标准符号时可以为该系统给出一个容易接受的非标准图形特征。值得说明的是，本章中所涉及的液压元件的图形符号都采用了 Amesim 的库中的图形符号，读者在学习中应注意同现行国家标准规定的液压元件的图形符号相区别。

典型的 Amesim 液压仿真草图如图 9-1 所示。仿真草图是利用 Amesim 进行仿真的载体。

Amesim 主窗口如图 9-2 所示。

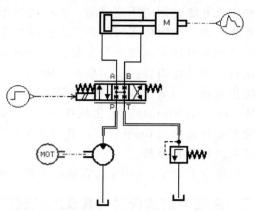

图 9-1　使用 Amesim 液压、机械和控制符号表达的一个液压传动系统仿真草图

二、用 Amesim 进行液压系统仿真的基本方法

使用 Amesim，可以通过在绘图区添加符号或图标搭建工程系统草图，搭建完草图后，可按如下步骤进行系统仿真：

1）创建元件的草图。

2）设定图标元件的数学描述。

3）设定元件的参数。

4）初始化仿真运行。

5）绘图显示系统运行状况。

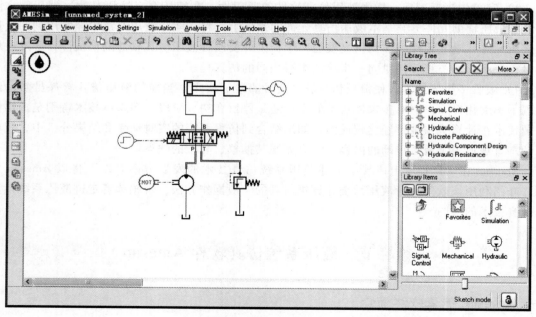

图 9-2　Amesim 主窗口

Amesim 的组成部分还包括：

1）接口。标准 Amesim 软件包提供了与 MATLAB 的接口，可以进行控制器设计、使用优化工具和功率谱分析等。

2）方程。Amesim 用方程组来描述工程系统的动态行为，用计算机代码作为系统模型来执行。在系统内用方程和计算机代码构建各元件的模型，这些都称为子模型。Amesim 内有庞大的元部件子模型和图标、符号库。

3）标准库。标准库提供了控制和机械图标，通过子模型可完成大量工程系统的动态仿真。另外，还有一些可选库，如液压元件设计库、液压阻尼库、气动库、热力学库、热力液压库、冷却系统库、传动系统库等。

三、液压传动系统仿真实例

1. 进油节流调速回路的 Amesim 仿真

节流调速回路的理论分析部分请参考本书第三章的相关内容，在此仅讲解节流调速回路在 Amesim 中的仿真方法。

利用 Amesim 的机械库（Mechanical）、液压库（Hydraulic）和信号控制库（Signal Control）建立的进油节流调速回路 Amesim 仿真草图如图 9-3 所示。

单击工具栏上的"Submodel mode"（子模型模式）按钮，进入子模型设置模式，再单击工具栏上的"Premier submodel"（主子模型）按钮，为图 9-3 中各元件设置主子模型。然后单击工具栏上的"Parameter mode"（参数模式）按钮，设置系统元件参数。

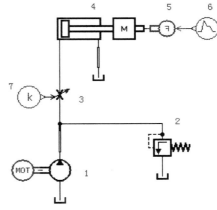

图 9-3 进油节流调速回路
Amesim 仿真草图

进油节流调速回路元件参数设置见表 9-1，其中没有提到的元件和参数保持默认值。

表 9-1 进油节流调速回路元件参数设置

元件编号	参 数	值
1	pump displacement（液压泵排量）	10
3	orifice diameter at maximum opening（最大开口量下的孔口直径）	1
4	piston diameter（活塞直径）	100
	rod diameter（活塞杆直径）	50
6	output at end of stage 1（阶段 1 终点的输出值）	120000
	duration of stage 1（阶段 1 的持续时间）	10

其中元件 6（外负载力）的变化曲线如图 9-4（仿真模型图，后同）所示。

进入参数模式，选择菜单"Settings"（设置）→"Batch parameters"（批处理参数），弹

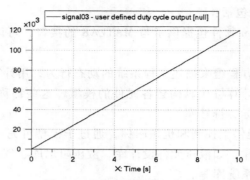

图9-4 外负载力的变化曲线图

出"Batch Parameters"对话框，将元件7的变量"constant value"（常值）拖动到该对话框的左侧列表栏中，如图9-5所示。

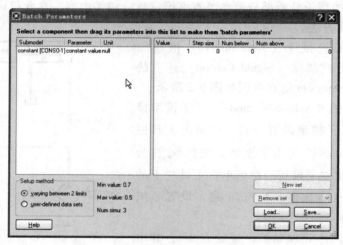

图9-5 "Batch Parameters"对话框（一）

将该对话框右侧列表栏中的"Value"（值）、"Step size"（步长）、"Num below"（以下的数量）项的值分别修改为0.5、-0.1、2，单击OK按钮，如图9-6所示。

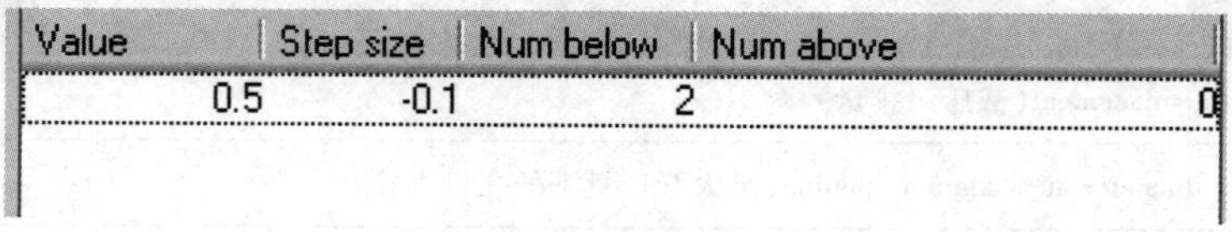

Value	Step size	Num below	Num above
0.5	-0.1	2	0

图9-6 批运行参数设置（一）

单击按钮切换到仿真模式，单击设置运行参数按钮，弹出"Run Parameters"（运行参数）对话框，选中该对话框中"General"（常用）选项卡中的"Run type"（运行模式）框中的单选按钮"Batch"（批处理），表示要进行批运行，如图9-7所示。单击"OK"按钮。

运行仿真，点选元件4的图标，绘制液压缸活塞杆运动速度（rod velocity）曲线，如图9-8所示。

在弹出的对话框（AMEPlot）中，单击菜单"Tools"（工具）→"Batch plot"（批绘图），然后在"AMEPlot"窗口的图形上单击鼠标左键，在弹出的对话框中单击"OK"按钮，如图 9-9 所示。

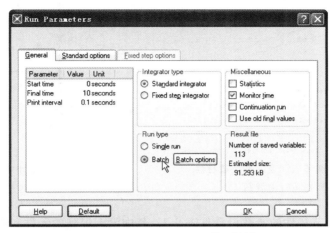

图 9-7　"Run Parameters"对话框

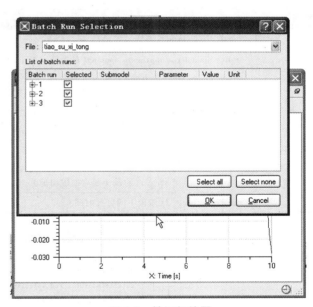

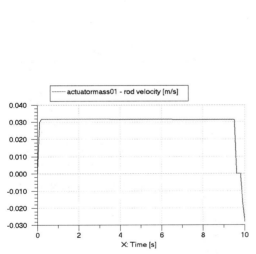

图 9-8　活塞杆运动速度曲线图

图 9-9　批运行绘图

运行仿真，得到图 9-10 所示的批运行曲线图。这组曲线表示液压缸运动速度随负载变化的规律，曲线的陡峭程度反映了运动速度受负载影响的程度（称为速度刚性），曲线越陡，说明负载变化对速度的影响越大，即速度刚性越差（亦即速度稳定性差）。从图 9-10 可以看出：在节流阀通流面积 A_T 一定的情况下，重载工况比轻载工况的速度刚性差；而在相同负载下，通流面积 A_T 大，亦即液压缸速度高时速度刚性差，故这种回路只适用于低速、轻载场合。

进油节流调速回路调节特性仿真草图如图 9-11 所示。

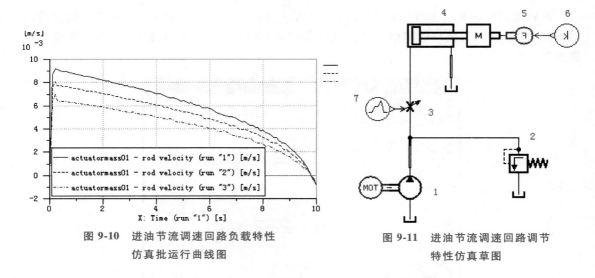

图 9-10　进油节流调速回路负载特性
仿真批运行曲线图

图 9-11　进油节流调速回路调节
特性仿真草图

节流调速回路调节特性的参数设置见表 9-2，其中没有提到的元件和参数保持默认值。

表 9-2　节流调速回路调节特性的参数设置

元件编号	参　　数	值
1	pump displacement(液压泵排量)	10
3	orifice diameter at maximum opening(最大开口量下的孔口直径)	1
4	piston diameter(活塞直径)	60
	rod diameter(活塞杆直径)	40
6	output at end of stage 1(阶段 1 终点的输出值)	12000
	duration of stage 1(阶段 1 的持续时间)	10
7	number of stages(阶段的个数)	1
	output at start of stage 1(阶段 1 起点的输出值)	1
	duration of stage 1(阶段 1 的持续时间)	10

参照进油节流调速回路负载特性仿真的设置方法，得到调节特性的仿真曲线如图 9-12
所示。

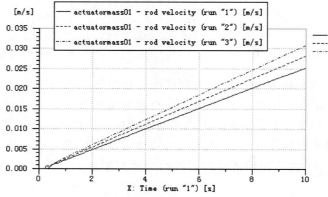

图 9-12　进油节流调速回路调节特性的仿真曲线

从图 9-12 可知，当负载 F 不变且维持供油压力不变时，液压缸速度 v 与节流阀通流面积呈线性关系。

2. 回油节流调速回路的 Amesim 仿真

回油节流调速回路 Amesim 仿真草图如图 9-13 所示。

回油节流调速回路元件参数设置见表 9-3，其中没有提到的元件和参数保持默认值。

创建完回路后，进入参数模式，选择菜单"Settings"→"Batch parameters"，弹出"Batch Parameters"对话框，将元件 7 的变量"constant value"拖动到该对话框的左侧列表栏中，如图 9-14 所示。

将该对话框右侧列表栏中的"Value""Step size""Num below"项的值分别修改为 0.5、-0.2、2。单击"OK"按钮，如图 9-15 所示。

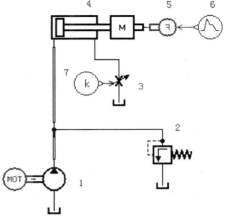

图 9-13　回油节流调速回路
Amesim 仿真草图

表 9-3　回油节流调速回路元件参数设置（一）

元件编号	参　　　　数	值
1	pump displacement(液压泵排量)	10
3	orifice diameter at maximum opening(最大开口量下的孔口直径)	1
4	piston diameter(活塞直径)	100
4	rod diameter(活塞杆直径)	50
6	output at end of stage 1(阶段 1 终点的输出值)	117810
6	duration of stage 1(阶段 1 的持续时间)	10
7	constant value(常数值)	0.5

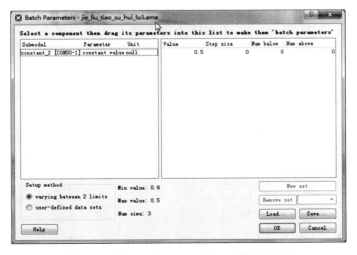

图 9-14　"Batch Parameters"对话框（二）

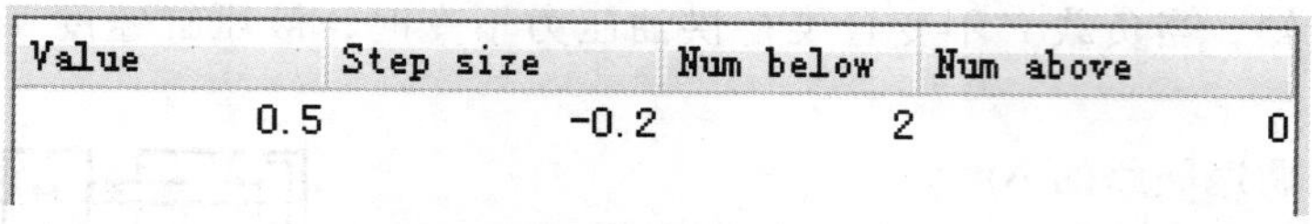

Value	Step size	Num below	Num above
0.5	-0.2	2	0

图 9-15　批运行参数设置（二）

参考"进油节流调速回路的 Amesim 仿真"中的方法，设置批运行，得曲线图如图 9-16 所示。

下面对不同供油压力下的速度-负载特性进行仿真。将元件 6 的参数如表 9-4 进行修改，其余未提及参数保持默认值。

首先进入参数模式，选择菜单"Settings"→"Batch parameters"，弹出"Batch Parameters"对话框，参考图 9-13，将元件 2 的变量"relief valve cracking pressure"（溢流阀开启压力）拖动到该对话框的左侧列表栏中，同时删除原有的批处理变量（元件 7 的批处理变量），如图 9-17 所示。

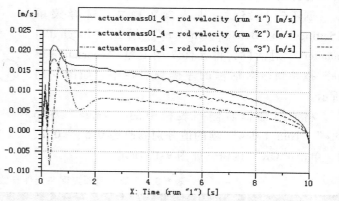

图 9-16　回油节流调速回路负载特性仿真曲线图

表 9-4　回油节流调速回路元件参数设置（二）

元件编号	参　　数	值
6	output at start of stage 1（阶段 1 起点的输出值）	5000

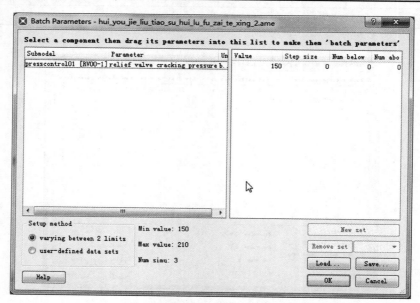

图 9-17　"Batch Parameters"对话框（三）

将该对话框右侧列表栏中的"Value""Step size""Num above"项的值分别改为 150、30、2，单击"OK"按钮，如图 9-18 所示。

Value	Step size	Num below	Num above
150	30	0	2

图 9-18 批运行参数设置（三）

参考"进油节流调速回路的 Amesim 仿真"中的方法，设置批运行，得曲线图如图 9-19 所示。

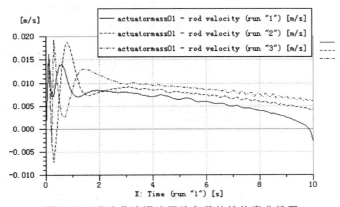

图 9-19 进油节流调速回路负载特性仿真曲线图

从图 9-19 可以看出：①在相同负载下，泵的供油压力越大，液压缸的运动速度越快；②根据定量泵输出的供油压力的不同，液压回路所能承受的最大负载也不同，供油压力越大，所能承受的负载越大；③泵的出口压力越小，曲线越陡，速度刚性越差。

下面对节流调速回路的功率-负载特性进行仿真。

在进行仿真之前，首先要清楚如下定义：功率-负载特性是指调速回路中执行元件输出功率与负载之间的关系。所以，要绘制功率-负载特性，首先要计算出执行元件（本例为液压缸）的输出功率。

由液压传动系统中功率的定义，可以得到液压缸功率的定义为

$$P = Fv$$

式中　P——功率（W）；

　　　F——液压缸输出力（N）；

　　　v——液压缸的运动速度（m/s）。

因此，需要利用 Amesim 计算液压缸负载力和液压缸运动速度的乘积。在 Amesim 中没有直接提供乘积结果的输出，但是可以利用 Amesim 提供的后置处理方法来实现功率的计算。

首先切换仿真模式，单击图 9-13 中的元件 5，在"Variables"（变量）选项卡中，选择"force output"（输出力）变量，将其拖动到"Post processing"（后处理）选项卡中，如图 9-20 所示。

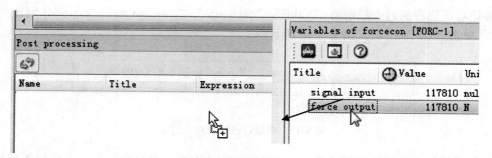

图 9-20　创建后置处理变量

　　再选择元件 4，从"Variables"选项卡中，拖动变量"rod velocity"（活塞杆速度）到"Post processing"选项卡中。最终完成的结果如图 9-21 所示。

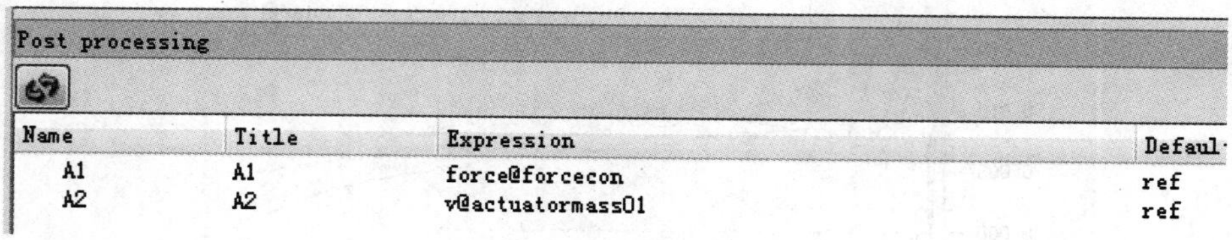

Post processing			
Name	Title	Expression	Defau
A1	A1	force@forcecon	ref
A2	A2	v@actuatormass01	ref

图 9-21　添加负载力和液压缸速度变量

　　修改图 9-21 所示对话框中第一行中的"Expression"（表达式）列，并删除第二行（用键盘上的〈Delete〉键），修改完成后的结果如图 9-22 所示，即将"Expression"改为字符串"force@ forcecon * v@ actuatormass01"。

Post processing			
Name	Title	Expression	Defau
A1	A1	force@forcecon*v@actuatormass01	ref

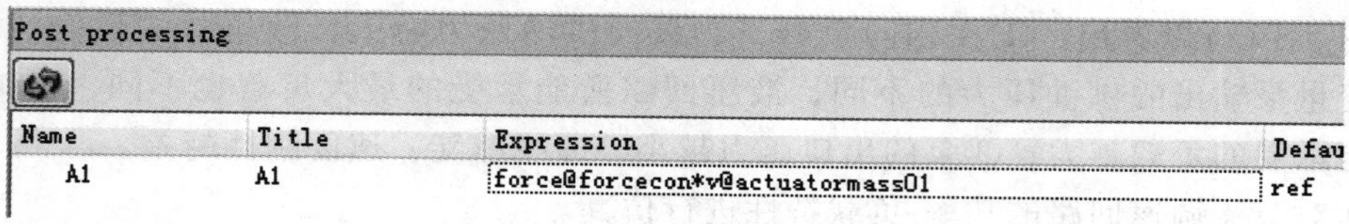

图 9-22　修改后的负载力和液压缸速度的乘积

　　再参考图 9-14、图 9-15 设置批运行变量，此时运行仿真，绘制"Post processing"中的"A1"变量，结果如图 9-23 所示。

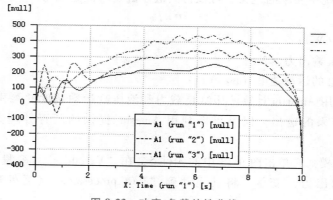

图 9-23　功率-负载特性曲线

通过分析图 9-23 可知，在相同负载作用下，随着节流阀开口面积的增大，供油泵输出功率不断增大。同时，在阀口面积不变的情况下，供油泵的输出功率先增大，负载达到一定值后功率逐渐减小。

3. 旁路节流调速回路的 Amesim 仿真

旁路节流调速回路 Amesim 仿真草图如图 9-24 所示。

旁路节流调速回路元件参数设置见表 9-5，其中没有提到的元件和参数保持默认值。

创建完回路后，进入参数模式，选择菜单 "Settings" → "Batch parameters"，弹出 "Batch Parameters" 对话框，将元件 7 的变量 "constant value" 拖动到该对话框的左侧列表栏中，将该对话框右侧列表栏中的 "Value""Step size""Num below" 项的值分别改为 0.5、-0.2、2，单击 "OK" 按钮，如图 9-25 所示。

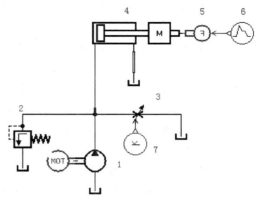

图 9-24 旁路节流调速回路
Amesim 仿真草图 （一）

表 9-5 旁路节流调速回路元件参数设置 （一）

元件编号	参 数	值
1	pump displacement(液压泵排量)	10
3	orifice diameter at maximum opening(最大开口量下的孔口直径)	1
4	piston diameter(活塞直径)	100
	rod diameter(活塞杆直径)	50
6	output at end of stage 1(阶段 1 终点的输出值)	117810
	duration of stage 1(阶段 1 的持续时间)	10
7	constant value(常数值)	0.5

Value	Step size	Num below	Num above
0.5	-0.2	2	0

图 9-25 批运行参数设置 （四）

参考 "进油节流调速回路的 Amesim 仿真" 中的方法，设置批运行，得曲线图如图 9-26 所示。

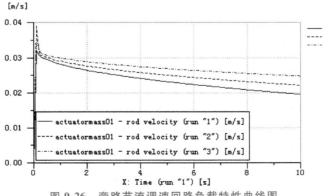

图 9-26 旁路节流调速回路负载特性曲线图

为了进行旁路节流调速回路的调节特性的仿真，需要修改 Amesim 仿真草图如图 9-27 所示。

旁路节流调速回路元件参数设置见表 9-6，其中没有提到的元件和参数保持默认值。

创建完回路后，进入参数模式，选择菜单"Settings"→"Batch parameters"，弹出"Batch Parameters"对话框，将元件 6 的变量"constant value"拖动到该对话框的左侧列表栏中，将该对话框右侧列表栏中的"Value""Step size""Num below"项的值分别改为 80000、40000、1，单击"OK"按钮，如图 9-28 所示。

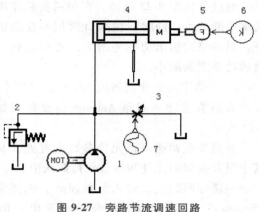

图 9-27　旁路节流调速回路 Amesim 仿真草图（二）

表 9-6　旁路节流调速回路元件参数设置（二）

元件编号	参　　　　　数	值
1	pump displacement(液压泵排量)	10
3	maximum signal value(最大信号值)	2
	orifice diameter at maximum opening(最大开口量下的孔口直径)	2
4	piston diameter(活塞直径)	100
	rod diameter(活塞杆直径)	50
6	constant value(常数值)	80000
7	output at end of stage 1(阶段 1 终点的输出值)	2
	duration of stage 1(阶段 1 的持续时间)	10

Value	Step size	Num below	Num above
80000	40000	1	0

图 9-28　批运行参数设置（五）

参考"进油节流调速回路的 Amesim 仿真"中的方法，设置批运行，得曲线图如图 9-29 所示。

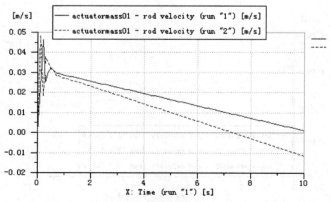

图 9-29　旁路节流调速回路调节特性曲线图

4. 双泵并联增速回路

图 9-30 所示为双泵并联增速回路的 Amesim 仿真草图。

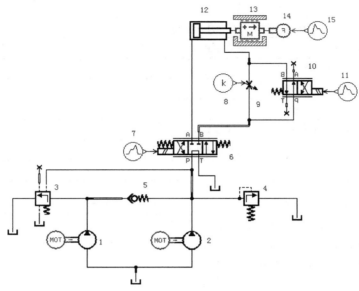

图 9-30 双泵并联增速回路的 Amesim 仿真草图

该仿真回路元件参数设置见表 9-7，其中没有提到的元件参数保持默认值。

表 9-7 双泵并联增速回路元件参数设置

元件编号	参 数	值
2	pump displacement（液压泵排量）	20
3	nominal flow rate at fully opened valve（在阀全开下的流量）	150
6(10)	ports P to A flow rate at maximum valve opening（在阀最大开度下 P 口到 A 口的流量）	200
	ports B to T flow rate at maximum valve opening（在阀最大开度下 B 口到 T 口的流量）	200
	ports P to B flow rate at maximum valve opening（在阀最大开度下 P 口到 B 口的流量）	200
	ports A to T flow rate at maximum valve opening（在阀最大开度下 A 口到 T 口的流量）	200
	ports P to T flow rate at maximum valve opening（在阀最大开度下 P 口到 T 口的流量）	200
7	duration of stage 1（阶段 1 的持续时间）	1
	output at start of stage 2（阶段 2 起点的输出量）	−40
	output at end of stage 2（阶段 2 终点的输出量）	−40
	duration of stage 2（阶段 2 的持续时间）	5
	output at start of stage 3（阶段 3 起点的输出值）	40
	output at end of stage 3（阶段 3 终点的输出值）	40
11	number of stages（阶段的个数）	4
	duration of stage 1（阶段 1 的持续时间）	1
	output at start of stage 2（阶段 2 起点的输出值）	40
	output at end of stage 2（阶段 2 终点的输出值）	40
	duration of stage 2（阶段 2 的持续时间）	2

（续）

元件编号	参 数	值
11	duration of stage 3（阶段 3 的持续时间）	3
	output at start of stage 4（阶段 4 起点的输出值）	40
	output at end of stage 4（阶段 4 终点的输出值）	40
12	piston diameter（活塞直径）	500
	rod diameter（活塞杆直径）	120
15	duration of stage 1（阶段 1 的持续时间）	3
	output at start of stage 2（阶段 2 起点的输出值）	5000
	output at end of stage 2（阶段 2 终点的输出值）	5000
	duration of stage 2（阶段 2 的持续时间）	2

对图 9-30 所示回路进行仿真，绘制曲线图。图 9-31 所示为三位四通电磁换向阀 6 的工作时序图，在 1~6s，换向阀的右位工作；在 6~10s，换向阀的左位工作。

图 9-32 所示为二位四通换向阀 10 的工作时序图，在 1~3s，换向阀右位工作；在 3~6s，换向阀电磁铁断电；在 6~10s，换向阀右位再次工作。

图 9-33 所示为负载的运动速度曲线图。因为在 3s 时，节流阀 9 接

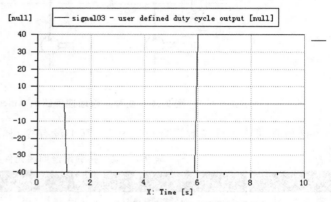

图 9-31　三位四通电磁换向阀 6 的工作时序图

入回油，同时负载增加（元件 15 设置），导致卸荷阀 3 打开，使大流量泵 1 卸荷，只有小流量泵 2 单独供油，因而负载运动速度变慢（如图中 3~6s）。在 6~10s，负载反向运动，所以速度为负值。

通过以上仿真实例可以看到，使用 Amesim 软件进行液压系统的仿真是非常便捷的，但是，便捷并不是 Amesim 液压仿真最重要的特点，仿真的精确性和适应性才是选用 Amesim 进行液压系统仿真的主要原因。事实上，Amesim 不仅能够进行液压传动系统的仿真，还可以进行液压控制系统的仿真；不仅可以进行系统的仿真，还可以进行元件的仿真。限于篇幅，本书并没有介绍用 Amesim 进行液压控制系统和液压元件的仿真方法，感兴趣的读者可以自行查

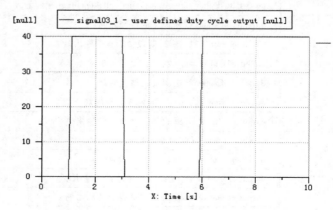

图 9-32　二位四通换向阀 10 的工作时序图

找相关资料。

在仿真过程的初级阶段，对用户来说，最重要的是设置元件的参数，事实上，使用
Amesim 进行仿真的难点也在于参
数的选择和设置上。参数设置是否
正确，直接决定了仿真结果的正确
与否。但是，有些参数的选择和设
置是十分困难的，需要用户拥有充
足的经验，有时甚至需要进行试验
才能确定关键参数。关于参数的设
置方法，已经超过了本书的讨论范
围，感兴趣的读者可继续对此进行
深入的学习。

总之，本书关于 Amesim 液压
仿真的介绍，只能说是管中窥豹，

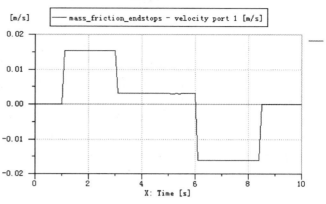

图 9-33 负载的运动速度曲线图

Amesim 液压仿真的强大功能有赖于读者继续进行深入的挖掘。

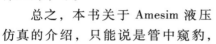 习题

9-1 试列举目前常见的三种液压仿真软件，并简述每种仿真软件的特点。

9-2 用 Amesim 进行液压仿真，通常包括哪几个操作步骤？

9-3 用 Amesim 进行液压系统仿真，如何绘制某一变量的曲线图？

9-4 图 9-34 所示液压系统中，液压泵的铭牌参数为 $q = 18L/min$、$p = 6.3MPa$，设活塞直径 $D = 90mm$，活塞杆直径 $d = 60mm$，在不计压力损失且 $F = 28000N$ 时，试搭建 Amesim 仿真回路，并用仿真方法求出在图示情况下压力表的指示压力。

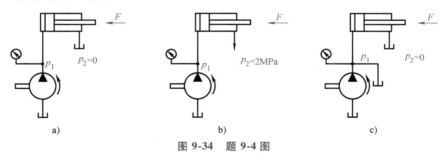

图 9-34 题 9-4 图

9-5 试搭建旁路节流调速 Amesim 仿真回路，并绘制该回路的功率-负载特性曲线。

参 考 文 献

[1]　雷天觉. 新编液压工程手册 ［M］. 北京：北京理工大学出版社，1998.

[2]　大连工学院机械制造教研室. 金属切削机床液压传动 ［M］. 北京：科学出版社，1985.

[3]　王积伟，章宏甲，黄谊. 液压传动 ［M］. 2 版. 北京：机械工业出版社，2007.

[4]　官忠范，李笑，杨敢. 液压系统设计·调节失误实例分析 ［M］. 北京：机械工业出版社，1995.

[5]　张利平. 液压控制系统及设计 ［M］. 北京：化学工业出版社，2006.

[6]　成大先. 机械设计手册（单行本）：液压控制 ［M］. 6 版. 北京：化学工业出版社，2017.

[7]　王春行. 液压控制系统 ［M］. 北京：机械工业出版社，1999.

[8]　王炎，胡军科，杨波. 负载敏感泵的动态特性分析与仿真研究 ［J］. 现代制造工程，2008（12）：84-87.

[9]　王庆国，苏东海. 二通插装阀控制技术 ［M］. 北京：机械工业出版社，2001.

[10]　许福玲，陈尧明. 液压与气压传动 ［M］. 3 版. 北京：机械工业出版社，2007.

[11]　马胜钢. 液压与气压传动 ［M］. 北京：机械工业出版社，2011.

[12]　谢群，崔广臣，王健. 液压与气压传动 ［M］. 2 版. 北京：国防工业出版社，2015.

[13]　康凤举，杨惠珍，高力娥. 现代仿真技术与应用 ［M］. 北京：国防工业出版社，2006.

[14]　梁全，苏齐莹. 液压系统 AMESim 计算机仿真指南 ［M］. 北京：机械工业出版社，2014.

[15]　梁全，谢基晨，聂利卫. 液压系统 Amesim 计算机仿真进阶教程 ［M］. 北京：机械工业出版社，2016.